高等职业教育园林类专业"十二五"规划系列教材

园林建筑设计

YUANLIN JIANZHU SHEJI

主　编　刘福智　孙晓刚

副主编　周旭丹　仪孝法　盖学瑞

　　　　岳　丹　郭宇珍　陆柏松

主　审　佟裕哲

重庆大学出版社

内容简介

本书共分6章内容:园林建筑总论、园林建筑设计原理、建筑庭院设计、园林建筑单体设计、园林建筑小品设计、园林建筑实例设计图选。本书针对目前国内大多数高等院校园林景观类专业教学及工程实践现状,配合本丛书其他教材,可作为园林景观类专业本科、专科、职业教育、专业培训的主干课或辅助类教材。本书侧重于理论与实践相结合的完整学科知识结构的建构,注重原创,突出案例和实训,编写内容继承与创新、全面与系统、实用与适用相结合。本书配有电子教案,可在重庆大学出版社教学资源网上下载,供教师教学参考。

本书适宜于景观建筑设计、园林设计、环保、旅游、建筑学、城市规划、环境艺术、园艺、农学、林学等专业的高等院校教育与培训及相关工程技术人员参考使用,适应性广,实用性强。

图书在版编目(CIP)数据

园林建筑设计/刘福智,孙晓刚主编.—重庆:重庆大学出版社,2014.8(2015.7重印)

高等职业教育园林类专业"十二五"规划系列教材

ISBN 978-7-5624-7409-8

Ⅰ.①园…　Ⅱ.①刘…②孙…　Ⅲ.①园林建筑—园林设计—高等职业教育—教材　Ⅳ.①TU986.4

中国版本图书馆CIP数据核字(2013)第116409号

高等职业教育园林类专业"十二五"规划系列教材

园林建筑设计

主　编　刘福智　孙晓刚

副主编　周旭丹　仪孝法　盖学瑞

岳　丹　郭宇珍　陆柏松

主　审　佟裕哲

责任编辑:何　明　　版式设计:莫　西　何　明

责任校对:秦巴达　　责任印制:赵　晟

*

重庆大学出版社出版发行

出版人:邓晓益

社址:重庆市沙坪坝区大学城西路21号

邮编:401331

电话:(023)88617190　88617185(中小学)

传真:(023)88617186　88617166

网址:http://www.cqup.com.cn

邮箱:fxk@cqup.com.cn(营销中心)

全国新华书店经销

重庆升光电力印务有限公司印刷

*

开本:787×1092　1/16　印张:17.25　字数:431千

2014年8月第1版　2015年7月第3次印刷

印数:5 001—8 000

ISBN 978-7-5624-7409-8　定价:39.00元

编委会名单

编写人员名单

主　编　刘福智　青岛理工大学

孙晓刚　吉林农业大学

副主编　周旭丹　吉林农业大学

仪孝法　日照职业技术学院

盖学瑞　塔里木大学

岳　丹　湖北生态职业技术学院

郭宇珍　湖北城市建设职业技术学院

陆柏松　重庆航天职业技术学院

参　编　陈力洲　湖北仙桃职业学院

宋　翼　四川建筑职业技术学院

主　审　佟裕哲　西安建筑科技大学

总 序

改革开放以来，随着我国经济、社会的迅猛发展，对技能型人才特别是对高技能人才的需求在不断增加，促使我国高等教育的结构发生重大变化。据2004年统计数据显示，全国共有高校2 236所，在校生人数已经超过2 000万，其中高等职业院校1 047所，其数目已远远超过普通本科院校的684所；2004年全国招生人数为447.34万，其中高等职业院校招生237.43万，占全国高校招生人数的53%左右。可见，高等职业教育已占据了我国高等教育的"半壁江山"。近年来，高等职业教育逐渐成为社会关注的热点，特别是其人才培养目标。高等职业教育培养生产、建设、管理、服务第一线的高素质应用型技能人才和管理人才，强调以核心职业技能培养为中心，与普通高校的培养目标明显不同，这就要求高等职业教育要在教学内容和教学方法上进行大胆的探索和改革，在此基础上编写出版适合我国高等职业教育培养目标的系列配套教材已成为当务之急。

随着城市建设的发展，人们越来越重视环境，特别是环境的美化，园林建设已成为城市美化的一个重要组成部分。园林不仅在城市的景观方面发挥着重要功能，而且在生态和休闲方面也发挥着重要功能。城市园林的建设越来越受到人们重视，许多城市提出了要建设国际花园城市和生态园林城市的目标，加强了新城区的园林规划和老城区的绿地改造，促进了园林行业的蓬勃发展。与此相应，社会对园林类专业人才的需求也日益增加，特别是那些既懂得园林规划设计，又懂得园林工程施工，还能进行绿地养护的高技能人才成为园林行业的紧俏人才。为了满足各地城市建设发展对园林高技能人才的需要，全国的1 000多所高等职业院校中有相当一部分院校增设了园林类专业，其招生规模得到不断扩大，与园林行业的发展遥相呼应。但与此不相适应的是适合高等职业教育特色的园林类教材建设速度相对缓慢，与高职园林教育的迅速发展形成明显反差。因此，编写出版高等职业教育园林类专业系列教材显得极为迫切和必要。

通过对部分高等职业院校教学和教材的使用情况的了解，我们发现目前众多高等职业院校的园林类教材短缺，有些院校直接使用普通本科院校的教材，既不能满足高等职业教育培养目标的要求，也不能体现高等职业教育的特点。目前，高等职业教育园林类专业使用的教材较少，且就园林类专业而言，也只涉及部分课程，未能形成系列教材。重庆大学出版社在广泛调研的基础上，提出了出版一套高等职业教育园林类专业系列教材的计划，并得到了全国20多所高等职业院校的积极响应，60多位园林专业的教师和行业代表出席了由重庆大学出版社组织的高等职业教育园林类专业教材编写研讨会。会议上代表们充分认识到出版高等职业教育园林类专业系列教材的必要性和迫切性，并对该套教材的定位、特色、编写思路和编写大纲进行了认真、深入的研讨，最后决定首批启动《园林植物》《园林植物栽培养护》《园林植物病虫害防治》《园林规划设计》《园林工程》等20本教材的编写，分春、秋两季完成该套教材的出版工作。主编、副主编和参加编写的作者，是全国有关高等职业院校具有该门课程丰富教学经验的专家和一线教师，且他们大多为“双师型”教师。

本套教材的编写是根据教育部对高等职业教育教材建设的要求，紧紧围绕以职业能力培养为核心设计的，包含了园林行业的基本技能、专业技能和综合技术应用能力三大能力模块所需要的各门课程。基本技能主要以专业基础课程作为支撑，包括有8门课程，可作为园林类专业必修的专业基础公共平台课程；专业技能主要以专业课程作为支撑，包括12门课程，各校可根据各自的培养方向和重点打包选用；综合技术应用能力主要以综合实训作为支撑，其中综合实训教材将作为本套教材的第二批启动编写。

本套教材的特点是教材内容紧密结合生产实际，理论基础重点突出实际技能所需要的内容，并与实训项目密切配合，同时也注重对当今发展迅速的先进技术的介绍和训练，具有较强的实用性、技术性和可操作性三大特点，具有明显的高职特色，可供培养从事园林规划设计、园林工程施工与管理、园林植物生产与养护、园林植物应用，以及园林企业经营管理等高级应用型人才的高等职业院校的园林技术、园林工程技术、观赏园艺等园林类相关专业和专业方向的学生使用。

本套教材课程设置齐全、实训配套，并配有电子教案，十分适合目前高等职业教育“弹性教学”的要求，方便各院校及时根据园林行业发展动向和企业的需求调整培养方向，并根据岗位核心能力的需要灵活构建课程体系和选用教材。

本套教材是根据园林行业不同岗位的核心能力设计的，其内容能够满足高职学生根据自己的专业方向参加相关岗位资格证书考试的要求，如花卉工、绿化工、园林工程施工员、园林工程预算员、插花员等，也可作为这些工种的培训教材。

高等职业教育方兴未艾。作为与普通高等教育不同类型的高等职业教育，培养目标已基本明确，我们在人才培养模式、教学内容和课程体系、教学方法与手段等诸多方面还要不断进行探索和改革，本套教材也将会随着高等职业教育教学改革的深入不断进行修订和完善。

编委会

2006年1月

前　言

随着我国人民生活及城市化水平的不断提高，我国的城市和环境建设以前所未有的高速度向前推进，全国各地都出现了园林环境建设的热潮，园林建设已经成为城镇建设的重要内容。相关学科专业教育发展很快，园林专业技术人员日益成为社会的宠儿，2004 年 12 月 4 日，景观设计师被国家劳动和社会保障部正式认定为我国的新职业之一，2011 年教育部及相关专业学科共同确定风景园林学为一级学科，使得本学科发展迎来了新的历史时期。由于设计及园林建设单位的人力资源需要，促使我国各类院校纷纷成立了园林景观类专业。

“园林建筑设计”是园林类专业一门重要的专业主干课，又是园林、景观建筑设计、建筑学、城市规划、环境艺术、园艺、林学、文学艺术等自然与人文科学高度综合的一门应用性学科。按学科门类划分，园林建筑当属建筑学之列，但从园林建筑的形成、发展的过程、设计手法、施工技术及艺术特点等方面与建筑设计和城市规划又有所不同。一方面园林中有建筑，园林建筑环境离不开建筑及城市环境，大的风景园林可独立于城市与建筑之外，其规模与尺度又非建筑设计之所能；另一方面，由于所涉及材料、工艺、技术及功能不同，园林建筑与建筑学及城市规划等学科也存在一定的差异。

针对目前国内大多数高等院校园林景观类专业教学及工程实践现状，本书侧重于理论与实践相结合的完整学科知识结构的建构，可满足目前高等院校园林景观类专业课程的教学及相关从业人员培训的需求，本书共分六章内容：园林建筑总论、园林建筑设计原理、建筑庭院设计、园林建筑单体设计、园林建筑小品设计、园林建筑实例设计图选等。

本书编写具有以下特点：①继承与创新——本书力求在理论和技术上既继承中国传统园林的优秀文化与传统，又汲取国外的先进理念与作法，结合现代风景园林理论及相关工程技术，与时俱进，发展创新，以适应新世纪、新时代的城市发展建设需求。②全面与系统——本书汲取多类参考书之长，建立较为完整和严密的理论框架，每部分内容既相对独立又相互联系园林建筑理论、设计及实践的完整体系，从古典到现代，从国内到国外，从教学研究到从设计创作到管理，从专业知识到边缘学科均作了较为全面的阐述，使本书理论与实践整体较为全面和系统。③实用与适用——本书在阐述园林建筑相关理论与设计手法的注重实例分析，同时兼顾园林相关学科专业知识的介绍。

本书适宜于景观建筑设计、园林设计、环保、旅游、建筑学、城市规划、环境艺术、园艺、林学、农学等专业的高等院校教育与培训及相关工程技术人员参考使用，适应性广，实用性强。

本书由刘福智、孙晓刚任主编，周旭丹、仪孝法、盖学瑞、岳丹、郭宇珍、陆柏松任副主编，陈力洲、宋翼任参编。此外，青岛理工大学张劼、刘森、黄爽、缪春妞、王婷婷、龚龙翔、孙菲、朱光岱、陈庆阳、袁琳等也参与了本书的编写工作。还要特别感谢西安建筑科技大学佟裕哲教授，他在百忙之中对本书进行了细致的审阅，并提出了中肯的修改意见。在出版中更是得到了重庆大学出版社的大力支持。在此，对所有为本书编写出版给予支持和付出劳动的师长、同仁及编辑致以诚挚的谢意。

在编写过程中，我们参考了国内外有关著作、论文，其中许多图例均摘自其中，只作少量加工，未一一注明，敬请谅解。在此谨向有关专家、学者、单位致谢，如有不妥之处也请原作者及专家、读者批评指正。

青岛理工大学建筑学院

刘福智

2014 年 5 月于青岛

目　录

1 园林建筑总论

[教学要求]

■了解园林建筑的含义、范围以及发展概况;

■认识园林建筑的艺术问题以及技术与经济问题。

[知识要点]

■掌握园林建筑的分类。

1.1 园林建筑概述

1.1.1 园林建筑的含义、范围及特点

在人类发展的进程中,建筑与城市是最早出现的空间形态,而园林建筑的出现要晚得多,正如英国哲学家F·培根所言:“文明人类,先建美宅,营园较迟。可见造园比建筑更高一筹。”由于园林建筑始终伴随着建筑与城市的发展而发展,因而早期并没有形成独立的学科体系,各国及各个时期的学科名称、概念含义、研究范畴也不完全统一,在我国直至2011年之前其学科名称尚有争议,在2011年教育部及相关专业学科共同确定风景园林学为一级学科,使得本学科发展迎来了新的历史时期。

1)园林建筑的概念和含义

在相关著述中曾出现了众多与之相关的名词,如园林建筑、景园、景园学、景园建筑、景园建筑学、大地景观、景观、景观学、景观建筑学、风景、风景园林、造园、园林、园林学、园囿、苑、圃、庭及英文Landscape Architecture、Garden、Landscape gardening、Landscape、Garden and park等,对于一个学科来说,过多的称谓或名称并无益处,那么为什么会有如此之多的称谓呢,总结起来原因如下:

①各种概念的发展因年代的早晚而不同;

②风景园林师这个职业的内容,也随时代的要求而变化,目前在我国由以建筑师为主体的多个相关行业的设计师来充当风景建筑师;

③Architecture 这个词与 landscape 连用并不当建筑解，其意为营造或建造，不宜直译为“风景建筑”或“风景园林”。

目前国际上通常以 Landscape Architecture 作为学科的名称，我国传统的称谓为园林或园林建筑，现在倾向于景观学或景园学以与国际接轨，在建筑学专业目录下称为“景观建筑设计”。2004 年 12 月 2 日，景观设计师被国家劳动和社会保障部正式认定为我国的新职业之一，目前学术界拟成立景观学专业指导委员会。可见大多年轻的业界人士倾向于以景观学作为该学科的新名称，在此建议确立风景园林与景观称谓为同一概念，其内涵及外延在无明确注明时是一致的。

因此，园林建筑作为一门重要的学科，其内容及含义相当广泛，是具有神圣环境使命的学科和工作，更是一门艺术，可定义为：“园林建筑是一门涵义非常广泛的综合性学科，它不单纯是‘艺术’或‘自我表现’，而是一种规划未来的科学；它是依据自然、生态、社会、技术、艺术、经济、行为等科学的原则，从事对土地及其上面的各种自然及人文要素的规划和设计，以使不同环境之间建立一种和谐、均衡关系的一门科学。”

2）园林建筑的研究内容及范围

园林建筑所涉及的研究内容及范围是相当广泛的，也曾有不少学者为其作过界定，本书认为《大英百科全书》的解释更为准确一些：

①庭园及景观设计（Garden and Landscape Design）；

②基地规划（Site Planning）；

③土地规划（Land Planning）；

④纲要规划（Master Planning）；

⑤都市设计（Urban Design）；

⑥环境规划（Environmental Planning）。

3）园林建筑的特点

园林建筑的复杂性和综合性决定了它具有自己的特点，总结如下：

（1）复合性　园林建筑的主要研究对象是土地及其上面的设施和环境，是依据自然、生态、社会、技术、艺术、经济、行为等原则进行规划和创作，具有一定功能景观的学科，景观本身受人类不同历史时期的活动特点及需要而变化，因此景观也可以说是反映动态系统、自然系统和社会系统所衍生的产物，从这个角度讲，园林建筑具有明显的复合性。

（2）社会性　早期出现的园林建筑形态，主要是为人的视觉及精神服务的，并为少数人所享有，随着社会的进步、发展及环境的变迁，园林建筑成为服务大众的重要精神场所，并具备了环保、生态等复杂的功能，其社会属性也日益明显。

（3）艺术性　园林建筑的主要功能之一是塑造具有观赏价值的景观，在于创造并保存人类生存的环境与扩展自然景观的美，同时借由大自然的美景与景观艺术为人提供丰富的精神生活空间，使人更加健康和舒适，因此，艺术性是园林建筑的固有属性。

（4）技术性　常规下，园林建筑的构成要素包括自然景观、人文景观和工程设施等三个方面，在具体的组景过程中，都是结合自然景观要素，运用人工的手法进行自然美的再创造。如假山置石工程、水景工程、道路、桥梁工程、建筑设施工程、绿化工程等，所有这些工程的实施，均离不开一定结构、材料、施工、维护等技术手段，可以说园林建筑景观的发展始终伴随着技术的创新与发展。

（5）经济性　任何园林建筑的项目在实施过程中，都会消耗一定的人力、机械、材料、能源等，占用一定的社会资源和对环境造成一定的影响，因此如何提高园林建筑项目的经济效益，是目前我国提倡建设节约型社会的重要方面。

(6)生态性　园林建筑是自然和城市的一个子系统，其中绿化工程是与自然生态系统结合最为紧密的部分。在早期，研究生物与环境之间的相互关系始终是生态学的核心思想之一，主要研究的中心是自然生态，后来逐渐转向以人类活动为中心，而且涉及的领域越来越广泛，随着生态学研究的深入，生态学的原理在不断地被发展、拓延。例如目前以生态学原理为基础或为启发建立的学科就有以下这些：以自然生态为分支学科的有森林生态学、草地生态学、湿地生态学、昆虫生态学等；交叉边缘学科有数学生态学、进化生态学、行为生态学、人类生态学、文化生态学、城市文化生态学、社会生态学、建筑生态学、城市生态学、景观生态学等。从这一角度讲，园林建筑的生态性也是其固有的特性。

1.1.2 园林建筑的地位及与其他学科的关系

园林建筑是建筑学、城市规划、环境艺术、园艺、林学、文学艺术等自然与人文科学高度综合的一门应用性学科，是现代景观学科的主体。景观学作为研究环境、美化环境、治理环境的学科由来已久，概括地讲它注重的是人类的生存空间，从局部到整体，都是它研究的范围。但随着全球环境的恶化，人们已越来越重视整体环境的研究，重视自然、科技、社会、人文总体系统的研究，因为环境的美化与优化，仅靠局部的细节手法已不能从根本上解决问题。全面地研究和认识园林建筑，充分挖掘传统景观园林艺术精华，充分运用现代理论及技术手段，从实际出发，以人为本，树立大环境的观念，从宏观角度把握环境的美化与建设，则是现代园林建筑的重要研究领域。

按学科门类划分，园林建筑属于建筑学一级学科下的三级学科，应与建筑学专业一脉相承，但从园林建筑的形成、发展的过程、设计手法、施工技术及艺术特点等方面与建筑设计和城市规划又有所不同。一方面园林建筑离不开建筑及城市环境；另一方面，由于所涉及材料、工艺、技术及功能不同，园林建筑与建筑设计及城市规划也存在一定的差异。在很多人的观念中，园林建筑更像建筑及城市艺术中的艺术，它似乎比建筑更高一些，正如英国哲学家 F·培根所言："文明人类，先建美宅，营园较迟。可见造园比建筑更高一筹。"

园林建筑与农学、林学及园艺学也有密切的关系。农学为研究农业发展改良的学科，农业是利用土地来畜养种植有益于人类的动植物，以维持人类的生存和发展，以土地作为主要经营对象，土地可分为山地、平地及水体三个部分。园林建筑也以土地为载体进行建造，是经营大地的艺术，注重空间的塑造和精神满足。而农学和农业以生产物质资料为主，视觉上的精神享受为辅，农学和农业的发展促进了园林建筑的发展，园林建筑在某种程度上来说是农业和农学发展的结果。植物是风景园林的重要构成要素，因此林学对造园的重要性是不言而喻的。园艺学分为生产园艺和装饰园艺，前者以经营果树、蔬菜及观赏植物(花卉)等栽培及果蔬的处理加工生产为主，后者包括室内花卉及室外土地装饰，以花卉装饰及盆栽植物利用为主，而园林建筑则以利用园艺植物、美化土地为主，进行庭院、公园、公共绿地及大的风景园林的规划设计。

1.1.3 园林建筑的重要性、作用与使命

概括来说,风景园林是综合利用科学和艺术手段营造人类美好的室外生活环境的一个行业和一门学科。从以上的介绍可知,风景园林中均有建筑分布,有的数量较多、密度较大,有的数量较少、建筑布置疏朗,园林建筑比起山、水、植物,较少受到自然条件的制约,以人工为主,是传统造园中运用最为灵活因而也是最积极的因素。随着现代风景园林理论、建筑设施水平及工程技术的发展,园林建筑的形式和内容也越来越复杂、多样和丰富,在造景中的地位也日益重要,担负着景观、服务、交通、空间限定、环保等诸多功能。

1)园林建筑的重要性

(1)园林建筑对环境安全与健康的重要性　以环境、社会、生态等为着眼点的园林建筑对社会、环境及人有着不可或缺的重要性,具体表现在园林建筑对环境安全与健康的重要性。

城市景观本身是一个复杂的系统,包含生态的、知觉的、文化的、社会的各个方面,城市景观普遍认为存在某种潜在的空间格局,被称为生态安全格局(Security Patterns,简称 SP),它们由景观中的某些关键性的局部、位置和空间联系所构成。在城市景观规划建设、管理、维护和运行过程中如何保障景观自身的安全、景观对人的安全及对整个城市环境的安全是城市景观安全的主要内容和职责。具体而言,景观安全主要研究城市面临的主要景观环境问题与原因,分析景观各个层面对社会经济、城市形态、生态安全、人体健康及社会可持续发展的影响,对景观生态安全格局进行修复、重建和再生,保护人文景观、景观文化及生物物种的多样性,提高城市景观系统的稳定性和生态修复能力。城市景观安全是城市生态安全的重要环节,是指导城市景观规划建设的重要理论。深入研究城市景观安全问题,有利于保障城市良性发展,保障景观设计向科学化、可持续的方向发展。

(2)园林建筑在空间上的重要性　园林建筑的主要功能之一就是为人提供室内外的休闲活动空间。风景园林中的建筑是人进行活动的重要场所,如休息、会客、学习、娱乐等,是人欣赏、享受自然的载体,人们可以在园林建筑所营造的优美空间中尽情地倾听悦耳的鸟鸣、潺潺的水声、飒飒的风声、呼吸清新的空气和感受花木的芳香等。

园林建筑所营造的室外绿化空间是人们重要的户外活动场所。植物绿化可以净化空气、调节微气候、减少噪音污染,人们在游乐、休闲的同时还可以开展户外体育运动,锻炼身体,增进健康。由此可见,园林建筑为人们提供了丰富的活动空间和场所。

(3)园林建筑在视觉及审美上的重要性　园林建筑是为公众服务的,它之所以被认为具有风景旅游价值,就是因为它可以不同程度地引起人们的美感,符合形式美的原则,能在时空上引起审美主体的共鸣。审美主体是审美活动的核心,审美潜意识水平是美感质量的基础,自然属性和社会属性的特征直接决定着审美效应的大小,因此,可以对审美主体的美感层次进行划分(这种划分与景点级别划分具有本质区别),并采取相应的设计对策。

园林建筑在视觉及审美上的重要性体现在多个方面,其中风景园林中兴奋点(或敏感点)的设计是满足人各种感官审美需求的重要环节。自然风景能够使人心旷神怡,其根本原因在于它能适应人的审美要求,满足人们回归自然的欲望,这在美感层次上表现为一系列的美感平台,即各种相互融合的风景信息可以提供一个使人心旷神怡的环境,给人以持久的舒适感。随着风景场的转换,不断有新的风景信息来强化对游人的刺激,使美感平台缓慢波动。

(4)园林建筑对文化、国家及社会的重要性 国家的进步、社会的发展离不开对文化的保护与发展,园林建筑是继承和发展民族及地域文化的重要载体,人居环境的建设与园林建筑的发展息息相关,自有人类便有人居环境。人类经历了巢居、穴居、山居和屋宇居等阶段,直到目前人类仍然在探索适宜的人居环境。现代的趋势不仅在于居住建筑本身,更着眼于环境的利用与塑造。从居住小区到别墅豪宅无不追求山水地形的变化,形成现代建筑与山水融为一体之势。20 世纪末国际建筑师协会在北京宣告的《北京宣言》中指出,新世纪"要把城市和建筑建设在绿色中",足见风景园林在人居环境中不可代替的重要性。未来发展的方向,不仅注重人居室内环境的建设,更侧重于人居室外的园林环境的营造。

人居环境宏观可至太空,中观为城市及农村,微观可至居住小区乃至住宅,无不与环境发生密切的关系。中国人居环境的理念是"天人合一",强调人与天地共荣,其中也包含"人杰地灵""景因人成""景随文传"等人对于自然的主观能动性。即使创造艺术美,也是"人与天调,然后天下之美生"(《管子・五行》)。因此中国古代有"天下为庐"之说。其中主要是体现用地之地宜,兼具顺从与局部改造的双重内容。生产是手段,经济利益不可片面追求,我们的目的是持续发展的天人共荣、兴世利民。园林建筑不是自有人类就有的。人类初始,居于自然之中而并未脱离自然。随社会进步,人因兴建城镇与建筑而脱离了自然,却又需求自然的时候就逐渐产生了风景园林。古写的"艺"字是人跪地举苗植树的象形反映。人不满足于自然恩赐的树木,而要在需要的土地上人工植树,这是恩格斯所谓"第二自然"的雏形和划时代的标志。在园圃等形式的基础上发展出囿、苑和园,在西晋就出现了"园林"的专用名词。现代的中国园林建筑概念是要满足人类对自然环境在物质和精神方面的综合要求,将生态、景观、休闲游览和文化内涵融为一体,为人类长远的、根本的利益谋福利。风景园林从城市园林扩展到园林城市、风景名胜区和大地园林景观,风景园林是最佳的人居环境。风景园林不仅要为人居环境创造自然的条件和气氛,其中也渗透以文化、传统和历史,人们不仅从自然环境中得到物质享受,也从寓教于景的环境中陶冶精神,获得身心健康,延续和传承历史文化,体现时代、民族和国家的文化。

园林建筑在文化方面的重要性还体现在人居环境建设的其他方面,是一个社会及国家物质与精神文明的体现,反映了人类对园林建筑文化艺术的需求,且与其他文化艺术形态相辅相成。中国传统风景园林艺术从历史上讲,是从诗、画发展而来的。苏东坡评价王维(字摩诘)的诗画时强调:"观摩诘之画,画中有诗,味摩诘之诗,诗中有画"。由此更可想见摩诘之园林定是凝诗融画之作。所以到明代计成总结中国风景园林的境界和评价标准时提到:"虽由人作,宛自天开"八个字。中国现代美学家李泽厚先生认为中国风景园林是"人的自然化和自然的人化"。这都与"天人合一"的宇宙观一脉相承。其中"天开"和"人的自然化"反映科学性,属物质文明建设;而"宛自天开"和"自然的人化"反映艺术性,属精神文明建设。中国文学讲究"物我交融",绘画追求"似与不似之间",风景园林"虽由人作,宛自天开",充分说明风景园林是文理交融的综合学科,如文学之"诗言志"、风景园林之"寓教景"等。中国人对风景园林景观的欣赏不单纯从视觉考虑,而要求"赏心悦目",要求"园林意味深长",有花有鸟的环境中挂一副"看花笑谁""听鸟说甚"的对联,"宁可食无肉,不可居无竹。无肉令人瘦,无竹令人俗。"的古意就更发思古之幽情了。

同时,园林建筑是一种城市及大地环境的美化和装饰,可反映一个国家及地区物质生活、环境质量、政治文明的水平。可见风景园林对陶冶情操、提高人文素质、营造人居环境、构建和谐社会的重要性。

2)园林建筑的作用

园林建筑不但为人提供室内的活动空间和场所,提供联系室内外的过渡,还对风景园林中景观的创造起到积极的作用。

在农业时代(小农经济时代),其社会特点是小农经济下养活一个贵族阶层,风景园林的创造者最终是主人而不是专业设计师,因而有“七分主人,三分匠”之说。风景园林师仅仅是艺匠而已,并无独立的人格,即使是雷诺或计成,也只是听唤于皇帝贵族的高级匠人而已。由于地球上景观的空间差异和农业活动对自然的适应结果,出现了以再现自然美为宗旨的风景园林风格的空间分异和不同的审美标准,包括西方造园的形式美和中国造园的诗情画意。但不论差异如何,都是以唯美为特征的,几乎在同一时代出现的圆明园和凡尔赛宫便是这一典型。

大工业时代(社会化大生产时代),风景园林的作用是为人类创造一个身心再生的环境,创作对象是公园和休闲绿地,为美而创造,更重要的是为城市居民的身心再生而创造。工业时代的一个重要突破是职业设计师的出现,其代表人物是美国现代景观园林之父奥姆斯特德(Olmsted)。从此,真正地出现了为社会服务的具有独立人格、为生活同时是为事业而创作的职业设计师队伍,而不是少数贵族的附庸,风景园林学真正成为一门学科,登上世界最高学府的大雅之堂,并成为美国城市规划设计之母体和摇篮。自从1900年在哈佛开创景观规划设计课程之后,到1909年才出现城市规划课程,并于1923年城市规划才正式从景观规划设计中分离而独立成一个新的专业。

由于对公园绿地与城市居民身心健康和再生关系的认识,城市绿化面积和人均绿地面积等指标往往被用来衡量城市环境质量。但如果片面追求这些指标而忘却其背后的功能含义,风景园林专业便失去其发展方向。

后工业时代(信息与生物、生物技术革命、国际化时代),风景园林的任务则是维系整体人类生态系统的持续。风景园林专业的服务对象不再限于某一群人的身心健康和再生,而是人类作为一个物种的生存和延续,而这又依赖于其他物种的生存和延续以及多种文化基因的保存。维护自然过程和其他生命最终是为了维护人类自身的生存。这一时代,风景园林规划的作用是协调者和指挥家,所服务的对象是人类和其他物种,它所研究和创作的对象是环境综合体,其指导理论是人类发展与环境的可持续论和整体人类生态系统科学,包括人类生态学和景观生态学。其评价标准包括环境景观生态过程和格局的连续性和完整性、生物多样性和文化多样性及含意,所要创造的人居环境是一种可持续景观。

总结起来,园林建筑在园林景观组织方面主要有以下几个方面的作用:

(1)点景、构景与风格　园林建筑有四个主要构成要素,即山、水、植物、建筑,在许多情况下,建筑往往是风景园林中的主要画面中心,是构图中心的主体,没有建筑就难以成景,难言园林之美。点景要与自然风景融会结合,或易于近观的局部小景或成为主景,控制全园布局,园林建筑在园林景观构图中常有画龙点睛的作用。重要的建筑物常常作为风景园林的一定范围内甚至是整个园林的构景中心,风景园林的风格在一定程度上取决于建筑的风格。

(2)赏景　赏景即观赏风景,作为观赏园内外景物的场所,一栋建筑常成为画面的关键,而一组建筑物与游廊相连成为动观全景的观赏线。因此,建筑的位置、朝向、开敞或封闭、门窗形式及大小要考虑赏景的要求,使观赏者能够在视野范围内摄取到最佳的景观效果。风景园林中的许多组景手法如主景与次(配)景、抑景与扬景、对景与障景、夹景与框景、俯景与仰景、实景与虚景等均与建筑有关。

(3)组织游览路线　园林建筑常常具有起承转合的作用,当人们的视线触及某处优美的园林建筑时,游览路线就会自然而然地延伸,建筑常成为视线引导的主要目标。风景园林对于游人来说是一个流动空间,一方面表现为自然风景的时空转换,另一方面表现在游人步移景异的过程中。不同的空间类型组成有机整体,并对游人构成丰富的连续景观,就是风景园林景观的动态序列。作为风景序列的构成,可以是地形起伏,水系环绕,也可以是植物群落或建筑空间,无论是单一的还是复合的,总应有头有尾,有放有收,这也是创造风景序列常用的手法。园林建筑在风景园林中有时只占有1% ~2%的面积,由于使用功能和建筑艺术的需要,对建筑群体组合的本身以及对整个园林中的建筑布置,均应有动态序列的安排。对一个建筑群组而言,应该有入口、门庭、过道、次要建筑、主体建筑的序列安排。对整个风景园林而言,从大门入口区到次要景区,最后到主景区,都有必要将不同功能的景区,有计划地排列在景区序列轴线上,形成一个既有统一展示层次,又有多样变化的组合形式,以达到应用与造景之间的完美统一。

(4)组织园林空间　风景园林设计中空间组合和布局是重要的内容,风景园林常以一系列空间的变化巧妙安排,给人以艺术享受,以建筑构成的各种形式的庭院及游廊、花墙、圆洞门等恰是组织空间、划分空间的最好手段。分隔空间力求从视觉上突破园林实体的有限空间的局限性,使之融于自然,表现自然。为此,必须处理好形与神、景与情、意与境、虚与实、动与静、因与借、真与假、有限与无限、有法与无法等种种关系。如此,则把园内空间与自然空间融合和扩展开来。比如漏窗的运用,使空间流通、视觉流畅,因而隔而不绝,在空间上起着互相渗透的作用。在漏窗内看,玲珑剔透的花饰、丰富多彩的图案,有浓厚的民族风味和美学价值;透过漏窗,竹树迷离摇曳,亭台楼阁时隐时现,远空蓝天白云飞游,造成幽深宽广的空间境界和意趣。如中国传统风景园林中院落组合的手法,在功能上、艺术上高度地结合,以院为单元可创造出多空间并具有封闭幽静的环境,结合院落空间可以布置成序列的景物。其中四周以廊围起的空间组合方式——廊院,其结构布局,属内外空透,相互穿插,增加景物的深度和层次的变化。这种空间可以水面为主题,也可以花木假山为主题景物,进行组景。成功的实例很多,如苏州沧浪亭的复廊院空间效果;北京静心斋廊院、谐趣园;西安的九龙汤等。

较典型的还有民居庭院,分城市型与乡村型,分大院与小院。随各地气候不同、生活习惯不同,庭院空间布局也多种多样。随民居类型又分为前庭、中庭及侧庭(又称跨院)、后庭等。民居庭院组景多与居住功能、建筑节能相结合,如"春华夏荫覆"(唐长安韩愈宅中庭)。北京四合院不主张植高树,因北方喜阳,不需太多遮阳,所见庭内多植海棠、木瓜、枣树、石榴、丁香之类的灌木。也有花池、花台与铺面结合组景的。在北方庭内水池少用,因冰冻季节长且易损坏。稍大的北京桂春园、鉴园、半亩园属宅旁园,园内多有廊庑连续,曲折变化,园路曲径通幽,也有池榭假山等。近现代庭园宜继承古代的优良传统,如节能、节地(指咫尺园景处理手法)、优秀的组景技艺等,扬弃不必要的亭阁建筑、假山,而代之以简洁明朗的铺面、草坪,花、色、香、姿的灌木,间少数布石、水池的布置方式,可得到较好的效果。

此外,园林建筑中数量、种类庞大的建筑小品在风景园林空间的组织当中亦发挥着巨大的作用。如廊、桥、墙垣、花格架等是组织和限定空间的良好手段,较高大的楼、阁、亭、台、塔等建筑在组织和划分景区中也起着很好的引导明示作用。

3)园林建筑的使命

传统意义的风景园林起源很早,无论是东方还是西方,均可追溯到公元前16—前11世纪,在这一漫长的发展历程中,学科所涉及的内容、涵义、功能、作用和使命等也发生了很大变化。随着社会的发展、环境的变迁、技术的进步以及现代人需求和理念的诸多变化,风景园林的发展也进入了一个全新的时代,这门具有悠久历史传统的造园、造景学科,正在扩大其研究领域,向着更综合的方向发展,在协调人与自然、人与社会、人与环境、人与建筑等相互关系方面正担负起日益重要的角色。展望未来,现代风景园林发展应担负的使命和努力的目标特征有以下几点:

①作为一门学科和专业,在传承历史的基础上进一步与国际及现代景观设计理念接轨,进一步完善学科体系及学科教育体系,消除学科概念及含义的争议;

②敦促政府实施风景园林师或景观设计师的职业化,维护风景园林规划设计的水准及执业师的地位;

③在相关行业中普及园林建筑的知识,以利提高人居环境的质量。2006 年建设部选定《景观园林规划与设计》作为全国注册建筑师继续教育指定用书,说明国家已充分关注这一问题;

④在重视风景园林艺术性的同时,更加重视风景园林的社会效益、环境效益和经济效益;

⑤保证人与大自然的健康,提高和改善自然的自净能力;

⑥运用现代生态学原理,及多种环境评价体系,通过园林对环境进行针对性的量化控制。重视园林绿化和健康性,避免因绿化材料等运用不当对不同人群所带来的身体过敏性刺激和伤害;

⑦在总体规划上,树立大环境的意识,把全球或区域作为一个全生态体来对待,重视多种生态位的研究,运用风景园林来调节。绿色思想体系指导下的高技术运用在景园发展中作用日益显著;

⑧全球风景园林向自然复归、向历史复归、向人性复归,风格上进一步向多元化发展,在同建筑与环境的结合上,风景园林局部界限进一步弱化,形成建筑中有园林、园林中有建筑的格局,城市向山水园林化方向发展,但应注重保护和突出地方特色。

1.1.4 园林建筑与可持续发展

进入 21 世纪的今天,信息化时代的状况与工业革命初期相比较,人类已经向前迈出了巨大的一步。人类所拥有的物质基础、改变世界的能力、面临的问题与困难以及人类的思维方式都发生了根本性的改变,考察工业革命之后的城市、城市发展的过程不难理解,城市已经突破了具体的物质环境营造的概念,演化为一个极为复杂的社会系统工程。相伴相随的城市规划及景观园林环境理论几乎涉及了人类文明的所有领域,各学科的交叉、介入促进了城市规划理论的完善与发展。园林建筑的可持续发展在城市规划的层面上也表现出新的特点,要求我们去探索新的发展模式。

基于生态整体论思维的启示,人们在创作中开始关注如何降低能源消耗,利用可再生资源,减少污染与废弃物、提高环境质量、提高综合效益等问题,开始强调园林建筑与社会行为、文化要素之间的动态协调,形成了可持续发展的园林建筑设计的多种设计思路和研究方向。

1)结合气候的园林建筑设计

根据园林建筑的规模、重要程度、功能等因素,我们可以将与园林建筑运作系统关系密切的气候条件分为 3 个层次,即宏观气候、中观气候和小气候。

(1)宏观气候　它是园林建筑所在地区的总的气候条件,包括降雨、日照、常年风、湿度、温度等资料。

(2)中观气候　它是园林建筑所在地段由于特别地理因素对宏观气候因素的调整。如果建筑地处河谷、森林地区或山区,这种局部性特别地理因素对园林建筑的影响就会相当明显。

(3)小气候　小气候主要是指各种有关人为因素，包括人为空间环境对园林建筑的影响。例如相邻建筑之间的空间关系可影响建筑的自然采光、通风及观景、赏景等。

2)结合地域文化的设计

地域文化是一定区域内人类社会实践中所创造的物质财富和精神财富的综合，园林建筑作为地域文化的一种实体表现，反映了园林建筑子系统与环境的整体关联性，设计结合地域文化，是要求园林建筑积极挖掘地域文化中的特征性因素，将其转化为园林建筑的组织原则及独特的表现形式，使园林建筑的演进能够保持文化上的特征性和连续性。

3)效法自然有机体的设计

建筑师对有机生命组织的高效低耗特性及其组织结构合理性的探讨，使生态建筑有与建筑仿生学相结合的趋势。提取有机体的生命特征规律，创造性地用于园林建筑创作，是生态建筑研究的又一方向。

4)技术层面——可持续发展的园林建筑技术

(1)侧重于传统的低技术　在传统的技术基础上，按照资源和环境两个要求，改造重组所运用的技术。它偏重于从乡土建筑、地方建筑角度去挖掘传统、乡土建筑在节能、通风、利用乡土材料等方面的方法，并加以技术改良，不用或很少用现代技术手段来达到建筑生态化的目的。这种实践多在非城市地区进行，形式上强调乡土、地方特征。

(2)传统技术与现代技术相结合的中间技术　偏重于在现代建筑手段、方法论的基础上，进行现实可行的生态建筑技术革新，通过精心设计的建筑的细部，提高对建筑和资源的利用效率，减少不可再生资源的耗费，保护生态环境，如外墙隔热、不断改进的被动式太阳能技术等手段。这类技术实践多在城市地区。

(3)用先进手段达到建筑生态化的高新技术　把其他领域的新技术，包括信息技术、电子技术等，按照生态要求移植过来，以高新技术为主体，使用一些传统技术手段来利用自然条件，这种利用也是建立在科学分析研究的基础之上，以先进技术手段来表现。

从做法上讲，突出高技术和技术综合，即园林建筑的设计需要多学科技术人员从头至尾参与，包括环境工程、光电技术、空气动力学等。

生态的园林建筑要实现它的基本目标，必须要有技术的支持。在应用生态建筑技术过程当中，要受到经济的制约。生态建筑采用哪个层次的技术，不是一个单纯的技术问题，当环保和生态利益与经济效益不完全一致时，经济性就是非常关键的。目前在欧洲，特别是在德国、英国、法国，以高技术为主建造生态建筑，提出了“高生态就是高技术”的口号。而在发展中国家，由于经济发展水平的原因，技术和材料的不够完善，把整个生态技术发展建立在高新技术的基础上比较困难，所以常采用中、低技术。目前，中、低技术属于普及推广型技术，高新技术属于研究开发型技术。

1.2　现代园林建筑的特点及教育

1.2.1　现代园林建筑的特点

园林建筑与其他形式的工程艺术一样，具备地方性、民族性、时代性，它是人创造的源于自然美的、又供人使用的空间环境，因此，不同时代、不同民族、不同地域的园林建筑均被打上了不同的烙印。现代园林建筑的发展同样受到现代人及现代社会背景的巨大影响，概括起来，具有以下特点：

(1)传统与现代的对话与交融　传统与现代永远是相对的概念，是密不可分的统一体，在园林景观的发展历程中，传统与现代始终在对话交流，并在实践中相互融合并存，传统园林为现代园林提供了丰富的内涵及深层次的文化基础，现代园林又发展了传统园林的内容及功能。

(2)现代园林景观的开放性与公众性　同传统园林相比，现代园林更具开放性，强调为公众群体服务的观念，面向群体是现代风景园林的显著特点，也是引发传统向现代变革的重要因素。现代风景园林在规划设计中要同时考虑许许多多、形形色色的人的不同需求，如现代园林设计中的广场环境设计就是典型的例证之一。

(3)强调精神文化的现代园林景观　明代计成在《园冶》中把“造园之始，意在笔先”作为园林设计的基本原则，这里的“意”既可理解为设计意图或构思，也可理解为一种意向、主题、寓意等为主体的为人服务的文化意识形态。现代园林景观在快节奏、精神压力大的现代社会中起到缓解精神压力的作用。被视为塑造城市形象、营造社区环境、提高文化品位的重要方面。

(4)同城市规划、环境规划相结合　现代园林景观规划已成为城市规划的一个组成部分，也是其中的一个规划分支，对于城市总体环境建设起着举足轻重的作用。如城市中的景观系统规划、绿化系统规划等，对于历史文化名城的保护，也属于典型的园林景观规划设计，对于更大范围的环境规划或风景名胜区规划来说，园林景观规划设计已融入环境保护及旅游规划之中。

(5)面向资源开发与环境保护　现代园林景观规划设计中的另一大领域，已经超脱于规划，不是具体的景观规划，而是把景观当做一种资源，就像对待森林、煤炭等自然资源一样。这项工作国外进行较早，如美国有专门的机构及人员运用 GIS 系统管理国土上的风景资源，尤其是城市以外的大片未开发地区的景观资源。中国也是风景资源、旅游资源的大国，如何评价、保护、开发这两大资源，是一项很重要的工作，这项工作涉及面较广，进一步扩大就业人口、移民与寻求新的生存环境相联系，所以从广义的角度来看，这种评价、保护、开发的研究实践就与人居环境的研究实践联系在一起，非常综合，不仅仅是建筑、规划、风景园林三个专业方面的内容，还包括社会学、哲学、地理、文化、生态等各方面内容。目前，我国在有些院校已成立资源环境与城乡规划管理等专业，同地理学专业相比，在管理景观资源方面更专业、更有利于景观资源的分析、评价、保护和开发工作。

1.2.2 园林景观规划与设计专业教育的发展

国外的园林景观规划教育开始较早，发展至现在体系已较为完善，我国园林景观类专业教育最早开始于 20 世纪 60 年代初，由北京林业大学园艺系创办了园林专业，同济大学也于同期按国际景观建筑学专业模式在城市规划专业中开设了名为“风景园林规划设计”的专业方向，并于 1979 年开始创办风景园林专业学科和硕士点教育及风景园林规划设计博士培养方向，之后又有许多建筑院校开办了此类专业。纵观国内外园林建筑学教育及发展具有以下几个特点：

(1)边缘性　园林景观学是在自然和人工两大范畴边缘诞生的，因此，它的专业知识范畴也处于众多的自然科学和社会科学的边缘，例如建筑学、城市规划、地学、生态学、环境科学、园艺学、林学、旅游学、社会学、人类文化学、心理学、文学、艺术、测绘、3S(RS、GPS、GIS)应用、计算机技术等。

(2)开放性　专业教育不仅向建筑学和城市规划人士开放,也向其他具备自然科学背景或社会科学背景的人士开放,持各种专业背景的人都有机会基于各自的专长从事园林景观的工程实践,没有固定模式和严格专业界限,体现了该学科的开放性。

(3)综合性　多方面人士的参与导致了学科专业的综合性。专业教育所需要培养的不是单一门类知识的专才,而是综合应用多学科专业知识的全才。

(4)完整性　专业教育横跨自然科学和人文科学两大方向,包括从建设工程技术、资源环境规划、经济政策、法律、管理到心理行为、文化、历史、社会习俗等完整的教育内容。

(5)体系性　多学科知识关系并不芜杂凌乱,基本都统一在“环境规划设计”这一总纲之下,不同研究方向只是手段和角度不同而已。园林景观学科体系同建筑学、城市规划、环境艺术等相关专业相互关联,但却不依赖它们,有其完整独立的学科体系。

1.3　园林建筑的分类

1.3.1　游憩类

1)科普展览建筑

科普展览建筑是指供历史文物、文学艺术、摄影、绘画、科普、书画、金石、工艺美术、花鸟鱼虫等展览的设施。

2)文体游乐建筑

文体游乐建筑有文体场地、露天剧场、游艺室、康乐厅、健身房等,如转盘、秋千、滑梯、攀登架、单杠、转马、小脚踏三轮车、迷宫、原子滑车、摩天轮、观览车、金鱼戏水、疯狂老鼠、旋转木马、勇敢者转盘等。

3)游览观光建筑

游览观光建筑不仅给游人提供游览休息赏景的场所,而且本身也是景点或成景的构图中心,包括亭、廊、榭、舫、厅、堂、楼阁、斋、馆、轩、码头、花架、花台、休息坐凳等。

4)园林建筑小品

园林建筑小品一般体形小,数量多,分布广,具有较强的装饰性,对园林绿地景色影响很大,主要包括园椅、园凳、园桌、展览及宣传牌、景墙、景窗、门洞、栏杆、花格及博古架等。

(1)园椅、园凳、园桌　园椅、园凳、园桌供游人坐息、赏景之用,一般布置在安静、景色良好以及游人需要停留休息的地方。在满足美观和功能的前提下,结合花台、挡土墙、栏杆、山石等而设置,必须舒适坚固,构造简单,制作方便,与周周环境相协调,点缀风景,增加趣味。

(2)展览牌、宣传牌　展览牌、宣传牌是进行精神文明教育和科普宣传、政策教育的设施,有接近群众、利用率高、灵活多样、占地少、造价低和美化环境的优点。一般常设在景园绿地的各种广场边、道路对景处或结合建筑、游廊、围墙、挡土墙等灵活布置。根据具体环境情况,可作直线形、曲线形或弧形,其断面形式有单面和双面,也有平面和立体等。

(3)景墙　景墙有隔断、导游、衬景、装饰等作用。墙的形式很多,根据材料、断面的不同,有高矮、曲直、虚实、光洁、粗糙、有檐与无檐等形式。

(4)景窗门洞　景窗门洞具有特色的景窗门沿,不仅有组织空间、采光和通风的作用,而且还能为景园增添景色。园窗有什锦窗和漏花窗两类,什锦窗是在墙上连续布置各种不同形状的窗框,用以组织园林框景。漏花窗类型很多,从材料上分有瓦、砖、玻璃、扁钢、钢筋混凝土等,主要用于园景的装饰和漏景。园门有指示导游和点景装饰的作用。一个好的园门往往给人以"引人入胜""别有洞天"的感觉。

(5)栏杆:栏杆主要起防护、分隔和装饰美化的作用,坐凳式栏杆还可供游人休息。栏杆在景园绿地中一般不宜多设,即使设置也不宜过高。应该把防护、分隔的作用巧妙地与美化装饰结合起来。常用的栏杆材料有钢筋混凝土、石、铁、砖、木等,石制栏杆粗壮、坚实、朴素、自然,钢筋混凝土栏杆可预制装饰花纹,经久耐用。铁栏杆少占面积,布置灵活,但易锈蚀。

(6)花格　花格广泛地用于漏窗、花格墙、屋脊、室内装饰和空间隔断等。依制造花格的材料和花格的功能不同,可分为砖花格、瓦花格、琉璃花格、混凝土花格、水磨石花格、木花格、竹花格和博古架等。

(7)雕塑　雕塑有表现景园意境、点缀装饰风景、丰富游览内容的作用,大致可分为3类:纪念性雕塑、主题性雕塑、装饰性雕塑。现代环境中,雕塑逐渐被运用在景园绿地的各个领域中。除单独的雕塑外,还用于建筑、假山和小型设施。如塑成仿树皮、竹材的混凝土亭,仿树干的灯柱,仿树桩的圆凳,仿木板的桥,仿石的踏步,仿花草的各种装饰性栏杆窗花,以及塑成气势磅礴的狮山、虎山等。

除以上7种游憩建筑设施外,园林中还有花池、树池、饮水池、花台、花架、瓶饰、果皮箱、纪念碑等小品。

1.3.2 服务类

风景园林中的服务性建筑包括餐厅、酒吧、茶室、小吃部、接待室、小宾馆、小卖部、摄影部、售票房等。这类建筑虽然体量不大,但与人们密切相关,它们融使用功能与艺术造景于一体,在园林中起着重要的作用。

(1)饮食业建筑设施　饮食业建筑设施有餐厅、食堂、酒吧、茶室、冷饮、小吃部等。这类设施近年来在风景区和公园内已逐渐成为一项重要的设施,该服务设施在人流集散、功能要求、服务游客、建筑形象等方面对景区有很大影响。

(2)商业性建筑设施　它包括商店或小卖部、购物中心。主要提供游客用的物品和糖果、香烟、水果、饼食、饮料、土特产、手工艺品等,同时还为游人创造一个休息、赏景之所。

(3)住宿建筑设施　住宿建筑设施有招待所、宾馆。规模较大的风景区或公园多设一个或多个接待室、招待所,甚至宾馆等,主要供游客住宿、赏景。

(4)摄影部、售票房　它们主要是供应照相材料、租赁相机、展售风景照片和为游客室内、外摄影,同时还可扩大宣传,起到一定的导游作用。票房是公园大门或外广场的小型建筑,也可作为园内分区收票的集中点,常和亭廊组合一体,兼顾管理和游憩需要。

1.3.3 公用类

公用建筑主要包括电话亭、导游牌、路标、停车场、存车处、供电及照明、供水及排水设施、供气供暖设施、标志物及果皮箱、饮水站、厕所等。

(1)导游牌、路标　在景园各路口,设立标牌,协助游人顺利到达游览地点,尤其在道路系统较复杂、景点丰富的大型景园中,还起到点景的作用。

(2)停车场、存车处　这是风景区和公园必不可少的设施,为了方便游人常和大门入口结合在一起,但不应占用门外广场的位置。

(3)供电及照明　供电设施主要包括园路照明,造景照明,生活、生产照明,生产用电,广播宣传用电,游乐设施用电等。园林照明除了创造一个明亮的环境,满足夜间游园活动,节日庆祝活动以及保卫工作等要求以外,它更是创造现代化景观的手段之一。近年来,广西的芦笛岩、伊岭岩、江苏宜兴的善卷洞、张公洞等,日本的“会跳舞的喷泉”等,均突出地体现了园景用电的特点。园灯是园林夜间照明设施,白天具有装饰作用,因此各类园灯在灯头、灯柱、柱座(包括接线箱)的造型上,光源选择上,照明质量和方式上,都应有一定的要求。园灯造型不宜繁琐,可有对称与不对称、几何形与自然形之分。

(4)供水与排水设施　风景园林中用水有生活用水、生产用水、养护用水、造景用水和消防用水。一般水源有:引用原河湖的地表水;利用天然涌出的泉水;利用地下水;直接用城市自来水或设深井水泵吸水。给水设施一般有水井、水泵(离心泵、潜水泵)、管道、阀门、龙头、窨井、储水池等。消防用水为单独体系,有备无患。景园造景用水可设循环设施,以节约用水。工矿企业的冷却水可以利用。水池还可与风景园林绿化养护用水结合,做到一水多用。山地园和风景区应设分级扬水站和高位储水池,以便引水上山,均衡使用。

风景园林绿地的排水,主要靠地面和明渠排水,暗渠、埋设管线只是局部使用。为了防止地表冲刷,需固坡及护岸,常采用谷方、护土筋、水簸箕、消力阶、消力池、草坪护坡等措施。为了将污水排出,常使用化粪池、污水管渠、集水窨井、检查井、跌水井等设施。作为管渠排水体系有雨、污分流制,雨、污合流制,地面及管渠综合排水等方法。

(5)厕所　园厕是维护环境卫生不可缺少的,既要有其功能特征,外形美观,又不能喧宾夺主。要求有较好的通风、排污设备,应具有自动冲水和卫生用水设施。

1.3.4 管理类

管理类建筑主要指园区的管理设施,以及方便职工的各种设施。

(1)大门、围墙　大门在风景园林中突出醒目,给游人第一印象。依各类风景园林不同,大门的形象、内容、规模有很大差别,可分为以下几种形式:柱墩式、牌坊式、屋宇式、门廊式、墙门式、门楼式,以及其他形式的大门等。

(2)其他管理设施　其他管理设施有办公室、广播站、宿舍食堂、医疗卫生、治安保卫、温室荫棚、变电室、垃圾污水处理场等。

1.4 园林建筑的基本艺术特征

1.4.1 园林建筑的动态之美

中国古代工匠喜欢把生气勃勃的动物形象用到艺术上去。这比起希腊来，就很不同。希腊建筑上的雕刻，多半用植物叶子构成花纹图案。中国古代雕刻却用龙、虎、鸟、蛇这一类生动的动物形象，至于植物花纹，要到唐代以后才逐渐兴盛起来。在汉代，不但舞蹈、杂技等艺术十分发达，就是绘画、雕刻，也无一不呈现一种飞舞的动态(图1.1、图1.2)。图案画常常用云彩、雷纹和翻腾的龙构成，雕刻也常常是雄壮的动物，还要加上两个能飞的翅膀。据《文选》中有一些描写当时建筑的文章，可见当时城市宫殿建筑的华丽，看来似乎只是夸张，只是幻想。其实不然，我们现在从地下坟墓中发掘出来实物材料，那些颜色华美的古代建筑的点缀品，说明《文选》中的那些描写，是有现实根据的，离开现实并不是那么远的。《文选》中一篇王文考作的《鲁灵光殿赋》告诉我们，这座宫殿内部的装饰，不但有碧绿的莲蓬和水草等装饰，尤其有许多飞动的动物形象：有飞腾的龙，有愤怒的奔兽，有红颜色的鸟雀，有张着翅膀的凤凰，有转来转去的蛇，有伸着颈子的白鹿，有伏在那里的小兔子，有抓着椽在互相追逐的猿猴，还有一个黑颜色的熊，背着一个东西，蹲在那里，吐着舌头。不但有动物，还有一群胡人，带着愁苦的样子，眼神憔悴，面对面跪在屋架的某一个危险的地方。上面则有神仙、玉女，“忽缥缈以响象，若鬼神之仿佛。”在作了这样的描写之后，作者总结道：“图画天地，品类群生，杂物奇怪，山神海灵，写载其状，托之丹青，千变万化，事各胶形，随色象类，曲得其情。”不但建筑内部的装饰，就是整个建筑形象，也着重表现一种动态，中国建筑特有的“飞檐”，就是起这种作用。反映在园林建筑上，多采用飞檐翘角的形式，尤其是建筑在高处的亭、楼或水边的榭等园林建筑，簇拥在随风摇动的绿树中，伴着飒飒的风声，展翅欲飞，根据《诗经》的记载，周宣王时的建筑已经像一只野鸡伸翅在飞(《斯干》)，可见中国的建筑很早就趋向于自然和谐的动态之美了，也充分反映了中华民族在当时前进的活力。这种动态之美，已成为中国古代建筑艺术的一个重要特点。

图1.1 风景园林建筑中体现动态美的亭

图1.2 风景园林建筑中体现动态美的水榭

1.4.2　园林建筑的空间之美

建筑和园林的艺术处理，是处理空间的艺术。老子就曾说："凿户牖以为室，当其无，有室之用。"室之用是指利用室中之"无"即空间。从上面的介绍可知，中国古代风景园林是很发达的，如北京故宫三大殿的旁边，就有三海，郊外还有圆明园、颐和园，等等，这是皇家园林。即便是普通的民居一般也有天井、院子，这也可以算作一种小小的园林。例如，郑板桥这样描写一个院落："十笏茅斋，一方天井，修竹数竿，石笋数尺，其地无多，其费亦无多也。而风中雨中有声，日中月中有影，诗中酒中有情，闲中闷中有伴，非唯我爱竹石，即竹石亦爱我也。彼千金万金造园亭，或游宦四方，终其身不能归享。而吾辈欲游名山大川，又一时不得即往，何如一室小景，有情有味，历久弥新乎？对此画，构此境，何难敛之则退藏于密，亦复放之可弥六合也。"（《板桥题画竹石》）我们可以看到，这个小天井，给了郑板桥这位画家多少丰富的感受，空间随着心中意境可敛可放，是流动变化的，是虚幽而丰富的。

宋代的郭熙论山水画时说"山水有可行者，有可望者，有可游者，有可居者。"（《林泉高致》）可行、可望、可游、可居，这也是传统风景园林艺术的基本理念和要求，园林中的建筑，要满足居住的要求，使人获得休息，但它不只是为了居住，它还必须可游、可行、可望。"望"是视觉传达的需要，一切美术都是"望"，都是欣赏。不但"游"可以发生"望"的作用（颐和园的长廊不但引导我们"游"，而且引导我们"望"），就是"住"，也同样要"望"。窗子并不单为了透空气，也是为了能够望出去，望到一个新的境界，使我们获得美的感受。窗子在园林建筑艺术中起着很重要的作用。有了窗子，内外就发生交流。窗外的竹子或青山，经过窗子的框框望去，就是一幅画（图1.3）。

图1.3　风景园林建筑中的窗

颐和园乐寿堂差不多四边都是窗子，周围粉墙列着许多小窗，面向湖景，每个窗子都等于一幅小画（李渔所谓"尺幅窗，无心画"）。而且同一个窗子，从不同的角度看出去，景色都不相同。这样，画的境界就无限地增多了。不但走廊、窗子，而且一切楼、台、亭、阁，都是为了"望"，都是为了得到和丰富对于空间的美的感受。颐和园有个匾额，叫"山色湖光共一楼"。这是说，这个楼把一个大空间的景致都吸收进来了。左思《三都赋》："八极可围于寸眸，万物可齐于一朝。"苏轼诗："赖有高楼能聚远，一时收拾与闲人。"就是这个意思。颐和园还有个亭子叫"画中游"。"画中游"，并不是说这亭子本身就是画，而是说，这亭子外面的大空间好像一幅大画，你进了这亭子，也就进入到这幅大画之中。所以明人计成在《园冶》中说："轩楹高爽，窗户邻虚，纳千顷之汪洋，收四时之烂漫。"这里表现着美感的民族特点。古希腊人对于庙宇四围的自然风景似乎还没有发现，他们多半把建筑本身孤立起来欣赏。古代中国人就不同，他们总要通过建筑物，通过门窗，接触外面的大自然。"窗含西岭千秋雪，门泊东吴万里船"（杜甫）。诗人从一个小房间通到千秋之雪、万里之船，也就是从一门一窗体会到无限的空间、时间。像"山川俯绣户,日月近雕梁。"(杜甫)"檐飞宛溪水,窗落敬亭云。"(李白)都是小中见大,从小空间进到大空间,丰富了美的感受。外国的教堂无论多么雄伟,也总是有局限的。但我们看天坛的那个祭天的台,这个台面对着的不是屋顶,而是一片虚空的天穹,也就是以整个宇宙作为自己的庙宇,这是和西方很不相同的。明代人有一小诗,可以帮助我们进一步了解窗子的美感作用:"一琴几上闲,数竹窗外碧。帘户寂无人,春风自吹入。"

为了丰富对于空间的美感,在园林建筑中就要采用种种手法来布置空间,组织空间,创造空间,例如借景、分景、隔景等。其中,借景又有远借、邻借、仰借、俯借、镜借等。

玉泉山的塔,好像是颐和园的一部分,这是"借景"。苏州留园的冠云楼可以远借虎丘山景,拙政园在靠墙处堆一假山,上建"两宜亭",把隔墙的景色尽收眼底,突破围墙的局限,这也是"借景"。颐和园的长廊,把一片风景隔成两个,一边是近于自然的广大湖山,一边是近于人工的楼台亭阁,游人可以两边眺望,丰富了美的印象,这是"分景"。《红楼梦》小说里大观园运用园门、假山、墙垣等,造成园中的曲折多变,境界层层深入,像音乐中不同的音符一样,使游人产生不同的情调,这也是"分景"。颐和园中的谐趣园,自成院落,另辟一个空间,另是一种趣味,这种大园林中的小园林,叫做"隔景",对着窗子挂一面大镜,把窗外大空间的景致照入镜中,成为一幅发光的"油画","隔窗云雾生衣上,卷幔山泉入镜中"(王维诗句)。"帆影都从窗隙过,溪光合向镜中看"(叶令仪诗句),这就是所谓"镜借"了。"镜借"是凭镜借景,使景映镜中,化实为虚(苏州怡园的面壁亭处境偏仄,乃悬一大镜,把对面假山和螺髻亭收入境内,扩大了境界),园中凿池映景,亦此意。青岛迎宾馆的敞廊,也是为了充分借用外部的美景(图 1.4)。无论是借景、对景,还是隔景、分景,都是通过布置空间、组织空间、创造空间、扩大空间的种种手法,丰富美的感受,创造了艺术意境。中国园林艺术在这方面有特殊的表现,它是理解中华民族的美感特点的一项重要的领域。概括说来,当如沈复所说的:"大中见小,小中见大,虚中有实,实中有虚,或藏或露,或浅或深,不仅在周回曲折四字也"(《浮生六记》)。这也是中国除园林建筑之外一般艺术的特征。

图 1.4 青岛迎宾馆用于借景的敞廊

1.5 园林建筑的技术与经济问题

1.5.1 园林建筑的结构与构造

中国传统的园林建筑多采用木构框架结构,建筑的重量是由木构架承受的,墙不承重。木构架由屋顶、屋身的立柱及横梁组成,是一个完整的独立体系,等同于现代的框架结构,中国有句谚语"墙倒屋不塌",则生动地说明了这种结构的特点。

1)中国传统园林建筑的屋顶

中国传统园林建筑的外观特征主要表现在屋顶上,屋顶的形式不同,体现出的建筑风格亦不同,常见的屋顶形式有如下几种:

(1)硬山　屋面檩条不悬出于山墙之外。

(2)悬山(挑山、出山)　檩条皆伸出山墙之外,其端头上钉搏风板,屋顶有正、垂脊或无正脊的卷棚。

(3)歇山　双坡顶四周加围廊,共有九脊:一条正脊、四条垂脊、四条戗脊。

(4)庑殿　屋面为四面坡,共有五脊:一条正脊、四条与垂脊成45°斜直线的斜脊。若正脊向两端推击使斜直线呈柔和的曲线形,则称推山庑殿。

(5)卷棚　在正脊位置上不作向上凸起的屋脊,而用圆形瓦片联结成屋脊状,使脊部呈圆弧形,称为卷棚。

(6)攒尖顶　屋顶各脊由屋角集中到中央的小须弥座上,其上饰以宝顶。攒尖顶有单、重、三重檐等之分,平面形式有三角、四角、多角及圆攒尖等。

(7)十字脊顶　4个歇山顶正脊相交成十字,多用于角楼。

(8)盔顶　与攒尖顶相似,屋顶各脊汇交于宝顶,戗脊呈曲线形。

其他还有囤顶、草顶、穹隆顶、圆拱顶、单坡顶、平顶、窝棚等。还有少数民族如傣族、藏族等的屋顶也颇有特色(图1.5)。

图1.5　传统建筑的屋顶形式

2)园林建筑常用的结构形式

(1)抬梁式　抬梁式也称叠梁式,就是屋瓦铺设在椽上,椽架在檩上,檩承在梁上,梁架承受整个屋顶的重量再传到柱上,就这样一个抬着一个(图1.6)。抬梁式构架的好处是室内空间很少用柱(甚至不用柱),结构开敞稳重,屋顶的重量巧妙地落在檩梁上,然后再经过主立柱传到地上。这种结构用柱较少,由于承受力较大,柱子的耗料比较多,流行于北方。大型的府第及宫廷殿宇大都采用这种结构。

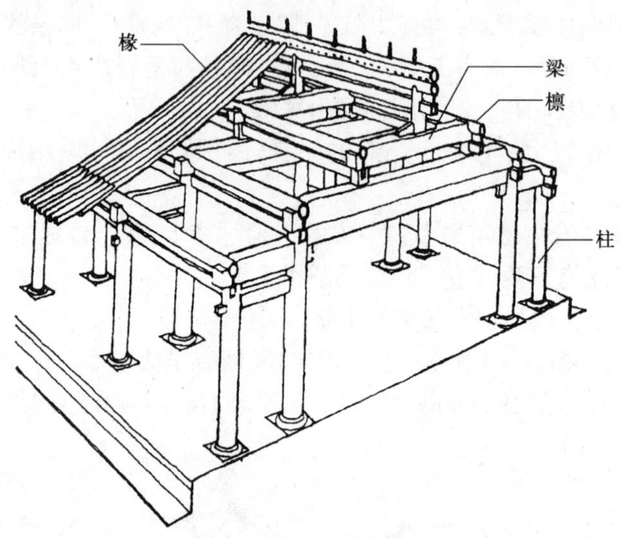

图 1.6　抬梁式构架

(2)穿斗式　穿斗式又称立帖式,直接以落地木柱支撑屋顶的重量,柱间不施梁而用穿枋联系,以挑枋承托出檐(图 1.7)。穿斗式结构柱径较小,柱间较密,应用在房屋的正面会限制门窗的开设,但做屋的两侧,则可以加强屋侧墙壁(山墙)的抗风能力。其用料较小,选用木料的成材时间也较短,选材施工都较为方便。在季风较多的南方一般都使用这种结构。

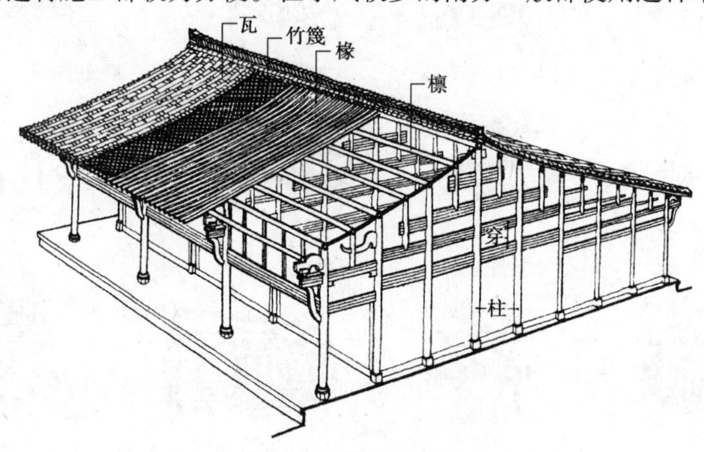

图 1.7　穿斗式构架

由于竖架较灵活,一般竹架棚亦会采用这种结构。

穿斗式和抬梁式有时会同时应用(抬梁式用于中跨,穿斗式用于山面),发挥各自的优势。

其他还有一些非主流的结构,比如:井干式、密梁平顶式等,它们都分别适应了不同的地域和气候。

(3)斗拱　在大型木构架建筑的屋顶与屋身的过渡部分,有一种我国古代建筑所特有的构件,称为斗拱。它是由若干方木与横木垒叠而成,用以支挑深远的屋檐,并把其重量集中到柱子上,用来解决垂直和水平两种构件之间的重力过渡。斗拱是我国封建社会中森严等级制度的象征和重要建筑的尺度衡量标准。

一个斗拱是由两块小小的木头组成,一块像挽起的弓,一块像盛米的斗,但就是这两块小小的木头托起了整个中华民族的建筑,成了传统中国古建筑艺术最富创造性和最有代表性的部分(图1.8)。

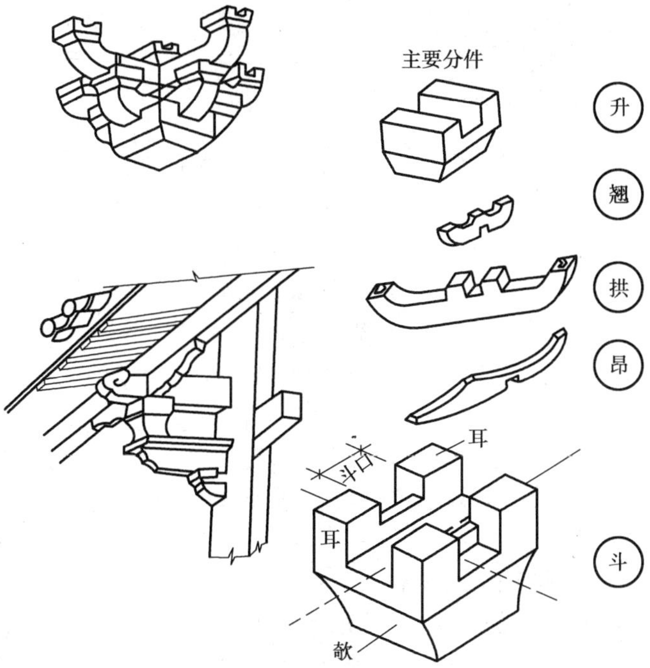

图1.8 斗拱的构成

斗拱的组合一点也不复杂,斗上置拱,拱上置斗,斗上又置拱,重复交叠,千篇一律,却千变万化,让人眼花缭乱。清代工部的《工程做法则例》足足用13卷的篇幅来列举30多种斗拱的形式,但这种令人莫测高深的结构,实际上还有着更多的变化。因为斗拱本身是一种"办法",在被定型为"格式"之前,一直都在因不同需要而自由组合。

斗拱在我国古代建筑中不仅在结构和装饰方面起着重要作用,而且在制定建筑各部分和各种构件的大小尺寸时,都以它作为度量的基本单位。比如:坐斗上承受昂翘的开口称为斗口,作为度量单位的"斗口"是指斗口的宽度。

斗拱在我国历代建筑中的发展演变非常显著,可以作为鉴别建筑年代的一个主要依据。早期的斗拱主要作为结构构件,体积宏大,近乎柱高的一半,充分显示出在结构上的重要性和气派。唐、宋时期的斗拱还保持这个特点,但到明、清时期,它的结构功能逐渐减弱,外观也日趋纤巧,本来的杠杆组织最后沦为檐下的雕刻。虽然斗拱仍旧是中国建筑最有代表性的部分,但却无可奈何地走到了尽头。

3)园林建筑屋顶的主要构造

(1)卷棚　在外观上,屋顶没有正脊,脊部做成圆弧形,梁架上支承的檩是双数的,其结构上做法是将一根脊檩分为两根顶檩。个别场合也可仅为一根,再于其下两檩上做弧形的顶椽。当脊檩为一根时,则张开的屋脊由筥脊做成(图1.9)。

小木作卷棚——室内装修的一种,卷棚在南方称之为"轩",即房屋前出廊的顶上用薄板做

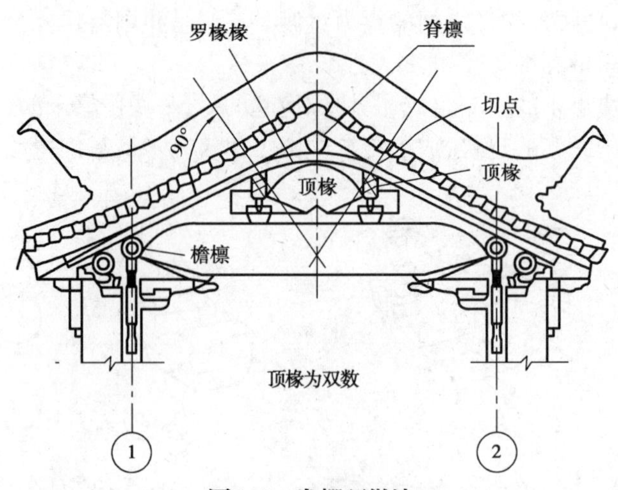

图1.9　卷棚顶做法

成卷曲弧形开花。因为顶成圆卷形的天棚,所以才带上"卷棚"两字。

其主要做法是:先用椽子弯成林拱架,然后沿此在椽子上钉上薄板即成,也有不用薄板而用薄薄的望砖直接搁在木拱架上,一旦望砖涂上白灰,衬托着红褐色的木拱架椽子,非常生动美观。

卷棚是园林建筑常用在廊、厅堂、亭内的装修,用它来表达简洁素雅、轻快的气氛,不像天花板那样庄严。

(2)枋　枋的种类主要有额枋、平板枋等。

• 额枋:是加强柱与柱之间的联系,并能承重的构件,断面近1∶1。大多置于柱顶,位于柱脚处的称地袱。为强化联系,有时两根枋叠用,上面的叫大额枋,下面的叫小额枋,上下间用垫板封填。

• 平板枋:位于额枋之上,是承托斗拱之横梁,其下为额枋,相互间用暗销联结。

(3)桁与檩　大木作称为桁,小木作称为檩。依部位可分为脊、上金、中金、下金、正心、挑檐桁。

(4)柱　按结构所处部位分檐柱、金柱、山柱、中柱、童柱。

• 檐柱:檐下最外一列柱称檐柱。

• 金柱:檐柱以内的各柱,又称老檐柱。

• 山柱:位于山墙正中处一直到屋脊的柱。

• 中柱:在纵向正中轴线上,同时又不是山墙之内顶着屋脊的柱。

• 童柱:下端不着地,立于梁上的柱,作用同柱。南方建筑梁架上的童柱,则常作成上下不等截面的梭杀,如瓜状,又称瓜柱。

1.5.2　园林建筑的市政设施及设备技术

涉及园林建筑的市政设施及设备技术有很多,如消防、防火、给水、排水、供电、照明系统及各种服务保障设施等。

1)消防与防火

传统的园林建筑虽为木构架结构,但大多位于风景秀丽的山水之间,建筑密度很小。江南小型园林虽然建筑呈群体布局且密度较大,但多绕水而建,一旦发生火灾可就近取水灭火,因此大多没有专门的消防措施。现存的较大型园林建筑由当地管理部门配备了灭火器等消防设施,可基本满足其消防需要。

对于新建的仿古式园林建筑和现代园林建筑则按现行消防要求和防火规范进行设计和建造,一般的园林建筑大多离水源较近且建筑密度较小,因此现实中因火灾而损毁的情况很少。

2)供电与照明

供电系统与照明设施是现代园林建筑的重要组成部分,与一般民用建筑的规划设计有相同之处,也有其自己的要求:

(1)对于供电所(室)的选址应遵循的原则

①应接近供电区域的负荷或网络中心,进、出线方便;

②尽量不设置在有剧烈震动的场所及易燃易爆物附近;

③不设置在地势低洼及潮湿地区;

④设置在交通运输方便,且游人不易接触到的区域。

(2)对于供电线路的选择应遵循的原则

①基于景观效果及安全的需求,供电线路如电缆等一般不应架空敷设,宜用埋地敷设方式。埋地敷设方式多采用预制管或电缆沟、道敷设;

②供电线路应采取保护措施,如采用铠装电缆、塑料护套电缆等,对于特殊地段如有腐蚀性、振动、压力等情况还应采取相应的措施;

③沿同一路径敷设的电缆根数不多于 8 根;

④直埋电缆之间及与各种设施平行或交叉的净距不小于表 1.1 之规定。

表 1.1 直埋电缆之间及与各种设施平行或交叉的最小净距表

项 目	敷设条件	
	平行时/m	交叉时/m
建筑物、构筑物基础	0.5	
电 杆	0.6	
乔 木	1.5	
灌木丛	0.5	
10 kV 以上电力电缆之间	0.25(0.1)	0.5(0.25)
10 kV 及以下电力电缆之间,以及与控制电缆之间	0.1	0.5(0.25)
通讯电缆	0.5(0.1)	0.5(0.25)
热力管沟	2.0	(0.5)
水管、压缩空气管	1.0	0.5(0.25)
铁路(平行时与轨道、交叉时与轨底,电气化铁路除外)	3.0	1.0

续表

项　目	敷设条件	
	平行时/m	交叉时/m
道路(平行时与路边,交叉时与路面)	1.5	1.0
排水明沟(平行时与沟边,交叉时与沟底)	1.0	0.5

注:①表中所列净距,应自各种设施(包括防护外层)的外缘算起;
②路灯电缆与道路灌木丛平行距离不限;
③表中括号内数字,是指局部地段电缆穿管,加隔板保护或加隔热层保护后允许的最小净距;
④电缆与水管、压缩空气管平行,电缆与管道标高差不大于0.5 m时,平行净距可减小至0.5 m。

园林中的照明主要是为园路设置的,照明线都是从变电和配电所引出一路专用干线至灯具配电箱,再从配电箱引出多路支线至各条园路线路上。路灯的线路长度一般控制在1 000 m以内,以便减小线路末端的电压损失,提高经济性。若超过1 000 m,宜在支线上设置分配电箱。

园林中的路灯形式很多,一般分杆式道路灯、柱式庭院灯、短柱式草坪灯及各种异型灯等。园林中使用的杆式道路照明灯,高度一般为5~10 m,采用线性布置,间距一般为10~20 m。柱式庭院灯应用广泛,布置灵活,高度一般为3~5 m,间距一般为3~6 m。短柱式草坪灯形式多样,装饰性强,因此在园林中随处可见,高度一般为0.5~1 m,间距一般为1~3 m。以上尺寸均可在实际应用中根据设计的需要进行调整。关于园林中的照明灯具的式样及设计在后面的章节中还将作进一步的叙述。

3)给水与排水

(1)园林景观中的给水　选择给水水源,首先应满足水质良好、水量充沛、便于防护的要求。城市中的园林可直接从就近的城市给水管网接入,若城市外的风景名胜区,可优先选用地下水,其次是河、湖、水库的水。城市中的园林给水系统的主要功能之一就是灌溉。灌溉系统是园艺生产最重要的设施。实际上,对于所有的园艺生产,尤其是鲜切花生产,采取何种灌溉方式直接关系到产品的生产成本和作物质量,进而关系到生产者的经济利益。

目前在切花生产中普遍使用的灌溉方式大致有3种,即漫灌、喷灌和滴灌。近年国外又发展了"渗灌"。其中,漫灌是一种传统的灌溉方式,目前我国大部分花卉生产者均采用这种方式。漫灌系统主要由水源、动力设备和水渠组成,是一种效果差、效率低、耗水量大的较陈旧的灌溉方式,随着现代农业科学技术的发展,将逐渐被淘汰。喷灌系统可分为移动式喷灌和固定式喷灌两种,较之漫灌它有很多优越性:第一,喷水量可以人为控制,使生产者对于灌溉情况心中有数;第二,避免了水的浪费,同时使土壤或基质灌水均匀,不至局部过湿,对作物生长有利;第三,在炎热季节或干热地区,喷灌可以增加环境湿度,降低温度,从而改善作物的局部生长环境,所以有人称之为"人工降雨"。滴灌技术目前在我国的研究与应用尚不够普及,其直接将水分送到作物的根区,供水范围如同一个"大水滴",将作物的根系"包围"起来。这样的集中供水,大大提高了水的利用率,减少了灌溉水的用量,同时又不影响作物根系周围土壤的气体交换。而除此之外,滴灌技术的优越性还有:第一,可维持较稳定的土壤水分状况,有利于作物生长,进而可提高农产品的产量和品质;第二,可有效地避免土壤板结;第三,由于大大地减少了水分通过土壤表面的蒸发,所以,土壤表层的盐分积累明显减少;第四,滴灌通常与施肥结合起来进行,施入的肥料只集中在根区周围,这在很大程度上提高了化肥的使用效率,减少了化肥用量,不但可以降低作物的生产成本,而且减少了环境污染的可能性。

(2)园林景观中的排水　污水按其来源和性质的不同一般可分为以下三类:

生活污水——生活污水是来自办公生活区的厨房、食堂、厕所、浴室等人们在日常生活中使用过的水,其中一般含有大量的有机物和细菌。生活污水必须经过适当处理,使其水质得以改善后方可排入水体或用以灌溉农田。

生产污水——生产污水是景区内的工厂、服务设施排出的生产废水,水质受到严重污染有时还含有毒有害物质。

降水——降水是地面上径流的雨水和冰雪融化水,常称作雨水。降水的特点是历时集中,水量集中,一般较清洁,可不经处理用明沟或暗管直接理导排入水体或作为景区水景水源的一部分。

排水系统主要由污水排水系统和雨水排水系统组成。其中污水排水系统由下列几个主要部分组成:室内卫生设备和污水管道系统、室外污水管道系统、污水泵站及压力管道、污水处理与利用构筑物、排入水体的出水口。雨水排水系统由下列几个主要部分组成:房屋的雨水管道系统和设备、景区雨水管渠系统、出水口、雨水口等。

对生活污水、生产污水和雨水所采用的汇集排放方式,称作排水系统的体制。排水体制通常有分流制和合流制两种类型。

分流制排水系统——生活污水、生产污水、雨水用两个或两个以上的排水管道系统来汇集与输送的排水系统,称分流制排水系统。该系统有利于环境卫生的保护及污水的综合利用。

合流制排水系统——将污水和雨水用同一管道系统进行排除的体制称为合流制排水系统。合流制排水降低了管道投资费用,养护方便,有利于方便施工。但混合污水综合利用较困难,易影响环境卫生。

污、雨水管道在平面上可布置成树枝状,并顺地面坡度和道路由高处向低处排放,尽量利用自然地面或明沟排水,减少管道埋深和费用,在地形进行竖向设计时综合考虑。常用的排水方式有:

利用地形排水——通过竖向设计将谷、涧、沟、地坡、小道顺其自然适当加以组织划分排水区域,就近排入水体或附近的雨水干管,可节省工程投资。利用地形排水,地表种植草皮,最小坡度为5‰。

明沟排水——主要指土明沟,也可在一些地段视需要砌砖、石或混凝土明沟,其坡度不小于4‰。

管道排水——将管道埋于地下,有一定坡度,通过排水构筑物等排出。公园里一般采用明沟与管道组成混合的排水方式。

在我国,园林绿地的排水,主要采用地表及明沟排水的方式为宜,采用暗管排水只是局部的地方采用,仅作为辅助性的。这不仅仅是出于经济上的考虑,而且有实用意义,并有与园景易取得协调的效果;如北京颐和园万寿山石山区、上海复兴岛公园,几乎全部用明沟排水。但采用明沟排水应因地制宜,明沟不必搞得方方正正,工程味太重,而应结合当地的地形情况因势利导,做成一种浅沟式的,沟中也可任其自然有一些植物生长。这种浅沟开工对于穿越草坪的幽径尤其适合,但在人流集中的活动场所,为交通安全和保持清洁起见,明沟可局部加盖。在园林中水系的规划安排就不是单纯的排水问题,而且还有一个理水的问题。利用洼地溪涧稍加疏理,结合地形理顺成相互贯通的水系,蓄水成景,丰富园景,即为理水。

为使雨水在地表形成的径流能及时迅速理导与排除,但又不能造成流速过大而冲蚀地表土以导致水土流失。为此,应进行综合考虑水系安排和地形的处理与理顺。

竖向规划设计是应结合理水综合考虑地形设计。首先控制地面坡度,使径流速度不致过大而引起地表冲刷。当坡度大于8‰时,应检查是否会产生冲刷,否则应予采取加固措施。同一坡度(即使坡度不大)的坡面不宜延伸太长,应有起伏变化,使地面坡度陡缓不一,而免遭地表径流冲刷到底,造成地表及植被破坏。其次,利用顺等高线的盘道谷线等组织拦截,整理组织分散排水,并在局部地段配合种植设计,安排种植灌木及草皮进行护坡。

思考练习

1. 谈谈自己对园林建筑的含义及范围的理解。
2. 园林建筑分为哪几类?
3. 园林建筑的基本艺术特征有哪些?
4. 中国传统园林建筑的屋顶有哪些形式?

2 园林建筑设计原理

[教学要求]

■了解园林建筑的个性特征;

■掌握园林建筑的设计内容与原则。

[知识要点]

■运用各种艺术手法进行园林建筑设计的能力。

2.1 园林建筑的特征及设计原则

2.1.1 园林建筑的个性特征

建筑设计的主要目的是通过调动诸如结构、材料、施工等物质手段及政治、经济、文化、历史及艺术技巧等精神要素为人营造一个适宜的空间环境,从上文的介绍可知,园林建筑具有其在物质及精神方面的独自特点以及区别于其他建筑类型的个性特征,这些个性特征决定了园林建筑在设计全过程中的原则、方法、技巧等与其他建筑的不同,主要体现在以下 8 个方面:

(1)强调游憩功能　任何建筑都有自己的功能,只是侧重点不同,园林建筑主要是为了满足人们游览、休憩和身心放松的需要,因此更强调游憩的功能,即便是具备多种综合功能的园林建筑,其游憩功能往往也是第一位的。

(2)形态灵活多变　由于园林建筑受到游乐、休闲多样性及观赏性的影响,在设计方面有更大的灵活度和自由度,正如明代计成在《园冶》中所述:"惟园林书屋,一室半室,按时景为情,方向随宜,鸠工合见。"多数园林建筑设计条件宽松,在建筑面积、尺度、体量的规模上可大可小、可多可少,在建筑形式、形态上可方可圆、可长可短、可高可低,几乎无章可循、不一而足,所谓"构园无格、营建无规",因此,园林建筑在形态上灵活多样、千变万化、多姿多彩。

(3)强化景观效果　在第一章中已提到园林建筑的主要功能之一是塑造具有观赏价值的景观,在于创造并保存人类生存的环境与扩展自然景观的美,艺术性是园林建筑的固有属性。

图2.1 可观赏性的园林建筑

建筑往往是园林中的主要画面中心，是构图中心的主体，没有建筑就难以成景，难言园林之美。园林建筑在园林景观构图中常有画龙点睛的作用，重要的建筑物常常作为风景园林的一定范围内甚至整个园林的构景中心，这一点与环境中的雕塑作品有相同之处。因此，园林建筑自身在视觉上的可观赏性是需要强化的(图2.1)。

(4)注重空间组织　园林不管规模大小，为增加空间层次、景深和丰富景观效果，往往规划设计成多个不同功能特色的空间集合，为游人营造一个流动的空间，一方面表现为自然风景的时空转换，另一方面表现在游人步移景异的过程中。不同的空间类型组成有机整体，并对游人构成丰富的连续景观，即园林景观的动态序列。园林建筑常常在园林组景中起到起承转合的作用，或划分限定，或导引指向，从这一点上来说，园林建筑在空间组织和引导方面发挥了不可或缺的作用。

(5)突出诗画意境　自然风光的环境气氛和特质是固有的，聪明的园林景观设计师善于利用园林建筑富有艺术性的形式、风格及布局来进一步渲染和突出某种特定的环境情调，并通过多种组景手法和诸如诗词、匾额、楹联等文学媒介激发人的共鸣和联想，以加强和突出园林的诗情画意。

(6)传递天地情韵　园林建筑为游人提供了丰富多变的室内及内外过渡空间，同时流通的、外向的空间设计手法提供了进行内外视觉、听觉交流的通道，人们可以在园林建筑中充分感知大自然的气息，和天地进行交流，而且这种感知和交流是有指向性、选择性和创意性的，在这里，园林建筑无疑是人与自然信息传递的使者，是使人感知自然神韵的空间载体。这一点增加了园林建筑在形态设计、空间处理上的难度，决定了园林建筑设计与城市中其他公共建筑设计的不同。

(7)尊重自然生态　园林建筑生于自然，源于自然，无论从形式、用材、色彩、构造均与自然协调一致，以保护自然为宗旨，因地制宜，在山川自然中“度高平远近之差，开自然峰峦之势”，如中国传统建筑“木柱矗立于支持它们的高台之上，有似小山岗上的高树，远远突出的弧形屋面的线条好像杉树的花枝”(李若瑟语)，符合自然生长发展的规律，与自然相映相融，共生共荣。

(8)建筑环境合一　“天人合一”思想认为天、地、人是一个密不可分的整体，是一个“存在”的连续体，即“万物一体”，这是我国古代环境观念中的精华。这种思想也反映在园林建筑的规划、设计与营建之中，建筑选择了环境，环境也选择了建筑，建筑与环境协调并存，风景园林中的建筑很少像现代建筑那样突兀、张扬地显示自身的存在，而是与周边环境自然和谐地融为一体，强化和升华了自然美，有效提升了环境品质，成为优美自然环境的有机组成部分。

2.1.2　园林建筑设计的主要内容与原则

基于以上园林建筑8个方面的个性特征，在具体的规划设计中应加强研究，认真分析，强调和突出园林建筑的自身特点，关注以下几个方面的内容与原则，在整个设计过程中运用科学的方法和理论，强化风景园林的景观品质和环境效果。

1)构思与创意

园林建筑与其他建筑一样在设计前期首先要有好的构思和立意,这既关系到设计的目的,又是在设计过程中采用何种组景、构图手法的依据,所谓"造园之始,意在笔先"。随着社会的发展,创造和创新是设计领域永恒的主题,因此,创意是园林建筑设计构思过程的灵魂,在当今社会环境中,我们既要继承传统,又要创造性地发展,二者是相辅相成的。如图2.2和图2.3所示,两个建筑作品虽构思和设计手法相似,但立意不同,所达到的目的和效果也不同。

图2.2 黄帝陵祭祀大殿内景

图2.3 某水景设计

在进行园林建筑的构思与创意设计时,应遵循以下原则:

①在重视建筑功能的同时,强调构思和立意;

②在强调景观效果的同时,突出艺术的创意;

③园林建筑的构思与创意始终以环境条件为基础。

2)相地与选址

中国传统风景园林、庭园的总体设计,首先重视利用天然环境、现状环境,不仅为了节省工料,更重要的是为了得到富有自然特色的庭园空间。明代计成在《园冶·相地篇》中说:"相地合宜,构园得体。"建筑物在风景园林中的选址与一座园的营造道理是相通的,用地环境选择得合适,施工用料方案得法,才能为庭园空间设计、具体组景创造优美的自然与人工景色提供前提。古时的环境及用地分为山林、城市、村庄、郊野、宅傍、江湖等,近现代也仍然是这些,只是城市中的园林类型增多,城市用地自然环境条件越来越差,人工工程环境越来越多。在这种条件下如何创造和发展自然式庭园风格,需要在研究传统庭园理论的同时,寻求适应城市条件的新的设计方法。人们认识到在现今城市设计中,保护已有自然环境(水面、树林、丘陵地)和尚存的历史园林庭园的重要性。因为自然山林、河湖水面、平岗丘陵地势、溪流、古树都是发展自然式园林和取得"构园得体"的有利条件,在这方面陕西黄帝陵的选址较有代表性(图2.4)。

图2.4 黄帝陵入口山门

因此,在园林建筑的相地与选址中应符合如下原则:

①充分利用和保护自然环境,既尊重大的环境,也要注意细微的因素,如一草一木;

②选址要遵循因地制宜的原则，提倡“自成天然之趣，不烦人事之工”的设计思想，做到“相地合宜，构园得体”；

③关注其他环境因素，如气候、朝向、土壤、水质等。

3）组合与布局

风景园林、庭园的使用性质、使用功能、内容组成以及自然环境基础等，都要表现到总体布局和建筑群体组合方案上。由于性质、功能、组成、自然环境条件的不同，组合与布局也各具特点，并分为各种类型，主要有自然风景园林和建筑园林。建筑园林、庭园中又可分为：

图2.5　以草坪为主体的生态园林

①以山为主体；

②以水面为主体；

③山水建筑混合；

④以草坪、种植为主体的生态园林（图2.5）。

在建筑空间的组合形式上有如下类型：

①以独立建筑物与环境结合，形成开放性空间；

②以建筑群体组合为主体的开放性空间；

③建筑围合的庭院空间；

④混合式空间组合。

组合与布局问题是园林建筑设计与方法的中心问题，不同的类型有不同的形式和方法，中国传统园林或以建筑功能为主的庭园，常以厅堂建筑为主划分院宇，延续庑廊，随势起伏；路则曲径通幽；低处凿池，面水筑榭；高处堆山，居高建亭；小院植树叠石，高阜因势建阁，再铺以时花绿竹。在具体设计中应注意以下问题：

①在建筑的空间组合与布局中注意加强对比，如体量的对比、形式的对比、明暗虚实的对比等；

②注意园林建筑空间的流通和渗透，如相邻空间的流通和渗透、室内外空间的流通和渗透等；

③丰富空间序列与层次，这也是风景园林规划与设计的总原则之一。

4）因景与借景

计成在《园冶》中写道：“夫借景，林园之最要者也。如远借，邻借，仰借，俯借，应时而借。”“构园无格，借景有因。”“园虽别内外，得景则无拘远近。”可见，借景在园林建筑规划与设计中是极为重要的，借景的目的是把各种在形、声、色、香上能增添艺术情趣、丰富园林画面构图的外界因素，引入本景空间中，从而使园林景观更具特色和变化。借景的主要内容有借形、借声、借色、借香等。

在借形组景中，园林建筑主要采用对景、框景、渗透等构图手法，把有一定景观价值的造景要素纳入画面之中。

环境中声音多种多样，在我国古典园林营造中，常常远借寺庙的晨钟暮鼓，近借溪谷泉声、林中鸟语，秋夜借雨打芭蕉，春日借柳岸莺啼，凡此种种，均可为园林建筑空间增添几分诗情画意。

借色成景在中国古典园林建筑中也十分常见，可借明月之色、云霞之色、冰雪之色、植物之色等。如杭州西湖的“三潭印月”（图2.6）、承德避暑山庄的“月色江声”“梨花半月”等，均以借月色组景而闻名。自然风景名胜之中,云雾霞光之色常能大大增加景物的意境和美感,"落霞与孤鹜齐飞,秋水共长天一色",即是最贴切的描述。环绕园林建筑四周的各种植物花卉,其色彩随着季节的变换而变化,借植物之色是季相造景的关键,如北京的著名景观"香山红叶"(图2.7)。甚至远山雪峰之色也被借入园林建筑组景和诗画创作之中。杜甫的《绝句》"两个黄鹂鸣翠柳,一行白鹭上青天。窗含西岭千秋雪,门泊东吴万里船",更是体现了中国传统组景中,把形与色、远与近、动与静、自然与人文等多种因素巧于因借、完美组合的造景原则。

图2.6 杭州西湖的"三潭印月"

图2.7 北京"香山红叶"

在园林造景中利用植物香气以怡悦身心、营造气氛、增添游园情趣,也是不可忽视的因素。如广州兰圃的馥郁兰香、拙政园的"荷风四面"(图2.8)等都是借香组景的范例。

图2.8 拙政园的"荷风四面"

在园林建筑的因景与借景中应符合如下原则:

①在园林建筑的设计中借景的主要原则是因景而借、借景有因,根据环境的特色、气氛及造景的需要,选择合适的组景手法和借景要素来达到借景目的。

②为了达到借景的目的,注意风景园林及园林建筑的选址也非常重要。

③注意处理好借景对象及本景建筑之间的关系,确定适当的得景时机和欣赏视角,做到和谐自然。

5)尺度与比例

图2.9 尺度宜人的园林建筑

英国美学家夏夫兹博里说:"凡是美的都是和谐的和比例合度的。"尺度在园林建筑中是指建筑空间各个组成部分与自然物体的比较,是设计时不容忽视的。功能、审美和环境特点是决定建筑尺度的依据,恰当的尺度应和功能、审美的要求相一致,并和环境相协调。园林建筑是人们休憩、游乐、赏景的所在,空间环境的各项组景内容,一般应具有轻松活泼、富于情趣和使人回味的艺术气氛,所以尺度必须亲切宜人(图2.9)。园林建筑的尺度除了要推敲建筑本身各组成部分的尺寸和相互关系外,还要考虑空间环境中其他要素如景石、池沼、树木等的影响。一般通过适当缩小构件的尺寸来取得理想的亲切尺度,室外空间大小也要处理得当,不宜过分空旷或闭塞。另外，要使建筑物和自然景物尺度协调，还可以把建筑物的某些构件如柱子、屋面、踏步、汀步、堤岸等直接用自然的石材、树木来替代或以仿天然的喷石漆、仿树皮混凝土（图2.10）等来装饰，使建筑和自然景物互为衬托，从而获得室外空间亲切宜人的尺度。园林建筑的尺度是否恰当，很难定出绝对的标准，不同的艺术意境要求有不同的尺度感。在研究空间尺度的同时，还需仔细推敲建筑比例，一般按照建筑的功能、结构特点和审美习惯来推定。现代园林建筑在材料、结构上的发展使建筑式样有很大的可塑性，不必一味抄袭模仿古代的建筑形式。除了建筑本身的比例外，还需考虑园林环境中水、石、树等的形状、比例问题，以达到整体环境的协调（图2.11）。

图2.10　仿树皮混凝土效果的景观

图2.11　具有整体协调性的园林一角

针对不同情况的造景需要，园林建筑的设计尺度和比例要求亦不相同。除遵循一般视觉规律以外，园林建筑在具体设计中还应注意下面的原则：

①规模大小不同的风景园林，园林建筑的尺度感要求不同，因而比例也不同。

②园林建筑自身的尺度感也很重要，应注意推敲门、窗、墙身、栏杆、踏步、廊道等各部分细部的尺度及和建筑整体的关系，力求给人以亲切舒适之感。

③园林建筑的比例尺度应与周边环境如小品、植物等的大小及形态相协调。

④园林建筑有观景与被观的区别，其尺度处理在内外空间的联系与过渡方面，应注意根据不同视距、视角的差异来设计。

6）色彩与质感

色彩与质感的处理与园林空间的艺术感染力有密切的关系。色彩有冷暖、浓淡的差别，色彩的感想和联想及其象征的作用可给人以各种不同的感受。质感表现在景物外形的纹理和质地两个方面。纹理有曲直、宽窄、深浅之分；质地有粗细、刚柔、隐现之别。质感虽不如色彩能给人多种情感上的联想、象征，但质感可以加强某些情调和气氛，古朴、活泼、柔媚、轻盈等的获取与质感处理关系很大。总之，色彩和质感是园林建筑材料表现上的双重属性，两者相辅共存，只要善于去发现各种材料在色彩、质感上的特点，并利用它们去组织节奏、韵律、对比、均衡等构图变化，就有可能产生不同凡响的艺术效果，提高其艺术感染力。

园林建筑的色彩与质感处理得当，园林空间才能有强有力的艺术感染力。形、色、声、香是园林艺术意境中的重要因素，而园林建筑风格的主要特征更多表现在形和色上。我国南方建筑风格体态轻盈，色彩淡雅，北方则造型浑厚，色泽华丽。随着现代建筑新材料、新技术的运用，建筑风格更趋于多姿多彩，简洁明丽，富于表现力。因此，在园林建筑设计中应注意以下几点：

①注意色彩与材料的配合。同一色彩用于不同质感的材料效果相差很大。它能够使人们在统一之中感受到变化,在总体协调的前提下感受到细微的差别。颜色相近,统一协调;质地不同,富于变化。充分运用材料的本色,可减少雕琢感,使色彩关系更具自然美。我国南方民居和园林建筑中常以不加粉饰的竹子作装饰,其格调清新淡雅、纯朴自然、极具个性。

②把握色彩的地域性、民族性。色彩的选用习惯和审美意义是由多数人的感受所决定的。但受不同的地理环境和气候状况的影响,不同的民族与人种对色彩也有着不同的喜好。气候条件对色彩设计也有很大影响。我国南方多用较淡或偏冷的色调,北方则多用偏暖的颜色(图2.12、图2.13)。潮湿、多雨的地区,色彩明度可稍高;寒冷干燥的地区,色彩的明度可稍低。同一地区不同朝向的室内色彩,也应有区别。朝阳的房间,色彩可以偏冷;阴暗的房间,色彩应稍暖一些。

图 2.12 色彩偏冷的南方建筑

图 2.13 色彩偏暖的北方建筑

③照明方式及光色也是影响园林建筑色彩与质感特征的重要因素。各式各样的灯具及不同的光源,都会使园林建筑的色彩和质感发生变化,从而造成不同的心理感受,因此,在设计中应充分考虑该因素。

7)结构与形态

建筑结构既是园林建筑的骨架,又是建筑物的轮廓。中国古典园林建筑中的斗拱、额枋、雀替等,从不同角度映衬出古典园林建筑的结构美、形态美。随着现代科学技术的进步,现代园林建筑结构的形式越来越丰富,如框架结构、薄壳结构、悬索结构等。当建筑的结构与建筑的功能和造型取得一致时,建筑结构也体现出一种独特的美。

图 2.14 万荣县解店镇东岳庙内的飞云楼

如位于万荣县解店镇东岳庙内的飞云楼(图2.14),相传始建于唐代,现存者系明正德元年(1506 年)重建。楼面阔 5 间,进深 5 间,外观 3 层,内部实为 5 层,总高约 23 m。底层木柱林立,支撑楼体,构成棋盘式。楼体中央,4 根分立的粗壮天柱直通顶层。这 4 根支柱,是飞云楼的主体支柱。通天柱周围,有 32 根木柱支擎,彼此牵制,结为整体。平面正方,中层平面变为折角十字,外绕一圈廊道,屋顶轮廓多变;第三层平面又恢复为方形,但屋顶形象与中层相似,最上层再覆以一座十字脊屋顶。飞云楼体量不大,但有 4 层屋檐,12 个三角形屋顶侧面,32 个屋角,给人以十分高大的感觉。各层屋顶也构成了飞云楼非常丰富的立面构图。屋角宛若万云簇拥,飞逸轻盈。此楼楼顶以红、黄、绿五彩琉璃瓦铺盖,通体显现木材本色,醇黄若琥珀,楼身上悬有风铃,风荡铃响,清脆悦耳。飞云楼楼体精巧奇特,充分体现了园林建筑的造型美和结构美。

园林建筑在结构和形态方面的设计中还应注意下面几点:

①结构与形态是相辅相成的,是体现园林建筑风格与特征的重要方面,在设计中应合理选择和运用。

②园林建筑的形态很重要,而结构是形式的载体,在设计中应注意结构的科学性、合理性。

③园林建筑的结构与形态应与周边环境的尺度及形态相协调。

8)可解与可索

认知学派是景观分析与评价的学派之一,它把包括园林建筑在内的景观作为人的生存空间、认识空间来评价,强调建筑对人的认知及情感反应上的意义,试图用人的进化过程及功能需求去解释人对园林建筑的审美过程。在这一过程中,园林建筑既要具有可被辨识和理解的特性——“可解性(Making sense)”,又要具有可以被不断地探索和包含着无穷信息的特性——“可索性(Inuoluement)”,如果这两个特性都具备,则园林建筑的景观质量就高。相关学者还将进化论美学思想同情感学说相结合,提出景观审美的“情感—唤起”模型,从而进一步开拓了景观审美过程的研究。研究发现,良好的景观不仅仅作为审美对象而存在,同时也直接影响着人的生理及心理的各种反应,好的景观往往明显地加速疾病的康复,产生积极的心理反应,而城市中高楼林立的建筑景观则延缓病体的恢复,易产生消极的心理反应。

可见,可解性与可索性是园林建筑具备良好景观价值的重要特征,围绕这两个方面,在园林建筑的设计中应注意以下几点:

①可解性与可索性是相关联的两个因素,在园林建筑的设计中应同时兼顾,不能只注重一个方面。

②园林建筑的可解性与可索性与建筑的形态、空间、序列、风格特征及设计意图有直接关系,在设计中应综合考虑。

③园林建筑的可解性与可索性应与周边环境的整体相协调。

2.2 园林建筑的设计过程与手法

2.2.1 园林建筑的设计过程

1)设计过程的合理性

传统园林建筑的设计工作过程通常是“调查—分析—方案—实施”,而随着时代的发展、园林建筑内涵的丰富、环境的变迁及理论与技术的更新,园林建筑的规划与设计所涉及的领域更加广泛,设计过程的复杂性也相应地增加,这就存在设计过程合理性的问题。

在这方面前人已做过许多探讨,如奥姆斯特德已经在设计过程中仔细地分析自然过程,麦克哈格也在其《设计结合自然》一书中阐述了自然要素与设计的关系;盖底斯也论述过城市调查(City Survey)的作用,包括用图纸来描述地貌、气候、土壤、人口分布等。近现代,特别是系统思想的应用,人们着眼于提出整体统一、连贯综合、明确、可解读的设计过程。环境运动、生态意识觉醒、公众参与要求增长、环境意外事件(bombshell)这四方面的警示,对设计过程研究产生了很大影响,也对涉及生态问题的园林建筑的规划与设计提出了四方面的能力要求:

①复杂问题的处理能力。

②预测能力。

③辩护能力。

④沟通能力。

园林建筑的设计过程应当有意识地反映自然过程,体现上述各方面的合理性,在考虑多种可能性时,不仅仅限于理解,更应侧重于创造新的形式。所以合理的规划设计过程,应当是导出最佳方案的有效途径。

2)系统方法应用于园林建筑的规划设计

第二次世界大战以来,曾用于探索解决复杂问题的合理过程方面的理论,主要是系统方法和决策原理。系统方法概括起来有4个特征:

①在较大的可能范围中考虑问题的来龙去脉。

②运用模型。

③反馈作用。

④交叉制约的组织方式。

系统方法的另一特性就是它可以把自然过程中起作用的机制阐释成一种表达方式,运用于实际中。目前景观生态学的研究与发展,主要是基于在较大的范围内考虑问题,并能用模型来分析各种环境因素,揭示人与自然、空间、文化间相互交叉制约的复杂关系,从而制定出科学合理的设计方法和步骤,使规划设计过程步步深入,最终达到理想的环境设计目标。

3)园林建筑规划设计过程的阶段和步骤

要做好一个园林建筑的设计,从总体上需要给设计过程划分一个明确的阶段。在这里,我们把它划分为4个阶段,即构想阶段、分析阶段、方案阶段和管理控制阶段,每一个阶段又有各自的特征和内容。

构想阶段确立所有工作遵循的基础。除了从目标或问题出发以外,要描述工作方法,识别参与者,解析用地和争议问题,把头脑中的理解和感觉转化为行动的努力,所以又称"收集"阶段。

分析阶段包括研究和分析两步,用信息—认识和模型—分析事实的抽象表达来说明。

方案阶段由可能性、预测和方案3个步骤组成。

管理控制阶段是一个作用与反馈、构想与整理的循环,也是文化因素中法律、道德等作用最明显的阶段,由于人为因素调控的加强,体现了设计过程的动态性、持续性与复杂性。

总的来说,园林建筑的规划设计可以概括为以上4个阶段和以下8个步骤:收集、信息、模型、可能性、预测、方案、管理、持续设计。

(1)构想阶段——收集　这个阶段的主要任务是:背景调查和资料收集,解决设计主题的问题,如自然保护、资源保护、防灾、比较利用、集中与分散、文化保护等。其次是解决设计对象与参与者问题。最后解决由设计过程到方法的问题,就是如何把一般的工作方法发展到有针对性的方法。设计要努力符合技术的、自然生态的、文化生态的、综合的合理性方法要求。

(2)分析阶段——信息和模型

①信息:信息分为4类,即自然因素、文化因素、空间因素及人。自然因素有气候、水文、地质地貌生物等;文化因素有政治、经济、政策、法律、民俗、宗教、科技、艺术等;空间因素有城市、建筑、形式、边界、大小等;人的因素有人的心理、生理、感知、意识、行为、创意、思想等。在分析这4类因素时,还得更细致地分类调查和分析,如特殊地理条件、气候条件、特殊土地利用要求、现有法律条例和影响土地使用的立法因素、历史文化因素、居民社会文化构成、公众观念等。

②模型:模型是关于现实有用的信息的抽象表达,把巨大的信息简化到可操作的程度,用于理解、预测和控制,通常有描述模型、预测模型和规划模型。描述模型简单地表达有关现状环境或过程的特征方面的信息,给人们以整个运转过程一个全貌的概念,多用于初级阶段。预测模型表达对分析的一个最佳判断,让形式与过程之间的相互关系一目了然,预测模型多由专业人员完成。规划模型是把合理性规划设计过程,经过线性策划,发展和演进多种可能性,并从中选出最高分值的一种。

(3)方案阶段——可能性、预测性、方案

①可能性:可能性是整修设计过程的结果,在推进设计过程中我们面临许多选择,如正确的、错误的等,但事实中可能性往往是程度的不同,而不是绝对的可能或不可能,我们必须通过分析比较,并考虑其有效性。

②预测:预测是对各种形式生态元、生态位的变迁,生态链的运行方式进行估计。在预测过程中,一个重要内容就是建立"影响预测模型(Impact prediction models)"。卡尔·施坦尼兹(Carl Steinitz)及其哈佛大学横向联合研究组在这方面的研究具有重要地位。在其代表性的工作波士顿都会区城郊发展研究中,施氏的预测模型的信息系统包括定量化和整体化两个方面,用了28种数学模拟来预测城郊增长的不同方式所产生的结果,把用于城市规划的经济模型方法与用于区域规模的生态方面关注的类似方法结合起来考虑。施氏方法的最大特征在于用大量模型定量化和整体化模拟来预测影响,并且主要使用计算机辅助处理资料,与现代科技结合十分密切。当然,抽象性是另一特征,并且需要大量各个专业人员的横向协作。

③方案:方案就是基于上述步骤所确定下来的对策、途径和结果。

(4)管理调控的过程 管理过程的实践,一个重要的特征是靠监测提供基础信息。通过获得这些信息对设计进行改进完善,在设计和管理这两个过程中提供反馈的联系途径,其过程可概括为:管理控制阶段与过去的设计之间概念性的区别,在于对变化和不确定性把握的意识上,自然界处理不确定性的波动,基本上是靠局部个体到整体的反馈和重新调节。管理过程有些类似,但比简单的自然系统要复杂一层,是人为因素、文化因素等作用下不断再设计的过程,产生创造性作用,反映自然和文化的双重过程。管理调控也是园林建筑规划设计的一个重要环节。

4)生态设计方法应用于园林建筑的规划设计

(1)关于生态设计 设计是有意识地塑造物质、能量和过程,来满足预想的需求或欲望。设计是通过物质能流及土地使用来联系自然与文化的纽带,通常而言,任何与生态过程相协调,尽量使其对环境的破坏影响达到最小的设计都称为生态设计,这种协调意味着设计尊重物种多样性,减少对资源的掠夺,保持营养和水循环,维持植物生活环境和动物栖息地的质量,以改善人居环境及生态系统的健康。生态设计为我们提供一个统一的框架,帮助我们重新审视对园林建筑的设计以及人们的日常生活方式和行为。简单地说,生态设计是对自然过程的有效适应及结合,它需要对设计途径给环境带来的冲击进行全面的衡量。

(2)生态设计原理　生态设计方法应用于园林建筑的规划设计,包含以下4方面的原理:

①地方性:在规划设计中充分尊重传统文化和乡土知识,适应场所的自然过程,尽可能使用当地材料。

②保护与节约自然资源:地球上的自然资源分可再生资源(如水、森林、动物等)和不可再生资源(如石油、煤等)。要实现人类生存环境的可持续,必须对不可再生资源加以保护和节约使用。即使是可再生资源,其再生能力也是有限的,因此对它们的使用也需要采用保本取息的方式而不是杀鸡取卵的方式。因此,对于自然生态系统的物流和能流,生态设计强调的解决之道有4条:

a.保护不可再生资源:作为自然遗产,不在万不得已,不予以使用。

b.减量(Reduce):尽可能减少包括能源、土地、水、生物资源的使用。

c.再利用(Reuse):利用废弃的土地、原有材料,包括植被、土壤、砖石等服务于新的功能,可以大大节约资源和能源的耗费。

d.再生(Recycle):在自然系统中,物质和能量流动是一个首尾相接的闭合循环环流,因此,大自然没有废物。

③让自然做功:自然提供给人类的服务是全方位的。让自然做功这一设计原理强调人与自然过程的共生和合作关系,通过与生命所遵循的过程和格局的合作,我们可以显著减少设计的生态影响。这一原理着重体现在以下几个方面:

a.自然界没有废物。

b.自然的自组织和能动性,热力学第二定律告诉我们,一个系统当向外界开放,吸收能量、物质和信息时,就会不断进化,从低级走向高级。自然是具有能动性的,几千年的治水经验和教训告诉我们对待洪水这样的自然力,应因势利导而不是绝对地控制。

c.边缘效应:在两个或多个不同的生态系统或景观元素的边缘带,有更活跃的能流和物流,具有丰富的物种和更高的生产力,所以与自然合作的生态设计就需充分利用生态系统之间的边缘效应,来创造丰富的景观。

d.生物多样性:自然系统是宽宏大量的,它包容了丰富多样的生物。

④显露自然:现代城市居民离自然越来越远,自然元素和自然过程日趋隐形,远山的天际线、脚下的地平线和水平线,都快成为抽象的名词了。所有这些,都在促使我们回到古老艺术:视觉生态——一种景观美学,它反映了人对土地系统的完全依赖,重新唤起人与自然过程的天然的情感联系,在生态—文化与设计之间架起桥梁。显露自然作为生态设计的一个重要原理和生态美学原理,在现代景观设计中越来越得到重视。

除了上述基本原理外,生态设计还强调人人都是设计师,人人参与设计过程。生态设计是人与自然的合作,也是人与人合作的过程。传统设计强调设计师的个人创造,认为设计是一个纯粹的、高雅的艺术过程,因为它们都对整个社区和环境的健康有着深刻的影响,每个人的决策选择都应成为生态设计的内容。

所以,从本质上讲,生态设计包含在每个人的日常行为之中。对专业设计人员来说,这意味着自己的设计必须走向大众,走向社会,融大众的知识于设计之中。同时,使自己的生态设计理念和目标为大众所接受。生态设计不是一种奢侈,而是必须。因为它关系到每个人的日常生活和工作,关系到每个人的安全和健康,也关系到人类的持续。生态设计是一个过程,通过这种过程使每个人熟悉特定场所中的自然过程,从而参与到生态化的环境和社区的建设中。生态设计是使城市和社区走向生态化和趋于可持续的必由之路。

2.2.2 园林建筑的群体结构与组合手法

风景园林中少不了建筑,建筑在东西方风景园林中扮演的角色不同。西方古典园林的布局中,建筑占主导地位,园林是延伸部分,服从于建筑,使园林"建筑化",建筑是相对孤立的,并不过分强调同外部环境互相渗透。而中国传统的风景园林在总体布局中,园林环境统率建筑,巧妙地使山石流水、花草树木渗透到建筑中去,迫使建筑园林化,要求建筑随高就低,因山就势,自然敞开,使建筑本身与自然融为一体(图 2.15)。明代计成在《园冶·屋宇篇》对园林建筑有如下描述:"凡家宅住房,五间三间,循次第而造;惟园林书屋,一室半室,按时景为情。方向随宜,鸠工合见;家居必论,野筑惟因。随厅堂俱一般,近台榭有别致。前添敞卷,后进余轩;必有重椽,须支草架;高低依制,左右分为。当檐最碍两厢,庭除恐窄;落步但加重庑,阶砌犹深。升拱不让雕鸾,门枕胡为镂鼓;时遵雅朴,古摘端方。画彩虽佳,木色加之青绿;雕镂易俗,花空嵌以仙禽。长廊一带回旋,在竖柱之初,妙于变幻;小屋数椽委曲,究安门之当,理及精微。奇亭巧榭,构分红紫之丛;层阁重楼,出云霄之上;隐现无穷之态,招摇不尽之春。槛外行云,镜中流水,洗山色之不去,送鹤声之自来。境仿瀛壶,天然图画,意尽林泉之癖,乐余园圃之间。一鉴能为,千秋不朽。堂占太史,亭问草玄,非及云艺之台楼,且操班门之斤斧。探其合志智,常套俱柴。"因此要充分认识中国传统园林建筑的空间处理,需从总体布局、组景手法、空间序列及过渡等几个方面入手。

图 2.15 建筑与环境融为一体的案例

1)园林景观的总体空间结构和布局

园林的使用性质、使用功能、内容组成以及自然环境基础等,都要表现到总体结构和布局方案上。由于性质、功能、组成、自然环境条件的不同,结构布局也各具特点,并分为各种类型。但它的总体空间构园理论是有共同性的。

(1)总体结构的几种类型 类型有自然风景式园林和建筑式园林。建筑园林、庭园中又可分为:以山为主体;以水面为主体;山水建筑混合;以草坪、种植为主体的生态园林。

①自然风景园林布局的特征:如自然环境中的远山峰峦起伏呈现出节奏感的轮廓线,由地形变化所带来的人的仰、俯、平视构成的空间变化,开阔的水面或蛇曲所带来的水体空间和曲折多变的岸际线;以及自然树群所形成的平缓延续的绿色树冠线等。巧于运用这些自然景观因素,再随地势高下,体形之端正,比例尺度的匀称等人工景物布置,是构成自然风景园林结构的基础,并体现出景物性状的特点(图 2.16)。

②建筑园林布局的特征:中国城市型或以建筑功能为主的庭园,常以厅堂建筑为主划分院宇,延续庑廊,随势起伏;路则曲径通幽;低处凿池,面水筑榭;高处堆山,居高建亭;小院植树叠

石，高阜因势建阁，再铺以花卉林竹。

(2)总体空间布局

①景区空间的划分与组合：把单一空间划分为复合空间，一个大空间划分为若干个不同的空间。其目的是在总体结构上，为庭园展开功能布局、艺术布局打下基础。划分空间的手段离不开庭园组成物质要素，在中国庭园中的屋宇、廊、墙、假山、叠石、树木、桥台、石雕、小筑等，都是划分空间所涉及的实体构件。景区空间一般可划分为主景区、次景区，每一景区内都应有各自的主题景物，空间布局上要研究每一空间的形式、大小、开合、高低、明暗的变化，还要注意空间之间的对比。如采取"欲扬先抑"，或收敛视觉尺度感的手法，先曲折、狭窄、幽暗，然后过渡到较大和开阔的空间，这样可以达到丰富园景，扩大空间感的效果(图2.17)。

图2.16　自然风景式园林

图2.17　欲扬先抑效果下的园景

②园林建筑静态空间艺术布局：园林空间艺术布局是在园林艺术理论指导下对所有空间进行巧妙、合理、协调、系统安排的艺术，目的在于构成一个既完整又变化的美好境界。静态空间艺术是指相对固定空间范围内的审美感受，其主要类型有：按照活动内容，静态空间可分为生活居住空间、游览观光空间、安静休息空间、体育活动空间等；按照地域特征分为山岳空间、台地空间、谷地空间、平地空间等；按照开朗程度分为开朗空间、半开朗空间和闭锁空间等；按照构成要素分为绿色空间、建筑空间、山石空间、水域空间等；依其形式分为规则空间、半规则空间和自然空间；根据空间的多少又分为单一空间和复合空间等。在一个相对独立的环境中，有意识地进行构图处理就会产生丰富多彩的艺术效果，注意风景界面与空间感，局部空间与大环境的交接面就是风景界面，风景界面是由天地及四周景物构成的。以平地(或水面)和天空构成的空间，有空旷感，所谓心旷神怡。以峭壁或高树夹持，其高宽比为6∶1～8∶1的空间有峡谷或夹景感。由六面山石围合的空间，则有洞府感。以树丛和草坪构成的≥1∶3空间，有明亮亲切感。以大片高乔木和矮地被组成的空间，给人以荫浓景深的感觉。一个山环水绕、泉瀑直下的围合空间则给人清凉世界之感。一组山环树抱、庙宇林立的复合空间，给人以人间仙境的神秘感。一处四面环山、中部低凹的山林空间，给人以深奥幽静感。以烟云水域为主体的洲岛空间，给人以仙山琼阁的联想。还有，中国古典园林的咫尺山林，给人以小中见大的空间感。大环境中的园中园，给人以大中见小(巧)的感受。由此可见，巧妙地利用不同的风景界面组成关系，进行园林空间造景，将给人们带来静态空间的多种艺术魅力。

利用人的视觉规律，在静态空间中可以创造出预想的艺术效果。正常人的清晰视距为25～30 m，明确看到景物细部的视野为30～50 m，能识别景物类型的视距为150～270 m，能辨认景物轮廓的视距为 500 m,能明确发现物体的视距为 1 200 ~ 2 000 m,但这已经没有最佳的观赏效果。至于远观山峦、俯瞰大地、仰望太空等,则是畅观与联想的综合感受了。

人的正常静观视场,垂直视角为 130°,水平视角为 160°。但按照人的视网膜鉴别率,最佳垂直视角小于 30°,水平视角小于 45°,即人们静观景物的最佳视距为景物高度的 2 倍或宽度的 1.2 倍,以此定位设景则景观效果最佳。但是,即使在静态空间内,也要允许游人在不同部位赏景。建筑师认为,对景物观赏的最佳视点有 3 个位置,即垂直视角为 18°(景物高的 3 倍距离)、27°(景物高的 2 倍距离)、45°(景物高的 1 倍距离)。如果是纪念雕塑,则可以在上述 3 个视点距离位置为游人创造较开阔平坦的休息欣赏场地。

对于远视景,除了正常的静物对视觉的要求以外,还要为游人创造更丰富的视景条件,以满足游赏需要。借鉴画论三远法,可以取得一定的效果。

图 2.18 仰视效果下的景观效果

a. 仰视高远:一般认为视景仰角分别为大于 45°,60°,90°时,由于视线的不同消失程度可以产生高大感、宏伟感、崇高感和威严感。若小于 90°,则产生下压的危机感。中国皇家宫苑和宗教园林中常用此法突出皇权神威,或在山水园中创造群峰万壑、小中见大的意境。如北京颐和园中的中心建筑群,在山下德辉殿后看佛香阁,仰角为 62°,产生宏伟感,同时,也产生自我渺小感(图 2.18)。

b. 俯视深远:居高临下,俯瞰大地,为人们的一大乐趣。园林中也常利用地形或人工造景,创造制高点以供人俯视,绘画中称之为鸟瞰。俯视也有远视、中视和近视的不同效果。一般俯视角 <45°, <30°, <10°时,则分别产生深远、深渊、凌空感。当小于 0°时,则产生欲坠危机感。登泰山而一览众山小,居天都而有升仙神游之感,也产生人定胜天感(图 2.19)。

c. 中视平远:以视平线为中心的 30°夹角视场,可向远方平视。利用创造平视观景的机会,将给人以广阔宁静的感受、坦荡开朗的胸怀。因此园林中常要创造宽阔的水面、平缓的草坪、开敞的视野和远望的条件,这就把天边的水色云光、远方的山廓塔影借来身边,一饱眼福(图 2.20)。

图 2.19 俯视效果下的景观效果

图 2.20 平视效果下的景观效果

远视景都能产生良好的借景效果,根据"佳则收之,俗则屏之"的原则,对远景的观赏应有选择,但这往往没有近景那么严格,因为远景给人的是抽象概括的朦胧美,而近景才给人以具象细微的质地美。

③观赏点和观赏路线:观赏点一般包括入口广场、园内的各种功能建筑、场地,如厅堂、馆轩、亭、榭、台、山巅、水际、眺望点等。观赏路线依园景类型,分为一般园路、湖岸环路、山上游路、连续进深的庭院线路、林间小径,等等。总之以人的动、静和相对停留空间为条件,有效地展开视野和布置各种主题景物。小的庭园可有1~2个点和线,大中园林交错复杂,网点线路常常构成全园结构的骨架,甚至从网点线路的形式特征可以区分自然式、几何式、混合式园。观赏路线同园内各区、景点除了保持功能上方便和组织景物外,对全园用地又起着划分作用。具体规划设计中一般应注意下列4点:

a. 路网与园内面积在密度和形式上应保持分布均衡,防止奇疏奇密。

b. 线路网点的宽度和面积、出入口数目应符合园内的容量,以及疏散方便、安全的要求。

c. 园入口的设置,对外应考虑位置明显,顺合人流流向,对内要结合导游路线。

d. 每条线路总长和导游时间应适应游人的体力和心理要求。

④运用轴线布局和组景的方法:人们在一块大面积或体型环境复杂的空间内设计园林时,初学者常感到不知从何入手。历史传统为我们提供两种方法:一是依环境、功能作自由式分区和环状布局;二是依环境、功能作轴线式分区和点线状布局。轴线式布局或依轴线方法布局,可以通过轴线明确功能联系,两点空间距离最短,并可用主次轴线明确不同功能的联系和分布,沿轴线伸延方向,利用轴线两侧、轴线结点、轴线端点、轴线转点等组织街道、广场、尽端等主题景物,地位明显、效果突出,同时依轴线施工定位,简单、准确、方便。

西方整形式(几何式)风景园林结构布局,和西方运用轴线布局的传统是有直接联系的。通常采用笔直的道路与各功能活动区、点相连接,有时全园沿一条轴线作干道或风景线(图2.21)。

图2.21　西方几何式风景园林结构布局

2)园林景观组景手法

中国传统造园常用的组景手法归纳起来包括主景与次(配)景、抑景与扬景、对景与障景、夹景与框景、前景与背景、俯景与仰景、实景与虚景、内景与借景、季相造景等,这也是园林建筑空间处理的主要依据。

(1)主景与配景(次景)　造园必须有主景区和次要景区。堆山有主、次、宾、配,景园建筑要主次分明,植物配植也要主体树和与次要树种搭配,处理好主次关系就起到了提纲挈领的作用。突出主景的方法有:主景升高或降低,主景体量加大或增多,视线交点、动势集中、轴线对应、色彩突出、占据重心等。配景对主景起陪衬作用,不能喧宾夺主,在园林中是主景的延伸和补充(图2.22)。

(2)抑景与扬景　传统造园历来就有欲扬先抑的做法。在入口区段设障景、对景和隔景,引导游人通过封闭、半封闭、开敞相间、明暗交替的空间转折,再通过透景引导,终于豁然开朗,到达开阔的园林空间,如苏州留园。也可利用建筑、地形、植物、假山台地在入口区设隔景小空间(图2.23),经过婉转通道逐渐放开,到达开敞空间,如北京颐和园入口区。

图 2.22 黄帝陵之桥山倒影

图 2.23 环境雕塑中的主景与配景

(3)实景与虚景 园林或建筑景观往往通过空间围合状况、视面虚实程度形成人们观赏视觉清晰与模糊,并通过虚实对比、虚实交替、虚实过渡创造丰富的视觉感受。例如:无门窗的建筑和围墙为实,门窗较多或开敞的亭廊为虚;植物群落密集为实,疏林草地为虚;山崖为实,流水为虚(图 2.24);喷泉中水柱为实,喷雾为虚;园中山峦为实,林木为虚;青天观景为实,烟雾中观景为虚,即朦胧美、烟景美,所以虚实乃相对而言。如北京北海有"烟云尽志"景点,承德避暑山庄有"烟雨楼",都设在水雾烟云之中,是朦胧美的创造。

图 2.24 山水虚实对比案例

(4)夹景与框景 在人的观景视线前,设障碍左右夹峙为夹景,四方围框为框景。利用山石峡谷、林木树干、门窗洞口等限定视景点和赏景范围,从而达到深远层次的美感,也是在大环境中摘取局部景点加以观赏的手法(图 2.25、图 2.26)。

图 2.25 虚实对比的造景手法

图 2.26 风景园林建筑中利用窗洞作框景

(5)前景与背景 任何园林空间都是由多种景观要素组成的,为了突出表现某种景物,常把主景适当集中,并在其背后或周围利用建筑墙面、山石、林丛或者草地、水面、天空等作为背景,用色彩、体量、质地、虚实等因素衬托主景,突出景观效果(图 2.27、图 2.28)。在流动的连续空间中表现不同的主景,配以不同的背景,则可以产生明确的景观转换效果。如白色雕塑易用深绿色林木背景,水面、草地衬景;而古铜色雕塑则采用天空与白色建筑墙面作为背景;一片春梅或碧桃用松柏林或竹林作背景;一片红叶林用灰色近山和蓝紫色远山作背景,都是利用背景突出表现前景的手法。在实

图 2.27 利用对植树列作夹景的对景手法

践中,前景也可能是不同距离多层次的,但都不能喧宾夺主,这些处于次要地位的前景常称为添景(图2.29)。

图2.28 利用白粉墙作石景的背景

图2.29 利用白粉墙作植物的背景

(6)俯景与仰景 园林利用改变地形建筑高低的方法,改变游人视点的位置,必然出现各种仰视或俯视视觉效果。如创造峡谷迫使游人仰视山崖而得到高耸感,创造制高点给人的俯视机会则产生凌空感,从而达到小中见大和大中见小的视觉效果(图2.30、图2.31、图2.32)。

图2.30 风景园林建筑中的添景

(7)内景与借景 园林空间或园林建筑以内观为主的称内景,作为外部观赏为主的为外景。如亭桥跨水,既是游人驻足休息处,又是外部观赏点,起到内外景观的双重作用(图2.33)。

图2.31 俯视的小区景观效果

图2.32 俯视的园林水景效果

园林具有一定范围,造景必有一定限度。造园家充分意识到景观之不足,于是创造条件,有意识地把游人的目光引向外界去猎取景观信息,借外景来丰富赏景内容。如北京颐和园,西借玉泉山,山光塔影尽收眼底;无锡寄畅园远借龙光塔,塔身倒影收入园地。故借景法则可取得事半功倍的园林景观效果。

(8)季相造景 利用四季变化创造四时景观,在园林中被广泛应用。例如用花表现季相变化的有春桃、夏荷、秋菊、冬梅,树有春柳、夏槐、秋枫、冬柏,山石有春用石笋、夏用湖石、秋用黄石、冬用宣石(英石)。如扬州个园的四季假山,西湖造景春有柳浪闻莺(图2.34)、夏有曲院风荷(图2.35)、秋有平湖秋月(图2.36)、冬有断桥残雪(图2.37)。南京四季郊游,春游梅花山、夏游清凉山、秋游栖霞山、冬游覆舟山。用大环境造景名的有杏花邮、消夏湾、红叶岑、松柏坡等。

其余造景手法还有朦胧烟景、分景、隔景、引景与导景等。

3)园林景观空间的序列与景深

人们沿着观赏路线和园路行进时(动态),或接触园内某一体型环境空间时(静态),客观上它是存在空间程序的。若想获得某种功能或园林艺术效果,必须使人的视觉、心理和行进速度、停留的空间,按节奏、功能、艺术的规律性去排列程序,简称空间序列。早在1 100年前中国唐代诗人灵一诗中:"青峰瞰门,绿水周舍,长廊步屐,幽径寻真,景变序迁……"就已提出了景变序迁的理论,也就是现在西方现代建筑流行的空间序列理论。中国园林传统风景园林组景手法之一步移景异,通过观赏路线使园景逐步展开。如登高→下降→过桥→越涧→开朗→封闭→远眺→俯瞰→室内→室外——使景物成序列曲折展开。园内景区空间一环扣一环连续展开,如小径迂回曲折,既延长其长度,又增加景深。景深要依靠空间展开的层次,如一组组景要有近中远和左中右3个层次构成。只有一个层次的对景是不会产生层次感和景深的。

图2.33 落水的仰视效果

图2.34 柳浪闻莺

图2.35 曲院风荷

图2.36 平湖秋月

图2.37 断桥残雪

景区空间依随序列的展开,必然带来景深的伸延。展开或伸延不能是平铺直叙地进行,而要结合具体园内环境和景物布局的设想,自然地安排"起景""高潮""尾景",并按艺术规律和节奏,确定每条观赏线路上的序列节奏和景深延续程度。如二段式的景物安排:序景→起景→发展→转折→高潮→尾景。三段式的景物安排:序景→起景→发展→转折→高潮→转折→收缩→尾景。

园林对于游人来说是一个流动空间,一方面表现为自然风景的时空转换,另一方面表现在游人步移景异的过程中。不同的空间类型组成有机整体,并对游人构成丰富的连续景观,就是园林景观的动态序列。

景观序列的形成要运用各种艺术手法,例如风景景观序列的主调、基调、配调和转调。风景序列是由多种风景要素有机组合,逐步展现出来的,在统一基础上求变化,又在变化之中见统一,这是创造风景序列的重要手法。以植物景观要素为例,作为整体背景或底色的树林可谓基调,作为某序列前景和主景的树种为主调,配合主景的植物为配调,处于空间序列转折区段的过渡树种为转调,过渡到新的空间序列区段时,又可能出现新的基调、主调和配调,如此逐渐展开就形成了风景序列的调子变化,从而产生不断变化的观赏效果。

(1)景观序列的起结开合　作为景观序列的构成,可以是地形起伏,水系环绕,也可以是植物群落或建筑空间,无论是单一的还是复合的,总应有头有尾,有放有收,这也是创造景观序列常用的手法。以水体为例,水之来源为起,水之去脉为结,水面扩大或分支为开,水之溪流又为合。这和写文章相似,用来龙去脉表现水体空间之活跃,以收放变换而创造水之情趣。例如北京颐和园的后湖、承德避暑山庄的分合水系、杭州西湖的聚散水面等。

(2)景观序列的断续起伏　这是利用地形地势变化而创造景观序列的手法之一,多用于风景区或郊野公园。一般风景区山水起伏,游程较远,我们将多种景区景点拉开距离,分区段设置,在游览步道的引导下,景序断续发展游程起伏高下,从而取得引人入胜、渐入佳境的效果。例如泰山风景区从山门开始,路经斗母宫、柏洞、回马岭来到中天门就是第一阶段的断续起伏序列;从中天门经快活三里、步云桥、对松亭、异仙坊、十八盘到南天门是第二阶段的断续起伏序列;又经过天街、碧霞祠,直达玉皇顶,再去后石坞等,这是第三阶段的断续起伏序列。

(3)园林植物景观序列的季相与色彩布局　园林植物是景观的主体,然而植物又有其独特的生态规律。在不同的立地条件下,利用植物个体与群落在不同季节的外形与色彩变化,再配以山石水景,建筑道路等,必将出现绚丽多姿的景观效果和展示序列。如扬州个园内春植翠竹配以石笋,夏种广玉兰配太湖石,秋种枫树、梧桐,配以黄石,冬植蜡梅、南天竹,配以白色英石,并把四景分别布置在游览线的4个角落,在咫尺庭院中创造了四时季相景序。一般园林中,常以桃红柳绿表春,浓荫白花主夏,红叶金果属秋,松竹梅花为冬。

(4)园林建筑群组的动态序列布局　园林建筑在园中有时只占有1%~2%的面积,但往往它是某景区的构图中心,起到画龙点睛的作用。由于使用功能和建筑艺术的需要,对建筑群体组合的本身以及对整个风景园林中的建筑布置,均应有动态序列的安排。对一个建筑群组而言,应该有入口、门庭、过道、次要建筑、主体建筑的序列安排。对整个园林而言,从大门入口区到次要景区,最后到主景区,都有必要将不同功能的景区,有计划地排列在景区序列轴线上,形成一个既有统一展示层次,又有多样变化的组合形式,以达到应用与造景之间的完美统一。

2.2.3 园林建筑空间的内外联系与过渡

1)联系与过渡是园林建筑空间设计的关键

中国传统园林多是通过建筑、花木、山石、水体等物质元素的堆砌、叠加、变化来营构、浓缩自然山川景色,但由于用地大多局促,面积规模较小,要想在有限的空间创造层次丰富、空间深远、小中见大、虚实相间、园中有园的景观效果,则需要运用上文提到的各种造景手法和景观元素,在赏景与被赏过程中,实现内外空间的联系与过渡是园林建筑设计的关键。而这些造景手法主要通过门窗、墙体、洞口等各种景观元素的变化来成,因此门窗、墙体、洞口等又是实现园林建筑空间内外联系与过渡的关键。可以说,园林建筑空间设计的特点体现在窗与洞口的设计与处理手法之中(图2.38)。下面以窗为例来介绍园林建筑空间处理的主要特点。

图2.38 作为内外景观的双亭桥

2)园林建筑中窗的型制与作用

窗是建筑中的一个十分重要的实体元素,它既可采光、通风,起到沟通内外的作用,也可防风、防雨,起到防护作用。园林中的窗相对于其他建筑的窗,其功能更加多样,类型更加丰富,位置更加灵活,空间更加层次化,审美更加艺术化,它是园林中主要的造景元素之一。中国传统园林中窗的类型复杂多样,按其位置、型制、尺度可以分为长窗、半窗、槛窗、横风窗、支摘窗、漏窗、牖窗、景窗等不同类别,这其中,又以漏窗、牖窗的形式、构造最为简单,其空间化、景观化、艺术化也最为突出。

漏窗、牖窗是中国造园艺术的独特创造,它们一般位于园林建筑、廊道和院落的墙体上,墙后都有景色可借可漏,高度一般以人的视线所及为限,1.3~1.5 m,大小根据位置、形式的不同而有很大的变化。这些窗子不仅使园林内外空间相互流通和畅通视线,还实现了空间上、时间上的相互渗透和交融,通过漏窗,院内修竹摇曳多姿,光影扑朔迷离,景色或隐或现,空间或明或暗,所谓"擅风光于掩映之际,揽而愈新"。园林中的漏窗组成较为简单,一般由窗框、窗芯、边条3部分组成,窗框通常为2~3道线脚,窗芯图案形式则较为复杂多样。下面对江南园林中漏窗的型制、图案形式、材料构造、空间艺术、景观功能等方面详细介绍。

(1)漏窗的型制 园林中的漏窗型制多样,位置灵活多变,或在走廊的旁侧,或在尽端,或在院墙的转角处,处处因景而异,不拘一格,正如计成在《园冶》中所说"门窗磨空,制式时裁,不惟屋宇翻新,斯谓园林遵雅"。

园林中漏窗窗框形状较为丰富多样,有方形、多边形、圆形、扇形、海棠形、花瓶形、石榴形、如意形、钟形以及其他各种不规则形状,还有两个或多个形体结合使用的(图2.39、图2.40)。在数量上,多数园林的漏窗还是以方形、多边形居多。虽然漏窗的形状复杂多样,但其使用总的说来还是有规律可循的,一般说来,走廊上成排的漏窗,其形状尺度、间隔多为相同或相近,这样可以产生韵律、节奏感；而形状较为独特的扇形、花瓶形、如意形，由于体形优美，多是单独出现在廊道的转折处或视线易于集中的地方，这样可以形成视觉和审美焦点。

图2.39　颐和园借景玉泉山的塔

图2.40　江南园林中的漏窗

(2)漏窗的窗芯图案　园林中的漏窗，窗芯花纹、图案数量众多，形式灵活多样，取材范围广泛，仅就苏州而言，据不完全统计就有数百种之多，这些花纹图案的构成从形式上大致可以分为几何形体和自然形体两类。

①几何形体：几何形体图案多由直线、弧线、圆形等组成，有单独使用一种形体的，也有混合使用的。混合使用一般都是以一种形体为主，这样可以避免无序、混乱。直线型图案常见有方形、万字形、冰裂纹、多边形、定胜等(图2.41)；弧线型则有钱鳞、海棠、如意、秋叶、葵花等；而两种或两种以上线条结合构成的图案形式有万字海棠、六角梅花等(图2.42)。此外还有四边为几何图案，中间为琴棋书画等物的式样，如苏州狮子林小方厅后院正面墙壁上的4个漏窗。

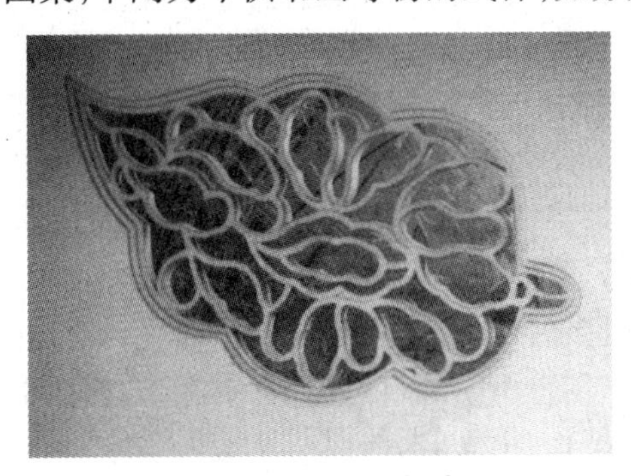

图2.41　石榴形漏窗

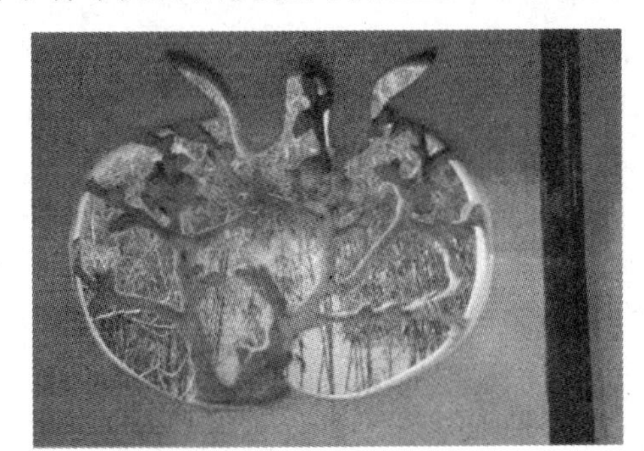

图2.42　贝叶形漏窗

②自然形体：自然形状的图案取材范围较为广泛，多以植物花卉、虫鱼鸟兽、人物故事等为题材。属于植物花卉题材的有梅、石榴、葡萄、竹、松、葫芦、芭蕉等(图2.43)。属于虫鱼鸟兽的有蝙蝠、虎、狮、松鹤、云龙等。属于人物故事的则多以三国、水浒、佛教等故事为题材。

图2.43　莲花形漏窗

在各式构图题材的图案中，总的说来，直线组成的图案简洁、大方、朴实，而曲线型图案则较为复杂丰富、生动活泼。

(3)漏窗的文化表征　园林生长于一定地区气候、

地理、历史、人文、社会等方面的土壤中，是传统历史文化的积淀和社会文化生活的展现。园林中漏窗的图案形式和社会文化生活密切联系。它们大多取材于日常生活、自然、社会活动，在一定程度上是社会文化、风俗习惯、审美艺术观的集中体现。历史上中国人民一直向往和追求一种和平、宁静、健康、幸福的生活方式，这些生活理念在园林中无处不在，如将漏窗的图案形式做成“福、寿、禄、喜”等代表吉祥、幸福的文字，简洁、明确地表达人们美好的生活愿望(图2.44、图2.45)。

图2.44 方形漏窗

图2.45 直线形窗芯图案

在江南私家园林中，许多园林主人是达官贵人或文人大夫，他们有的官场遭受排挤、郁郁寡欢，有的淡泊名利，不想出仕为官。他们隐逸在园林山水之中，饮酒赋诗弹琴起舞，追求清逸脱俗、洁身自爱、独善其身的生活方式，并且将个人的精神追求通过实物体现出来，如上文的苏州狮子林小方厅后院墙面上漏窗的琴棋书画图案。

(4)漏窗的空间效果 园林中漏窗的重要性不仅在于它是园林建筑中不可或缺的结构、装饰部件，更重要的在于它是园林中的一个主要造景元素。这些漏窗型制丰富多彩，位置灵活多变，或位于廊道上，或位于楼阁上，或在观赏建筑的侧面上，“处处邻虚，方方侧景”，时时处处给游人带来景色的变化和空间的层次感。对这种空间感受唐代柳宗元曾作过精辟的概述“旷如也，奥如也，如斯而已”。园林中漏窗所产生的空间效果主要有小中见大、虚实相生、层次复合多变等方面，以下具体一一详述。

①小中见大：园林用地一般较为局促、狭窄，并且多处于市井之中，四周用围墙封闭，并无多少邻院景色和自然风光可借，要在如此狭小的空间中创造出模拟自然山水、层次丰富、四季鲜明的景色的确需要多种手法和元素的综合运用。除去植物、山石、水体以及建筑等实体元素外，墙体的高低、突兀变化也是重要手段，正是通过这些墙体的曲折变化将园中空间分隔成多个子空间，并且为避免空间的隔绝，保持空间的畅通，在墙体适当的位置开设各式漏窗和牖窗，从而达到空间隔而不断、相互渗透的空间效果。

中国传统园林的空间或聚或离，或大或小，或明或暗，变幻莫测，游人沿着曲折狭长的廊道前进，透过侧面样式不一、排列规整的漏窗这些小型空间，园中景色豁然开朗，一幅幅美景映于眼前，游人信步闲游，步移景异，当走到廊道的尽端或转折之处，一面窗洞将墙后景色展现出来，这种处理方式既保证前后、内外空间的渗透性统一，又小中见大，将园中美景尽收眼底。如苏州狮子林西南隅空间，沿廊道曲折前进，途中故意做了三次转折，从而与直面墙体形成一个半六角形空间，在这个空间中，地面饰以传统的小青砖铺地，尺寸精细纤美，中间种植几茎青青翠竹，挺拔直立，苍翠欲滴，竹下耸立几块峰石，整个空间静谧、葱郁，给人一种“蝉噪林愈静，鸟鸣山更幽”的栖旷宁静之感。另外在半六角形的3个边上分别设有各式漏窗、门洞，游人途经此地，透过这些尺寸较小的各式漏窗，小中见大，院内空间层次丰富，景色别有洞天。

②虚实相间：园林是自然山水的浓缩概括，山水空间的艺术描写，是在有限的空间中模拟再现自然山水，“缩千里江山于方寸”，创造“虽由人作，苑自天开”的艺术景象。这种在有限的空间模拟自然山水，在虚实变化的基础上体现空间的多重复合，是通过园林中的各种实体和虚体要素表达出来的。在园林中，墙、廊是实体，而墙、廊上的漏窗、门洞则是“实中有虚”；而从漏窗、洞门中透出的景物则体现出“虚中有实”。于是洞门、漏窗美化装饰了墙体，而山石树木又美化装饰了漏窗，这种虚实变幻的空间效果、多重层次重合的空间结构，使园中景物小中见大，景中有景，变化无穷。这种虚实相间的效果又可分为虚中有实和实中有虚两种层次。

a. 实中有虚：“取势在曲不在直，命意在虚不在实”体现出空间结构的多重复合是园林中窗子的一大美学特征。园林中许多漏窗或在廊道旁侧，或在走道尽端，行走其间，阳光透过窗间隙缝或洒在墙面，或徜徉于地面上，留下斑斓、颤动的金色落影，这些虚体的变幻的光影落在实体的白色墙面或灰色地面上，实中有虚，谱写出一曲时空交响乐。如苏州留园古木交柯，园中心一面实墙上每隔一段距离设有形状、尺度相似的漏窗，这些窗子将园中各种景色尽漏其中，而且阳光透过漏窗，在地面、墙面上产生有韵律、节奏变化的实中有虚、虚实相互的空间效果。透过这些窗子，园中景物或密或疏，或实或虚，或明或暗，或静或动，给人一种梦幻迷离之感（图2.46）。

图2.46 弧线形窗芯图案

b. 虚中有实：园林中各式漏窗不仅分割庭院主体空间，而且产生框景、点景、借景的景观作用，透过这些虚体空间看到窗后各种实体景色，几片峰石、几竿修竹、数个楼台亭阁等尽入眼帘，正是通过这种虚中纳实的手法，从而达到虚中有实的空间效果。

这种以虚纳实的对比手法其实也是园林中的一种借景手法，明代造园家计成在《园冶》中曾作详细叙述“触景生奇，含情多致，轻纱环碧，弱柳窥青，伟石近人，别有一壶天地，修篁弄影，疑来隔水笙簧……处处邻虚，方方侧景”。而清代李渔更是进一步发展窗的各种式样，创造性地设计出“尺心画”“无幅窗”。他在《闲情偶寄》中利用各种窗洞、墙洞的虚实来框点出外面实体的景色，“尺幅者”是“纳千顷之汪洋，收四时之烂漫”，“尺幅千里”之意，“无心者”有“框无心之谓也”的意味。园林中的漏窗正是通过窗芯的虚体部分来纳入园中实体的景色，从而创造出虚中有实的空间效果。

“处处邻虚，方方侧景”在虚实互补的基础上，体现出园林空间的多重复合变化，是园林中漏窗的一个重要的美学特征和造景手法，正是这种虚中有实，实中有虚，虚实互补的变化使园中景色似界非界，景中有景，小中见大，变化无穷，产生空间的无尽层次感和美感。

(5)漏窗的景观作用　景中有画、画中有景、情景交融是园林美景的集中所在。游人在园中信步漫游，沿着廊道曲折前进时，通过牖窗、漏窗欣赏外面景物，且走且观，景随步移，步随景动，在陶醉忘我之际漫游到廊道的尽端，蓦然回过神来，又透过对面的门洞、漏窗、牖窗，窥到别处的风光，立即平添几分兴趣，无形之中拓展了空间范围，心理上也会产生一种空间深邃、意味深长的感觉。漏窗所引起的这些景观作用大致可以概括为漏景、框景、借景、成景等各种造景艺术手法。

图 2.47 祥云式窗芯图案

园林中由于用地规模的局限,通常借助墙体、廊道将园林母体空间分隔成多个子空间,要将这些子空间相互畅通,隔而不死,虚实相间,则是通过位于墙体、廊道上的一些门洞、牖窗、漏窗框借用外部景色,将其"漏"入眼帘,园中芳草顽石、粉墙绿荫、修竹数竿、蕉叶片片,时时处处展现在眼前,从而达到计成所说的"处处邻虚,方方侧景"的景观效果(图 2.47)。有的时候,为创造更深层次的景观,拓展空间范围,常借园外邻家之景、城市之景或自然风光。借用邻家景色较为简单,一般是在院墙上适当位置开设各种形式的漏窗,将园外之景漏入园内。这种漏窗高度以人体的视线高度为标准,由于窗芯图案具有一定遮挡性,从而既将园外景色借入园内,又保证园内空间一定的私密性。

借用城市、自然景色是相对复杂的一种,一般在园中位置较高的地方建立亭、楼、阁等观景建筑,并将各式漏窗设于外部景色较好的方向上,"纳千顷之汪洋,收四时之烂漫"。充分借用各种自然景色,使园内、外景色相互融合,空间相互流通,将园中有限空间拓展到无限空间中。如苏州拙政园萧绮亭位于园内山坡上,通过侧面的窗子将园外自然景色借入园内,从而达到视线上的通透,空间上的幽远,景色上丰富的作用。

中国传统园林中的漏窗型制多样,图案丰富多彩,构造精美,色彩淡雅,尺度合宜,具有较高的美学价值和艺术韵味,在通过这些门窗进行借景、漏景、框景的同时,这些漏窗自身也同时成为一种美学装饰、一种景观元素,增加园林空间景色的美。

中国传统园林是在有限的空间模拟自然山水,在虚实变化的基础上展现空间的多重复合,而这些复合空间、多重景色正是通过门洞、牖窗,特别是漏窗的使用来实现的。这些门洞、牖窗、漏窗是中国古典园林艺术的独特创造,也是古代园林艺术家们智慧结晶的集中体现。

思考练习

1. 园林建筑有哪些个性特征?
2. 如何实现园林建筑空间的内外联系与过渡?

3 建筑庭院设计

[教学要求]

■了解建筑庭院空间的源流和发展；
■掌握传统建筑庭院空间的围合形式；
■现代建筑庭院空间的设计构思的几种情况。

[知识要点]

■运用现代建筑庭院空间的设计构思进行空间设计。

3.1 建筑庭院空间的释义

3.1.1 建筑庭院空间的定义

“庭院”二字在《辞源》中是这样解释的:庭者,“堂阶前也”;院者,“周垣也”;“宫室有垣墙者曰院”。所以,“庭院”二字合在一起,就构成了建筑庭院空间的基本概念:由建筑与墙围合而成的室外空间,并具有一定景象。

我们不论是从对人类文化历史资料的考察中,还是对人们现实生活的了解中都可以看到,伴随着建筑的出现和发展,建筑的庭院空间也就自然产生了。

人类的两种活动:室内活动和室外活动要求人类不仅需要营建房屋,而且需要创造适宜的外部空间。即建筑的室内空间和建筑的外部环境空间,而在建筑的外部环境空间中,其主要的部分,常常是建筑的庭院空间。

人们不仅需要在室内躲避风雨,御寒避暑,在室内起居、劳作、攻读、聚会和休息,也还需要在室内眺望室外,欣赏室外景色,以消除视觉的疲劳;更需要走到室外接受阳光、山水、花木的抚慰,领略和享受大自然的美;同时领略和享受人们自身创造的庭院空间环境的美。特别是现代城市的喧闹和交通的繁忙,使人们和大自然隔离。人们在繁忙紧张中需要安静的环境,向往着优美的大自然,而庭院空间正是在某种程度上满足了人们的这一需要。在庭院空间的设计中,建筑师对庭院或赋之以形，或赋之以景，在形、景之中，也就含蕴了情。这样，建筑的庭院空间就成为一种特殊的空间形式，它是人为化、人性化了的自然空间，是在某种程度上再现自然（即艺术化了的自然）的一种空间艺术。

在整个建筑空间中，庭院空间是室内空间的调谐和补充，是室内空间的延伸和扩展，可以认为是整个建筑空间的一个有机组成部分。

在建筑空间和自然空间之中，庭院空间用以作为人们室内活动场地的扩大和补充，并可有组织地完善与自然空间的过渡。庭院空间又是建筑与自然的中介性和过渡性空间。

3.1.2 建筑庭院空间的源流和发展

1）西方建筑庭院空间的发展

人类围合空间的本能，可以追溯到远古时代，如英国萨利斯巴利（Salisbary）发现的原始人石环（图3.1）就说明了这种本能的特点。从这里我们可以看到原始人类的最朴素的空间意识和庭院空间的观念。

图3.1 英国萨利斯巴利原始人石环

由于东西方对于美学和空间哲学的认识差异，造成了他们对庭院空间处理的不同。我们可以发现，在古埃及的神庙建筑布局中，往往以完整封闭的三合院，作为神殿建筑空间序列的前导（图3.2），类似这种庭院空间的手法，几乎成为历史上古典建筑运用前导空间的传统手法，在其后的各种建筑布局中不断出现。古代西亚和古希腊、古罗马都曾在住宅、宫殿中出现过"天井"和"中庭"的庭院空间。如两河流域乌尔城的住宅中所示的两层回廊环绕而成的内院形态（图3.3），是现代建筑中经常采用的处理手法之一。古代罗马大型府邸建筑中曾创造了两种具有典型意义的庭院空间：如果我们分析庞贝城的潘萨府邸（House of Pansa 公元前二世纪，图3.4），就可以看出：一是在府邸前部正中的所谓明厅（Atrium），厅的屋面中央开有采光口，下有接受雨水下注的水池，即现代建筑中的"共享空间"构

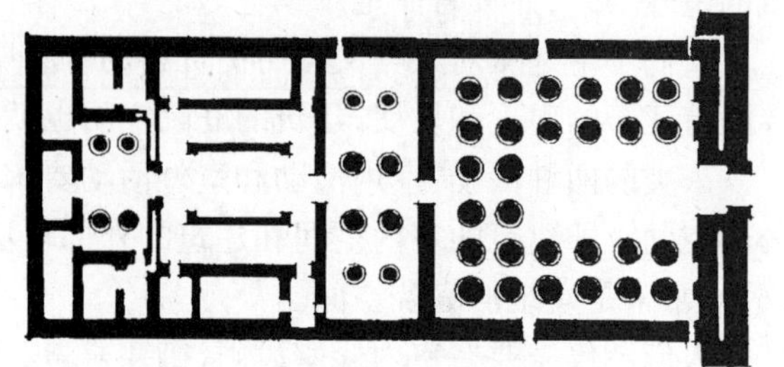

图3.2 古埃及卡纳克孔斯神庙

思的起源；二是在明厅之后，则是一个以列柱回廊环绕的中庭，在这个中庭中央布置有一个较大的供人观赏的规则形水池，在另一个处理手法类似的维蒂府邸（House of Vetti 图 3.5）中，这种中庭的水池设计是自由曲岸状，并配以草花、雕像、石柱等建筑小品，使这类中庭具有了更多、更高的观赏价值。

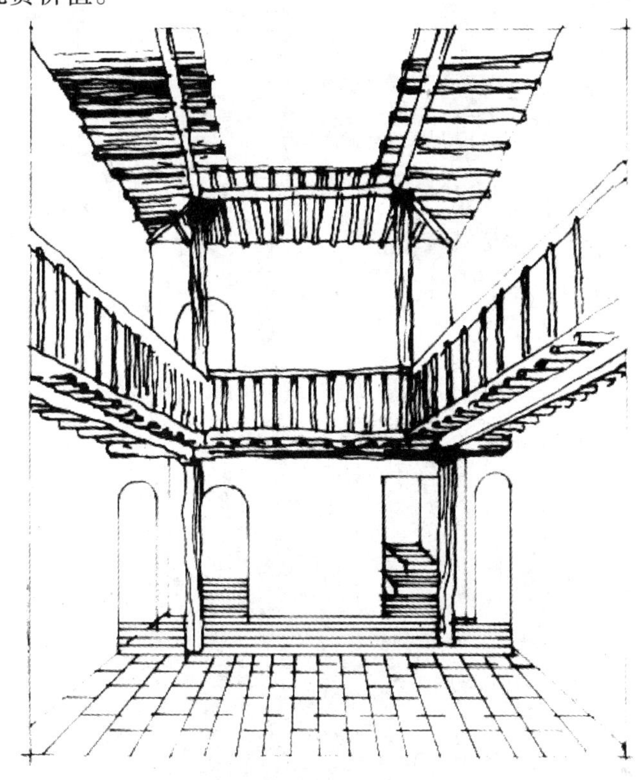

图 3.3 古代两河流域乌尔城住宅内院

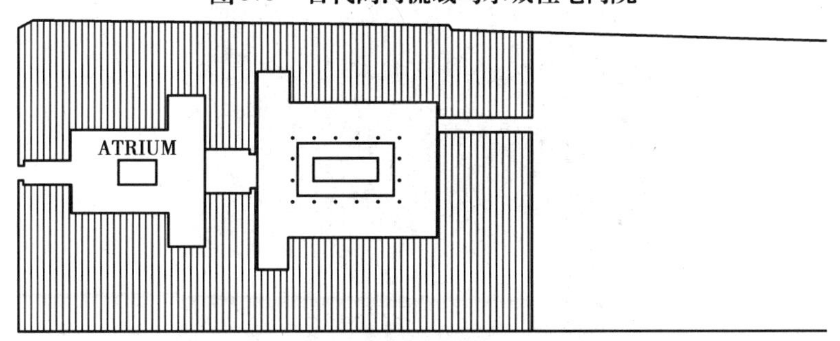

图 3.4 古罗马庞贝城潘萨府邸

中古时期的欧洲，这种内向的庭院空间也曾在各种建筑布局中出现过，尤其是在伊斯兰建筑中表现得更为突出，如著名的西班牙格兰纳达的阿尔罕伯拉宫（Alhambra 13—14 世纪）（图 3.6），它的建筑群主要是围绕两个意境不同的内向庭院展开的，一个是以长方形水池为主的水景庭院，一个是以华丽装修为主的铺面庭院。

图 3.5　古罗马庞贝城维蒂府邸中庭

(a)姚金娘庭院

(b)姚金娘庭院侧面

图 3.6　西班牙格兰纳达阿尔罕伯拉宫姚金娘庭院

2)东方建筑庭院空间的发展

历史记载中,最早的以墙和廊围合空间以成院落的建筑实例,当推我国河南偃师二里头发掘的距今三千多年前的商代庭院遗址(图3.7),可以认为是四合院落最早的雏形。

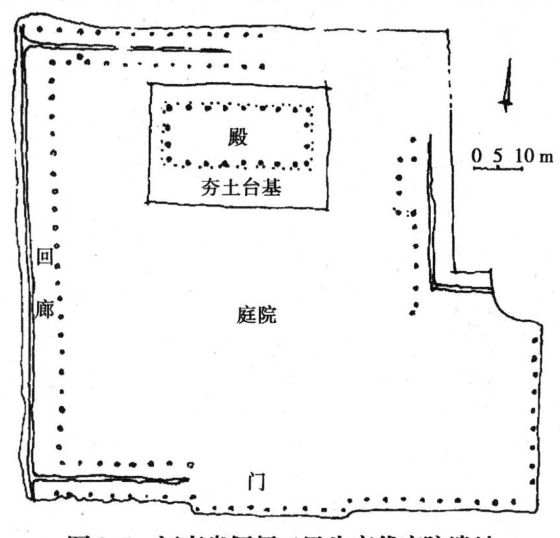

图3.7 河南省偃师二里头商代庭院遗址

中国古代建筑的庭院空间在世界建筑艺术宝库中一直表现出独特的姿态。中国古代建筑的空间特征,可以概括为两个方面:一方面是由于使用了木构架支柱体系,使建筑空间非常自然地与室外的空间相互交融,并成为一体;另一方面是建筑空间以庭院空间为核心而构成空间原型。中国古建筑往往是有屋必有庭,一屋带一庭,一屋带几庭,几屋围一庭等形式,以此构成了中国古建筑的空间原型。这种近乎标准而又灵活可变的原型,通过组合、排列、拼接、围合、展开,等等,形成了多种多样的空间形态,诸如宫殿宫邸、民居、园林、庙宇、陵墓,等等。不同类型的建筑,实质是千变万化的建筑类型与千变万化的庭院空间的统一体,是千变万化的庭院空间形态和序列组织的一种表现。所以,可以说庭院空间是中国古代建筑原型中不可分割的一部分,庭院空间在中国古建筑中呈现着极大的灵活性和多样性。我国特有的空间意识——把建筑空间和庭院空间视为一体影响下的传统建筑中的庭院空间经过了几千年民族文化的锤炼,随着历史的发展,这种庭院空间的生命力经久不衰:建筑庭院空间的形态更加多样,庭院空间处理更加精美,建筑艺术、园林艺术充分地融于一体。

3)东西方建筑庭院空间的差异

总起来说,在西方主要以法国古典主义园林为代表的几何形园林中,庭院空间讲究整齐一律,均衡对称,具有明确的轴线引导,讲究几何图案的组织,庭院本身被纳入到严格的几何制约关系中去,一切都表现为一种人工的创造,强调人工美。在东方,主要以中国古典主义为代表的再现自然山水式园林,本于自然,高于自然,着眼于自然美。相应的庭院空间的处理上是把人工美与自然美巧妙结合,从而做到“虽由人做,宛自天开”(图3.8)。

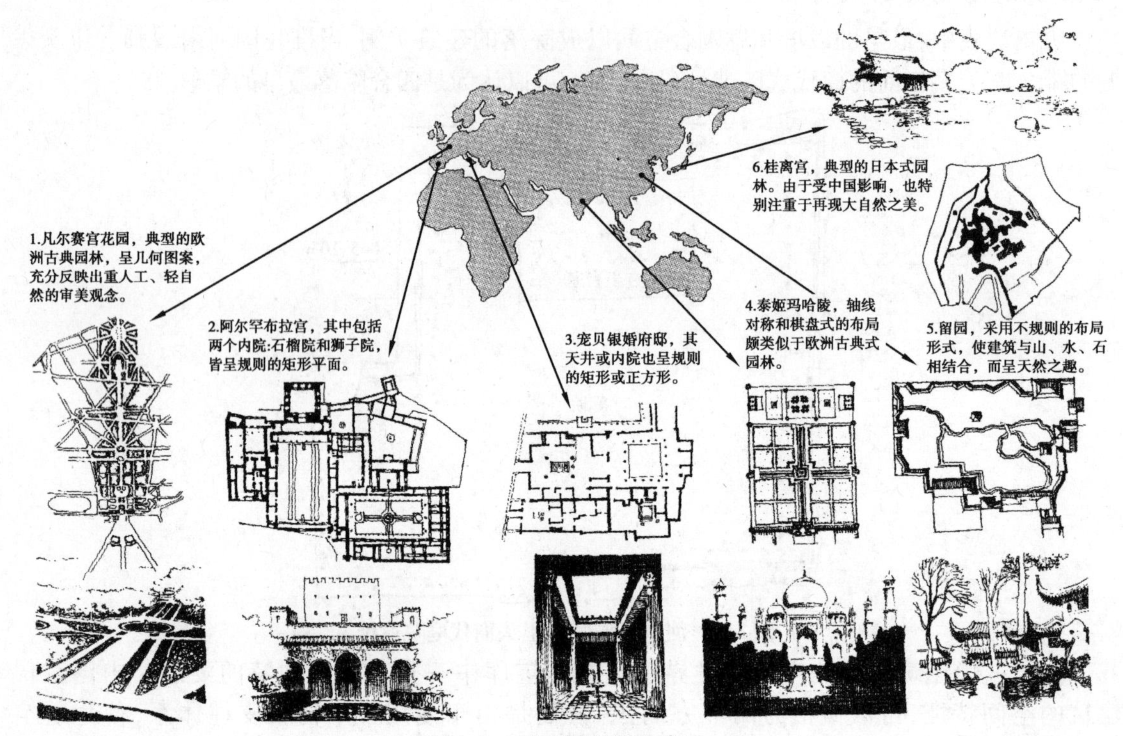

图 3.8 两种哲学两种路子

3.2 传统建筑庭院空间

3.2.1 中国传统建筑庭院空间

1) 中国传统建筑庭院空间的围合与构成

归纳起来，中国传统建筑庭院空间的围合形式有以下 5 种(图 3.9)：

(1) 以院墙围合建筑或建筑群以成庭院空间　当建筑规模较小时，院墙与建筑构成主要的庭院空间；当建筑规模较大时，院墙往往成为建筑群的境界。

(2) 以建筑围合室外空间以成庭院空间　这是我国传统的常用建筑布局形式，往往是一正二厢，有时加上倒座下房，形成我国典型的三合或四合院落。

(3) 以建筑与墙垣、廊庑，共同围合空间以成庭院空间　在我国传统园林建筑与民居中，都采用这种灵活多变的形式。

(4) 以建筑围合建筑以成庭院空间　这种围合往往是为了突出中心的主要建筑，庭院空间常常因此而成为很好的过渡空间，在不少寺庙与宫殿布局中常常采用。

(5) 以庭院围合庭院的形式　即院中套院、院中有院，形成“庭院深深深几许”的幽深的空间意境。

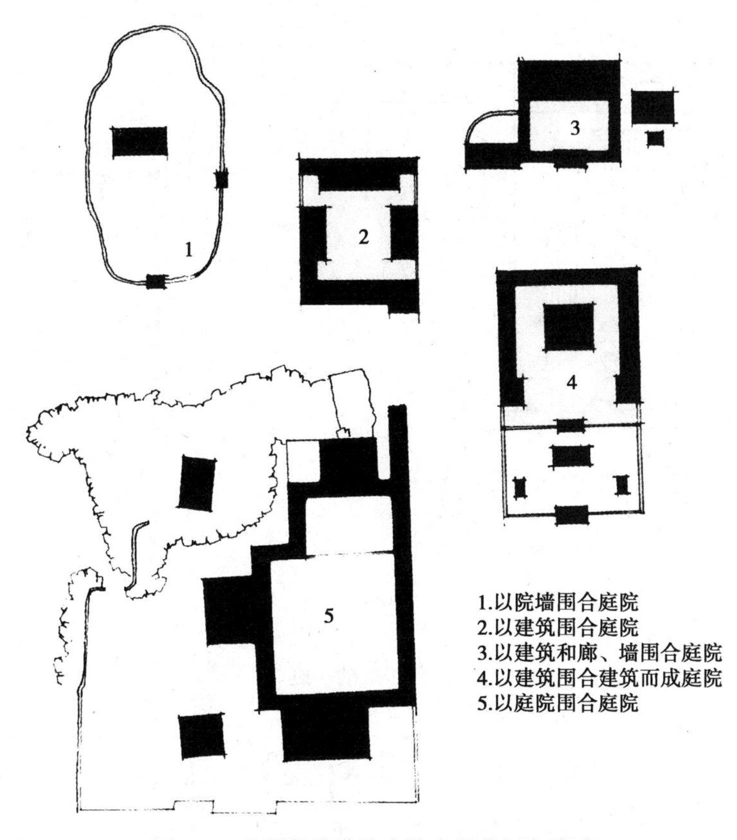

图3.9 我国传统建筑庭院空间的围合形式

2)传统建筑庭院空间的类型与平面布局

不仅是中国,东西方的庭院类型及平面布局均依划分标准不同而异。

(1)按位置和功能分类　传统建筑庭院空间的类型按庭院在建筑中所处的位置和相应具有的使用功能来划分,可将庭院分为前庭、内庭(中庭)、后庭、侧庭和小院5种。

①前庭:前庭通常位于主体建筑的前面,作为室外空间与室内空间的过渡空间,主要供人们出入和组织交通,也是建筑物与道路之间的人流缓冲地带(图3.10)。

②内庭:内庭又称中庭。一般指多院落庭院的主庭,作为人们起居休息、游观静赏和调剂室内环境之用(图3.11)。

③后庭:后庭位于屋后(图3.12)。

④侧庭:侧庭古时多属书斋院落,庭景十分清雅(图3.13)。

⑤小院:小院一般空间体量较小,在建筑整体空间布局中多用以改善局部环境,作为点缀或装饰使用(图3.14)。

(2)按地形环境分类　一般分山庭、水庭、水石庭和平庭4种。

①山庭:依一定的山势作庭者,称为山庭。

②水庭:以水景组织庭院者,称为水庭。

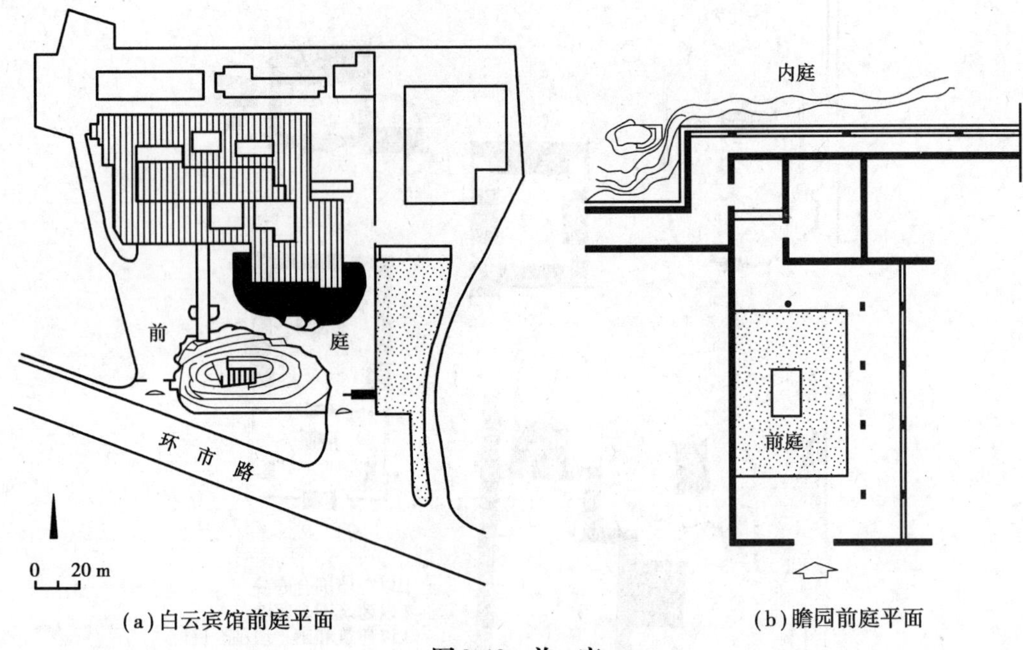

(a)白云宾馆前庭平面

(b)瞻园前庭平面

图3.10 前 庭

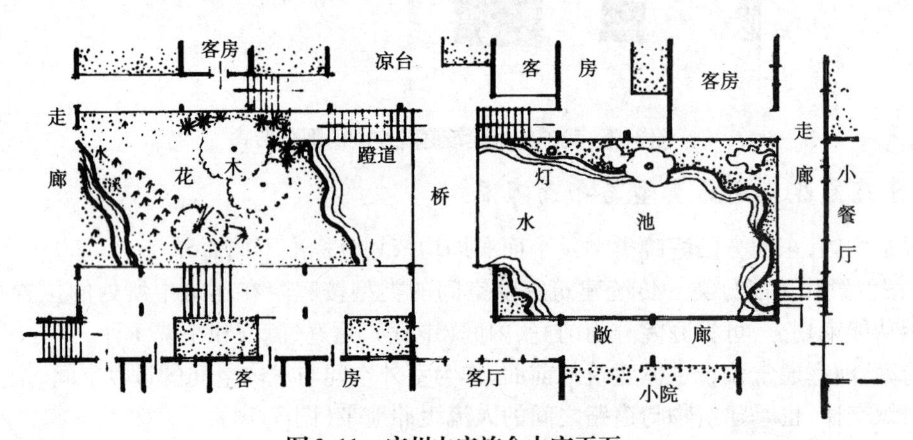

图3.11 广州山庄旅舍内庭平面

③水石庭:在水景中用景石的分量较多者,则称作水石庭。水石庭中或以石为主,或以水为主,或水石兼胜。

④平庭:庭之地面平而坦者,称为平庭。平庭一般地坪的标高变化不大。

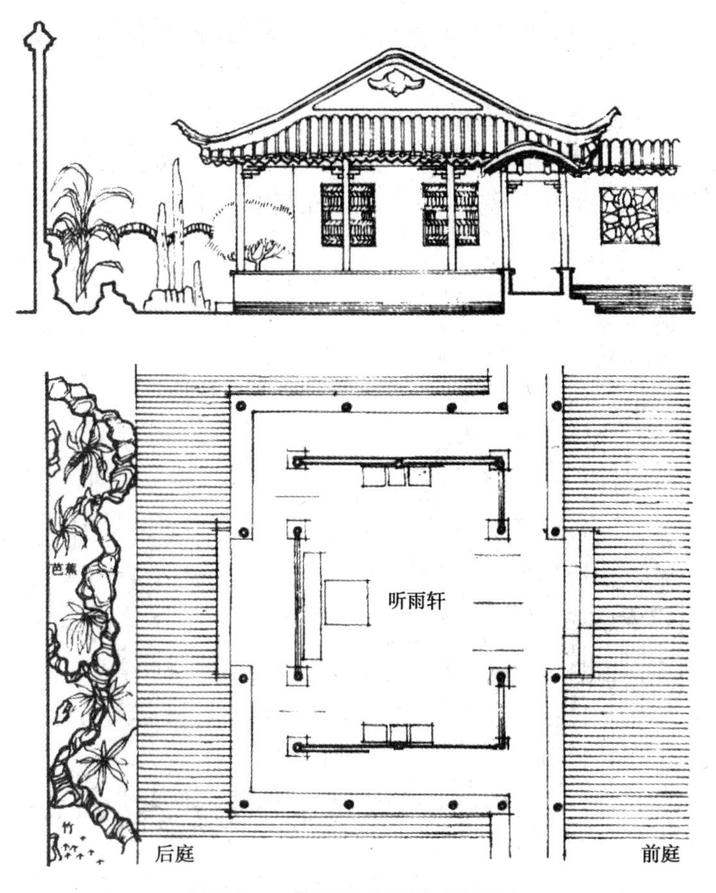

图 3.12 苏州拙政园听雨轩后庭

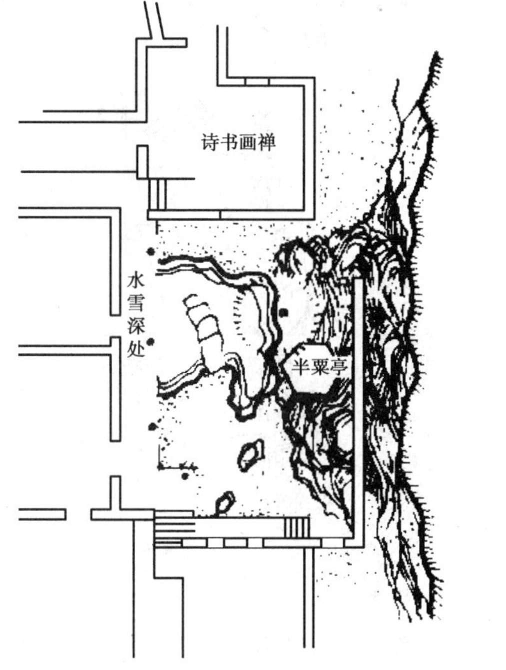

图 3.13 南通狼山准提庵侧庭

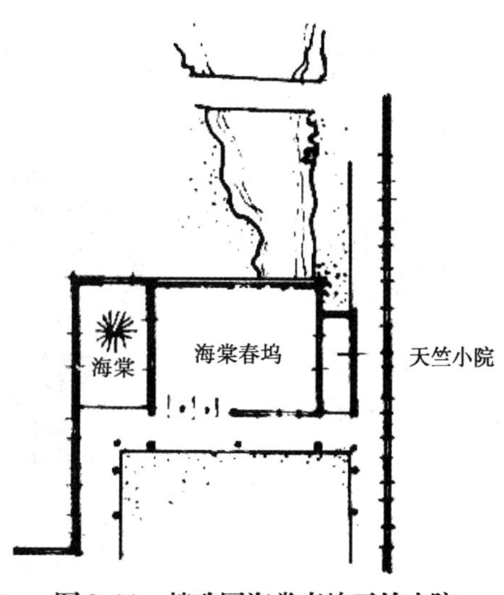

图 3.14 拙政园海棠春坞天竺小院

(3)按平面形式分类　传统建筑庭院空间的布局按平面形式分类,庭院一般有对称式和自由式两种。

①对称式:对称式庭院,依单院落和多院落有所区别。

a. 对称式单院落庭院,功能和内容较单一,占地面积一般不太大(图3.15)。

b. 对称式多院落组合空间的庭院,其院落根据建筑物的主、次轴线作对称布局,依不同用途有规律地组成(图3.16)。

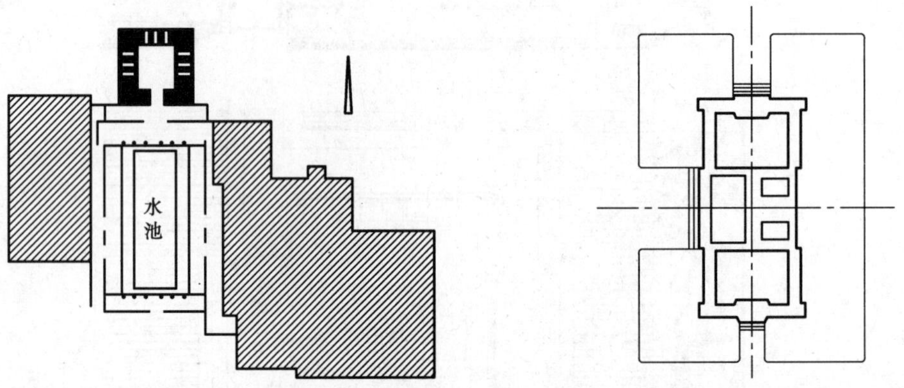

图3.15　西班牙格兰纳达阿尔罕伯拉宫姚金娘庭院平面图　　图3.16　中国革命及历史博物馆庭院

②自由式:自由式布置的庭院,也有单院落与多院落之分,其共同的特点是构图手法比较自如、灵活,显得轻巧而富于空间变化。

a. 自由式单院落空间庭院,它因地制宜,在一块不规则的地段内,灵活安排建筑空间和庭院空间,做得曲折有致(图3.17)。

b. 自由式多院落组合空间的庭院,一般是由建筑物之间的空廊、隔墙,景架或其他景物相连而成,由此分割出来的若干个院落空间,其相互间又相对地保持着独立性,但彼此相互联系,互相渗透,互为因借。每个小园都有各自的使用要求而形成各自的特色(图3.18)。

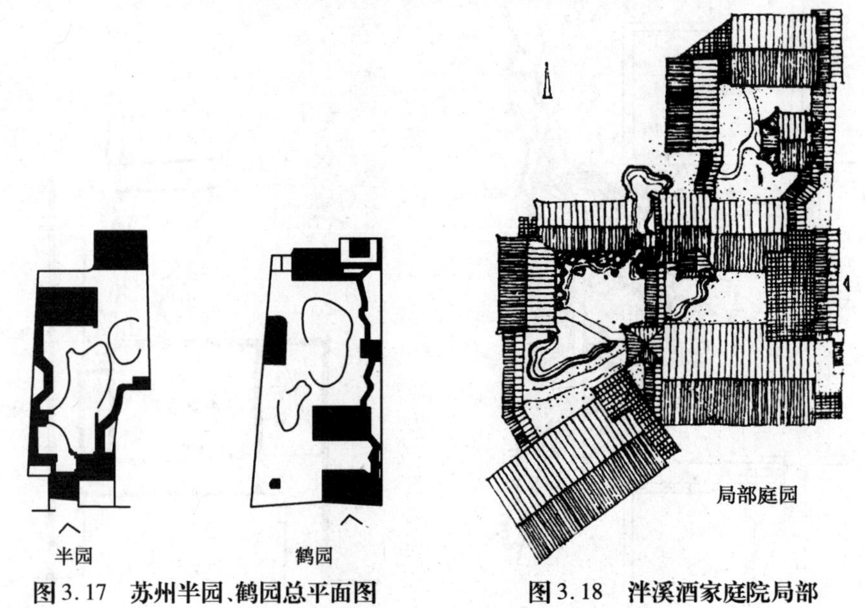

图3.17　苏州半园、鹤园总平面图　　图3.18　泮溪酒家庭院局部

3)中国建筑庭院空间的构成要素

(1)建筑要素　殿、堂、楼、阁、轩、馆、门、房都是组成庭院的建筑要素。它们自身具有室内空间,同时也都具有明确的使用功能。在一个庭院中处于主要地位的单体建筑,可以看做是庭院空间的主体建筑。由于主体建筑往往处于庭院空间的中轴线上,对庭院空间的规模、气度、功能性质等起到决定性的制约作用。庭院中的厢、侧房在空间构成以及功能地位上则处于主体建筑的次要和补充地位。

(2)围墙要素　围墙作为划分庭院内外的分界线,在庭院中起到一个围合界面,限定空间的作用。院墙内部为私密的空间,院墙外部为庭院以外的空间。院墙可以阻隔人流、限定视线。对于居住在院墙内部的人来说,院墙还有一定的安全防御功能,在抵御外界不良气候影响的同时,还具有一定的安全保卫作用。院墙在空间上人为地制造了一种私有的领域概念,恰好迎合了生存在封建私有制社会的人的心理需求。

(3)连接和引导要素　廊子的作用最初是为方便雨雪天行走方便,在空间转换上连廊具有引导、指示的作用。廊子上有顶,两侧或一侧由栏杆、柱子围合,在有些庭院中间,廊下的柱与柱之间还可以供人坐下休息、停留。照壁、屏壁都可以作为庭院中的视觉引导因素。从心理学角度分析,人的行走路线,在前进时正面遇到墙壁或阻碍时,会不自觉地在行走中改变路线方向。照壁、屏壁作为隐性标识的指示界面,它所包含的信息一方面是装饰,另一方面是对人的引导、指示。

(4)绿化要素　中国古代对园的处理追求诗化的意境。庭院中栽植树木、花卉,堆砌山石,在人工的基础上再造自然氛围。绿化因素在庭院中四时变化,丰富庭院的空间构成,突出庭院空间的时令格调,改善庭院的小气候和人的居住环境。因此,绿化在中国传统庭院中成为不可缺少的重要因素。

(5)建筑小品要素　庭院中的小品,充当了庭院的设施、点缀物,如石桌、石凳、井台、香炉等,小品体量不大,却有鲜明的民族特征和地域性。例如,皖南民居的庭院中留有独特的下水口作为庭院的排水设施,因为在这些民居中所有的屋面都是朝向自家院子排泄雨水,这样排水的目的是强调“肥水不流外人田”。

4)中国建筑庭院的发展

中国古代建筑的庭院空间在世界建筑艺术宝库中一直表现着独特的姿态。中国古代建筑的空间特征,包含两个方面:

①由于使用木架支柱体系,使建筑空间非常自然地与室外的空间相互交融,并成为一体;

②建筑空间以庭院空间为核心而构成的空间原型。中国古代建筑往往是有屋必有庭,一屋带一庭、一屋带几庭等形式,以此构成了中国古代建筑的空间原型。

不同类型的建筑,实质是千变万化的建筑类型与千变万化的庭院空间相统一。所以,庭院空间是中国古代建筑原型中不可分割的一部分,庭院空间在中国古建筑中呈现着非常巨大的灵活性和多样性。经过几千年的锤炼,随着社会的发展、经济文化的不断进步,庭院空间的生命力依然可以经久不衰。

由于现代经济的飞速发展伴随着城市化的急速推进。城市土地已经严重地过度开发,人口过分拥挤,居住密度过大,绿地减少。加上缺乏合理的城市规划和设计,使得人与自然逐渐地被隔离。人们对居住环境质量的日益重视,要拥有安静的生活环境、优美的大自然、清山绿草和新鲜空气在一定程度上满足了我们对自然的需求，还要遵循与环境之间的可持续发展。因此建筑师和环境工作者必须更重视对庭院空间的研究，它作为我们中国建筑文化的精华部分，必然为城市建设和景观设计带来新的气息。

3.2.2 日本传统建筑庭院空间

日式庭院注重人造形式，但却是大自然的最好缩影，清新雅致，带给人淳朴、禅宗的感受。日式庭院设计具有悠久的历史文化，它最早源于日本皇室和禅院的需要，随着时间的推移，逐渐散播开来，成为一种大众艺术，并不断地吸收外来文化，取其精华，去其糟粕，形成具有独特精神世界的日式庭院。日本庭院种类繁多，在一定程度上它们代表着日本民族精神内涵。日本作家室生犀星在《庭园》中曾这样说过："纯日本美的最高表现是日本的庭园。"与中式庭院相比，在对自然的诠释中，日式庭院更注重对大自然的提炼与升华，它能把无比纷繁的对象，通过艺术性的手法，创造出能使人入静入定、超凡脱俗的心灵撞击和沉醉。人们追求朴素淡雅的山水田园，总是会将自己的情感寄托于山水之间，用山水以解忧，用草木以怡情。而禅意化的日式庭院追求的是超然于万物的纯净之美，重视内在的永恒以及归属，表达出"物我一如"的禅境。

庭院空间是人为化的自然空间，是建筑室内空间的延续，人们除了在室内生活外，还需到室外空间呼吸新鲜空气，沐浴金色的阳光与大自然亲密的互动活动以及与朋友家人聊天、散步、娱乐的日常休闲活动，庭院就为这些活动提供了一个很好的平台。日式庭院在空间上追求峰回路转，无穷无尽，景色以含蓄地"藏"为最佳，因此在平面布局上日式庭院多采取不对称的设计，道路、水岸、地形相互依存的同时合理地划分了整个庭院空间，做到移步换景，增加了日式庭院景观的趣味性。

3.2.3 欧洲传统建筑庭院空间

大约从公元前3000年至今，欧洲的庭院一直在不断地发展。古代时期的古希腊园林和古罗马园林主要建筑庭院的类型是庭院园林、宫苑园林、别墅庄园和中庭式园林等，园林布局多采用规则式以求得与建筑协调；中古时期欧洲建筑庭院的主要代表是意大利寺院园林、法国城堡园林。文艺复兴时期形成的意大利的台地园、庄园，法国的城堡庄园、城堡花园、府邸花园，英国的宫苑园林，德国庭园，已经形成了欧洲庭院特有的风格。勒诺特尔式时期欧洲园林代表主要是法国，勒诺特尔式造园对欧洲各国产生了重大的影响。大约1750年，自然风景式园林产生，这个时期的代表是英国的自然式园林。

总起来说，欧洲的园林基本由宫苑园林、宗教和祭祀性园林、贵族花园、公共园林几类构成，初期有明显的实用性，如果蔬、香料的种植，后期逐渐加强了园林的观赏性、装饰性和娱乐性。欧洲的园林传统中，尤其关注对自然的"人工化"处理，建筑、水体、园路、花坛、行道树、绿篱等，无不展现出井然有序的人工艺术魅力。

3.2.4 韩国传统建筑庭院空间

韩国位于朝鲜半岛南部,自然地形和地带性气候与我国相近,中韩之间有着深远的文化交流。韩国传统建筑庭院受中国传统文化和造园手法的影响,与中国的古典园林具有一定的相似性。同时,韩国独特的自然环境和人文资源形成了鲜明的民族特色,使韩国传统建筑庭院自立于世界园林民族之林。

基于"比自然更自然"的造园理念,韩国传统庭院营造出浑然天成的景致。与中国传统建筑庭院相比,韩国传统庭院具有3个方面的造园特色:崇尚自然,深受中国传统文化影响;前园后庭,具有精巧宜人的空间尺度;质朴实用,彰显独特的本土文化。比如在中国的韩国传统建筑庭院——广州海东京畿园充分体现了这3个方面的造园特色(图3.19)。

(a)

(b)

(c)

图3.19 广州海东京畿园庭院空间

3.3 现代建筑庭院空间

3.3.1 现代建筑庭院空间的设计探索

随着19世纪现代建筑的兴起,现代建筑师发扬优良传统,汲取古典园林建筑庭院的处理方法,结合现代建筑的特点,在探索如何进行现代建筑庭院空间设计方面进行了大胆的尝试和探索。现代建筑师开始把庭院空间作为建筑的一个有机部分,在创作中进行巧妙的设计构思。如20世纪初其中著名的实例,美国建筑师莱特(FrankLloyd Wright)设计的1922年建成的日本东京帝国大饭店(图3.20)和米斯(Mies Van Der Rohe,Ludwig)1929年设计建成的西班牙巴塞罗那国际博览会的德国馆(图3.21),这两个著名实例所取得的成就和带来的影响为现代建筑庭院空间设计构思开拓了新的途径。

东京帝国大饭店的设计构思,是把建筑空间和庭院空间作为一个统一的整体考虑的,庭院空间和建筑空间的序列同步展开。它以传统的三合院庭院空间作为整个建筑的前导空间,建筑的主体围绕着中庭布局。庭院中都以水池为主景,因而使比较严谨布局中的建筑外观获得了生气,而且庭院中的景物、小品均与建筑主体的细部手法取得呼应和一致,从而使该建筑与庭院空间浑然一体。

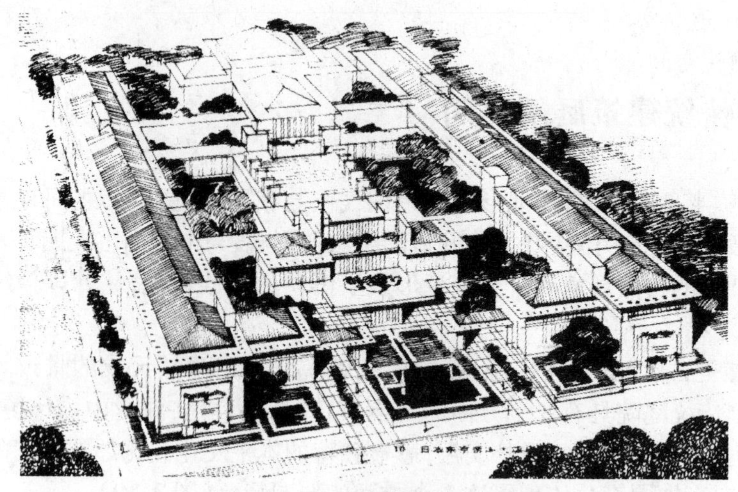

图 3.20 日本东京帝国大饭店

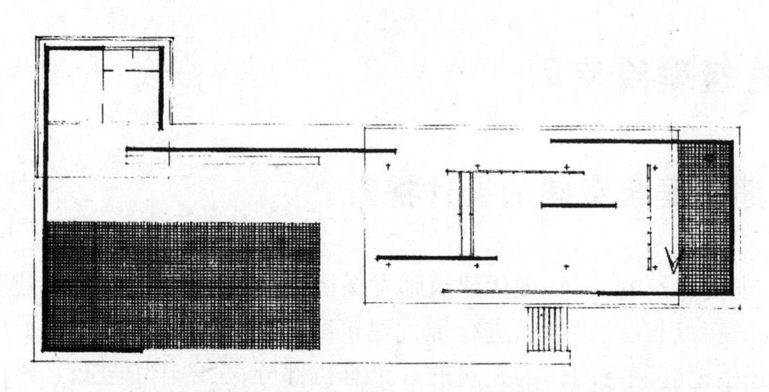

图 3.21 西班牙巴塞罗那 1929 年国际博览会德国馆

巴塞罗那德国馆是米斯设计思想的典型表现之一，除了早已为人们所注意到的清晰、简洁、具有抽象美的平面布局以及由此而产生的具有划时代意味的流动空间外，它的庭院空间可能是这个建筑取得成功的关键。那丌字形的大理石长墙所围成的水庭和雕像，给整个建筑空间带来了生机与活力，使整个建筑和建筑空间清澈、明亮、刚柔兼备。

随着现代建筑的发展，尤其是在第二次世界大战以后，建筑师把庭院空间作为建筑的一个重要的有机部分，进行设计构思，已成为建筑创作中的一种倾向。20 世纪 50 年代美国的著名建筑师山琦实(Minoru Yamasaki)和斯东(Edward Dwell Ston)，就是以其作品中特有的庭院空间称著于世。近年来，由于环境建筑学的发展，不少建筑师刻意追求建筑环境的完美，不少建筑物由于巧妙地运用了庭院空间的设计构思，而取得了动人的艺术效果，宜人的建筑环境和独特的建筑表现力，使庭院空间的形态更加多样了。

我国建筑界从20世纪50年代开始，就注意到在现代建筑中运用庭院空间的设计构思的重要性。如在那个时期设计建造的北京儿童医院、北京木材综合利用展览室、韶山毛主席纪念陈列馆、上海鲁迅纪念馆和同济大学教工俱乐部等建筑，这些建筑的设计构思汲取了我国园林建筑的传统庭院空间处理手法，创造了具有民族特色的建筑空间和建筑环境。20世纪60年代至70年代之间，广州市建筑设计院在研究我国传统园林建筑的基础上，在探索现代建筑设计中如何运用我国传统园林建筑手法上取得了出色的成果，相继设计建造了广州友谊剧院、矿泉客舍、白云山庄、东方宾馆、白云宾馆等著名建筑，在这些建筑的设计构思中，把庭院空间的构成和整个建筑空间序列的展开统一起来，对庭院空间处理、组景、置景都作了精心的设计，颇具一番匠心，表现了我国建筑庭院空间的巨大魅力。这些建筑的成就，对我国现代建筑创作的设计构思，有很好的启发作用。近年来，庭院空间的设计构思已为广大建筑师所重视，在一些公共建筑设计中广为运用，并有了新的发展。

现代建筑庭院的空间设计在继承传统庭院空间优秀品质的同时，时代的前进决定了庭院的功能乃至庭院构成方式等的改变。

3.3.2 现代建筑庭院空间的设计构思

1)现代住宅庭院空间设计

住宅庭院空间是指以住宅建筑为主的外部空间，包括被建筑群包围的外部观赏空间。它是建筑内部空间的自然延伸与补充，与泛指的“园林”有区别又有内在的联系，而更接近民居庭院和私家园林的布局特点。

以下从人与环境的角度分析住宅庭院空间设计方法，提出各个要素对住宅庭院空间设计的重要性。

(1)庭院设计的原理　庭院设计原理包括4个方面的内容：

①整体统一性。对于别墅区的庭院来讲，包括3个方面：庭院应和周围环境协调一致，能利用的部分尽量借景，不协调的部分想方设法视觉遮蔽；庭院应与自家建筑浑然一体，与室内装饰风格互为延伸；园内各组成部分有机相连，过渡自然。

②视觉平衡。庭院的各构成要素的位置、形状、比例和质感在视觉上要适宜，以取得“平衡”。在庭院设计上还要充分利用人的视觉假象，如在近处的树比远处的体量稍大一些，会使庭院看起来比实际的大。

③观赏庭院引导视线往返穿梭，从而形成动感。动感决定于庭园的形状和垂直要素，如正方形和圆形区域是静态的，给人宁静感，适合安置座椅区。而两边具有高隔的狭长区域或植被，则有神秘性和强烈的动感。不同区间的平衡组合，能调节出各种节奏的动感，使庭园独具魅力。

④色彩的冷暖感会影响空间的大小、远近、轻重等。随着距离变远，物体固有的色彩会深者变浅淡，亮者变灰暗，色相会偏冷偏青。因此，暖而亮的色彩有拉近距离的作用，冷而暗的色彩

有拉远距离的作用。庭园设计中把暖而亮的元素设计在近处,冷而暗的元素设计在远处就会有增加景深的效果,使小庭院显得更为深远。

(2)庭院设计的构成

①入口设计:由居住区道路进入庭院,应使人感到空间的变化,入口起到了提示及限定空间领域的作用,它必须能起到唤起人们对空间变换的意识。入口一般可在庭院,亦可偏离中心,它的位置与庭院的关系,决定着内部交通形式与庭院布置方式。入口的形式可模仿建筑的大门,可采用"雕塑"方式。

②空间区域划分:庭院空间根据人的活动性质不同,可以分为运动空间和停滞空间。运动空间希望开阔平坦,无障碍物。停滞空间应为创造安宁的心态提供舒适的设施和效景,应设计得轻松、悠闲、大小随意。可用熟知的建筑形象、流畅的线条及柔和的光线创造悠闲的空间特色。

③庭院绿化造型:庭院绿地是居民在居住区中最常使用的休闲场所,设计时应强调开放性与外向性,以便于居民游览。绿地形式应适合人们的生活、行为与心理,体现时代感。花架与树冠等可作为空间的水平界面,形成一定的潜在空间意识和安全感。而现代住宅庭院中,有人不满足于只是把五颜六色的植物种在花盆里的遗憾,想要更直接地亲近大自然,在庭院中辟出一方园地,种植各种花卉和蔬菜,进行休闲式种植,既绿化了家园,美化了环境,也增添了一份农家乐趣与收获的喜悦。

④小品形态塑造:雕塑小品主要起装饰作用,设计时应与整体环境有机结合,以便与环境融为一体、相得益彰。另外,雕塑作为庭院景观的点缀,应更多地关注生活气息的渲染。水是大自然中最壮观、最活泼的因素,它的风韵、气势及流动的声音给人以美的享受和遐想。在庭院中布置小桥流水或设置一个喷泉、水池,能在展示庭院空间层次与序列的同时达到情与景的交融。

(3)庭院设计的色彩与色调处理　色彩是一种语言,在设计中可作为一种信号对不同的设施给予不同的色彩。人工光和自然光都能创造一种气氛,给空间增加另一向度。不同的色调给人不同的距离感,高明度的暖色系令人感觉亲近,低明度的冷色系使人感觉后退缩小。相同色调的颜色容易统一,而对比色更容易变化,庭院空间要创造亲切近人的气氛,就应采用明快的暖色,形成色彩清新、丰富和谐、变化有致的空间环境。

总之,住宅庭院设计应符合多样统一的美学原则,拥有清心悦目的视觉效果和人性化的空间景观。庭院空间中的各景观造型应相互协调、相互衬托,共同构成一个和谐的整体,形成一个有序的空间序列。人们需要创造出有个性意义的环境,个性化的设计是通过可见的形状、尺度、色彩和质感来表现的,而深层内涵的性格认同与气氛感受则是通过人的生理、心理体验来表达,最终创造出具有特色的居住环境。

2)现代公共建筑庭院空间设计的设计构思

现代公共建筑庭院空间设计的设计构思,这里主要是指对于建筑空间和建筑庭院空间关系的处理,归纳起来一般有以下几种情况:

(1)"同步"的设计构思　即庭院空间的组织随着建筑空间的空间序列的展开而同步展开。

这种设计构思多把庭院空间和建筑空间融合成为整体,使建筑空间更易融于环境,融于自然，如前面所说的莱特设计的东京帝国大饭店，我国的韶山毛主席纪念陈列馆都是典型实例，在一些旅馆建筑和学校、幼儿园、陈列馆之类的建筑中常被采用。北京香山饭店(图3.22)的设计就是采用了这种设计构思，它汲取了中国传统建筑空间和园林艺术的特色，把庭院空间和建筑布局揉为一体，这个建筑在整体上有以流华池为中心的主要庭院，客房部分结合地形，依山就势又围合出了十一个大小不一的小院，创造了既有民族风格又有时代感，具有各种形态、各种意境的庭院空间。

(2)"核心"的设计构思　即把庭院空间作为建筑空间的核心和枢纽，建筑组合围绕庭院空间展开。

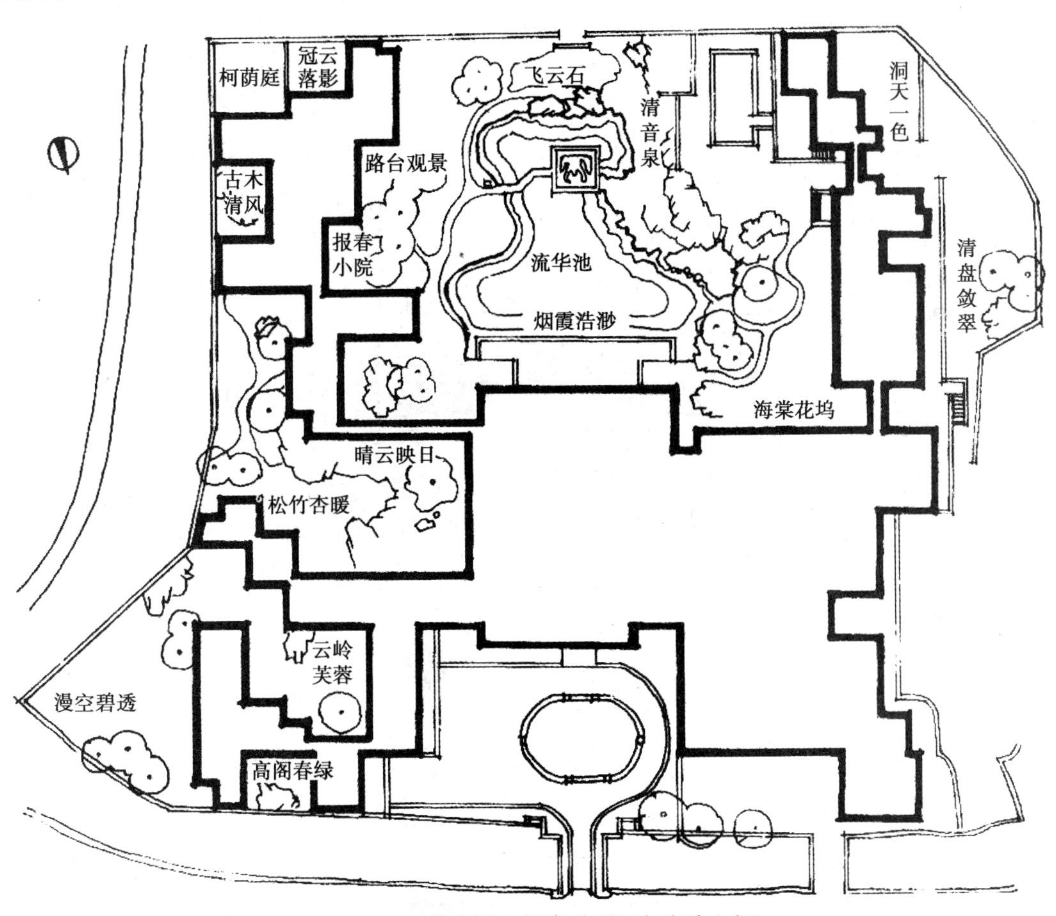

(a)北京香山饭店总平面与庭院空间

(b)北京香山饭店

(c)北京香山饭店"松竹杏暖"庭院

图3.22　北京香山饭店

在这种设计构思中，庭院空间常常成为建筑空间构成的核心，同时也是人流分配的枢纽空间，这种空间具有静谧、内向、聚集的空间效果，使人们置身其中而又感到另有天地、别有洞天。我国广州的白云山庄（图3.23）、矿泉客舍（图3.24）的设计构思和美国20世纪50年代著名建筑师斯东设计的美国驻印度大使馆（图3.25）都是如此。有些博览馆建筑也常采用这种设计构思，如桂林市的花桥展览馆（图3.26）、美国西雅图的21世纪世界博览会美国馆（图3.27）的建筑空间布局，都是以一个庭院空间为核心，参观者都经过这个核心空间或围绕这个核心空间通向各个展室或其他建筑。西雅图美国馆的设计为了创造活跃气氛，建筑采取自由错落的形式，并把中心庭院处理成有层次的水庭，设计构思别致、有趣。

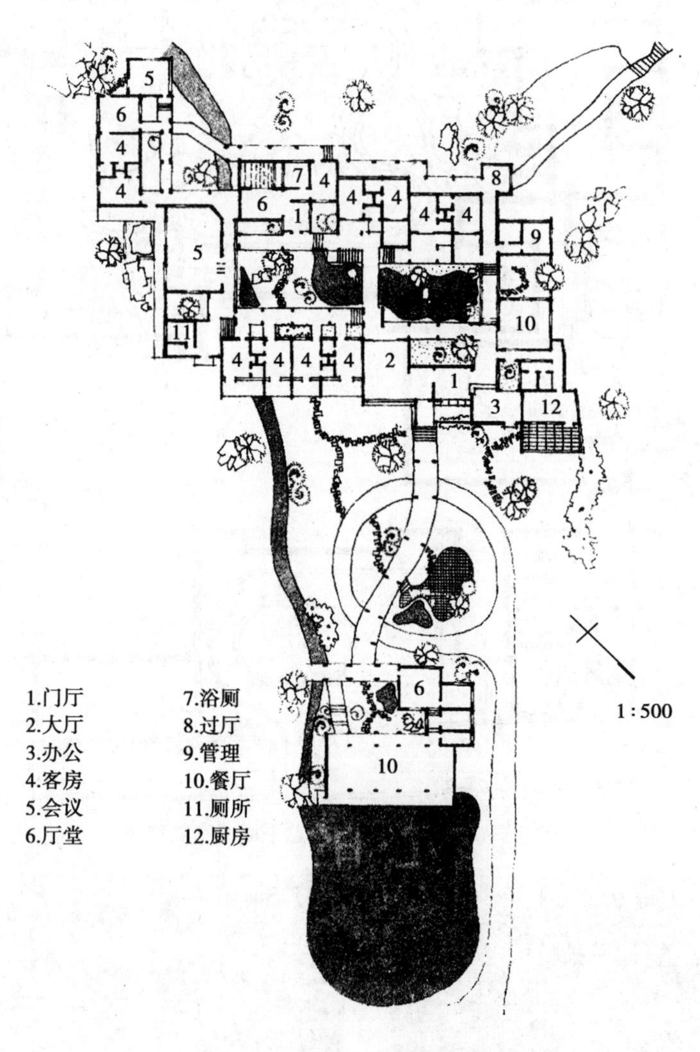

图3.23　广州白云山庄平面图

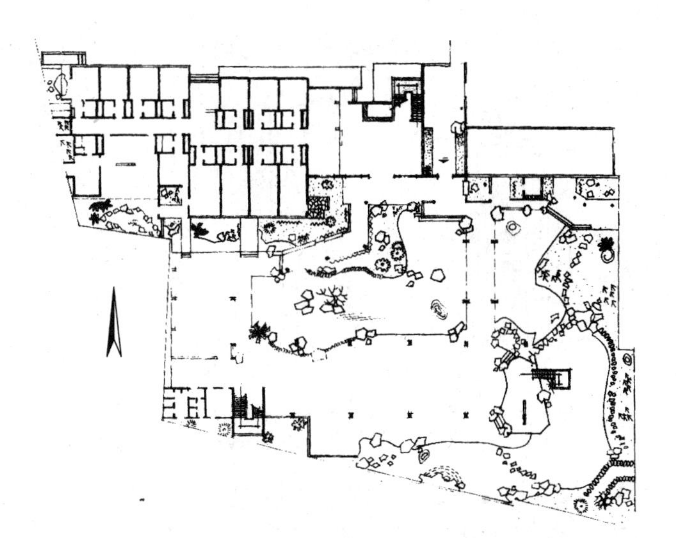

图 3.24 广州矿泉客舍

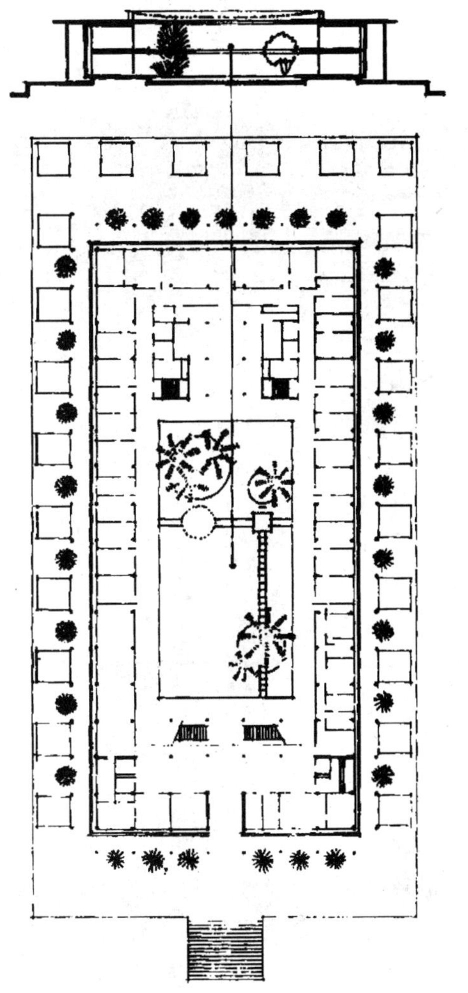

图 3.25 印度新德里美国驻印度大使馆

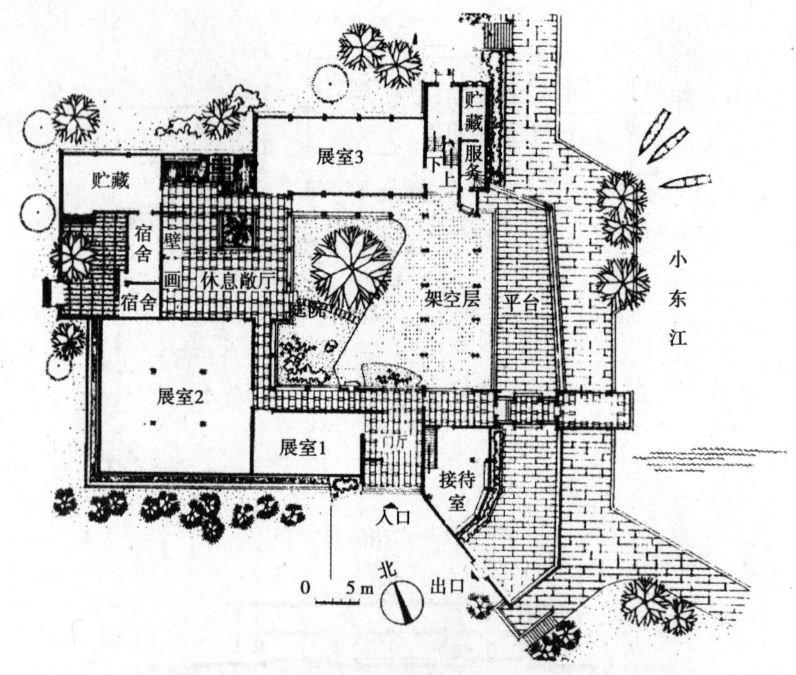

图 3.26 桂林花桥展览馆

图 3.27 美国西雅图 21 世纪世界博览会美国科技馆

(3)“抽空”的设计构思　在现代建筑实现工业化生产和设计标准化、系列化以后，在建筑设计上常常出现成片的建筑布局。这种建筑物整齐划一，但稍欠活泼。为了克服成片建筑空间的单调感，为满足设计中局部处理的灵活性以及采光通风等技术要求，常采用抽空建筑中的局部空间，以形成庭院空间，如美国密歇根州的欧普强公司(图3.28)就是这种设计构思的典型。某些地下建筑部分，如图3.29所示美国耶鲁大学珍本图书馆，为了要取得庭院空间，以调节建筑环境和创造安静的室外环境，也采用“抽空”的设计构思，从而形成了独特的耐人寻味的“共享庭院”。

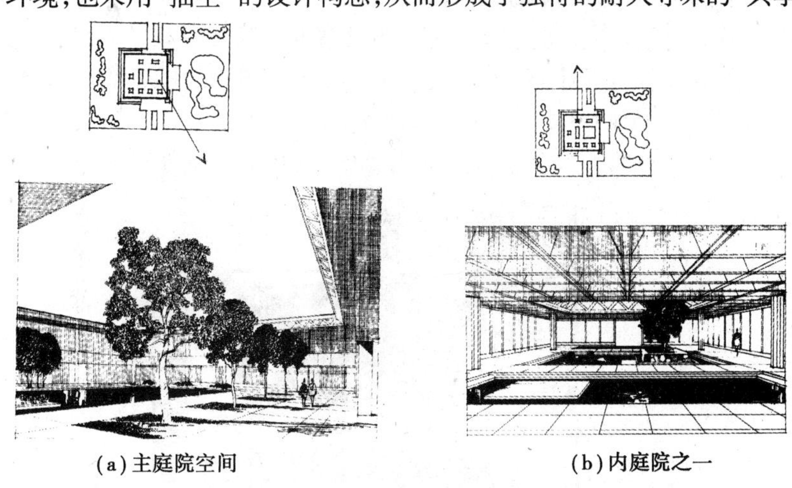

(a)主庭院空间　　(b)内庭院之一

图3.28　美国密歇根州欧普强公司

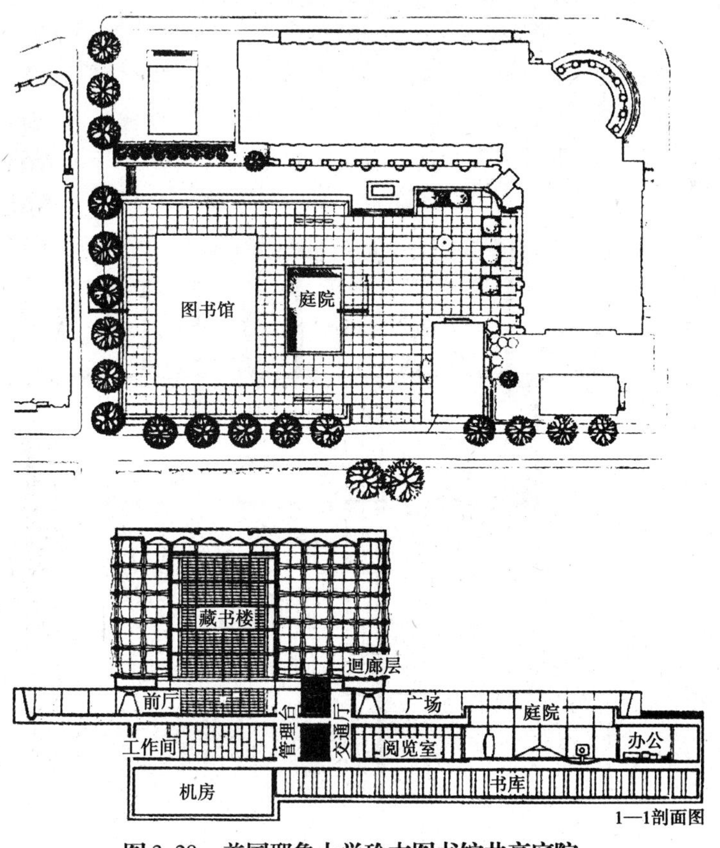

图3.29　美国耶鲁大学珍本图书馆共享庭院

(4)“围合”的设计构思　围合而成庭院空间,是构成庭院空间最基本的设计构思。这种庭院空间并不作为枢纽空间,也不作为主要人流的分配空间,而常常作为观赏之用的空间,使之对室内空间起到补充和调剂的作用。

围合的设计构思可以是开敞的,也可以是封闭的;可以是规则的,也可以是自然的。正如我国明代计成的园林名著《园冶》中所说:“如方如圆,似偏似曲。”形态千变万化,样式不拘一格。

常用的“围合”设计构思有以下几种:

①封闭的围合:这种设计构思是指庭院空间四周均为建筑物或其他建筑实体围合而成。这种庭院空间主要作为静态观赏之用,如天津大学外国专家楼中庭(图3.30)。另一种是兼具动态和静态观赏之用,并兼具空间联系和人流交通分配作用的庭院空间,如白云宾馆大厅与餐厅之间的内庭(图3.31)、青岛理工大学建筑馆的生态内庭(图3.32)等建筑庭院空间。

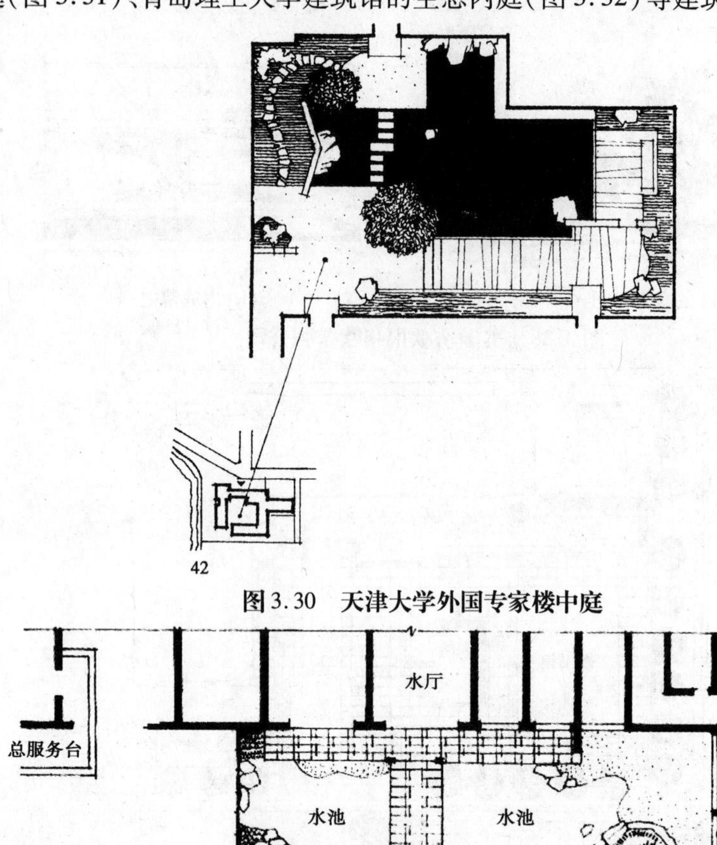

图3.30　天津大学外国专家楼中庭

图3.31　广州白云宾馆大厅与餐厅围合的内庭平面图

图3.32 青岛理工大学建筑馆内庭

②通透的围合：这也是一种常用的“围合”设计构思。这样围合而成的庭院空间，开敞、畅快、活泼、具有流动感。如一般建筑中常用的三合院形式，或在围合的一侧或两侧，采用支柱层、空廊、门洞、空花墙、矮墙，或用绿化、山石等手法围成的四合院，使在庭院空间中的观赏者的视觉有延伸和超越的可能，使人感到这种庭院空间围而不闭、轻松自由，既使观赏者有稳定的拥有感，又使观赏者有捉摸不定之意；既可使观赏者能看到咫尺近景，又可使观赏者借看远处景色。如同济大学教工俱乐部的三合院（图3.33），桂林榕湖饭店四号楼内庭（图3.34）等。以上采用这种设计构思的庭院空间都取得了很好的空间艺术效果。

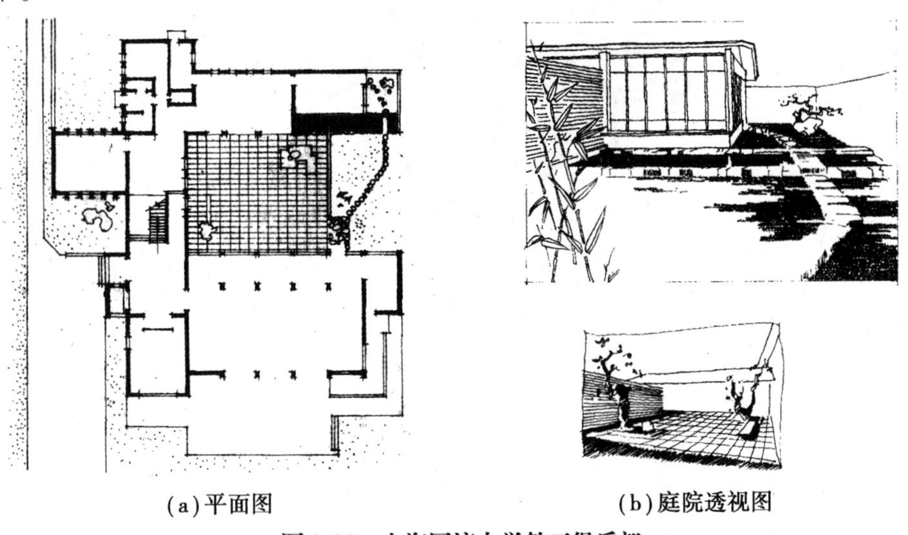

(a)平面图 (b)庭院透视图

图3.33 上海同济大学教工俱乐部

③松散的围合：这种“围合”的设计构思，似围非围、似闭非闭。庭院空间四周的建筑物和其他建筑实体呈松散状态和不规则状态，如图3.35所示，1958年布鲁塞尔世界博览会联邦德

国馆的建筑布局，它由几个类似的展馆，根据展线和人流的组织，采用不规则的松散的手法围合了一个与建筑风格相协调、与地段环境相配合的庭院空间，气氛轻松。又如这个博览会的瑞士馆（图3.36），以六角形的展厅为母体并由廊子松散地围合一个以水池为中心的庭院空间，明快宜人。

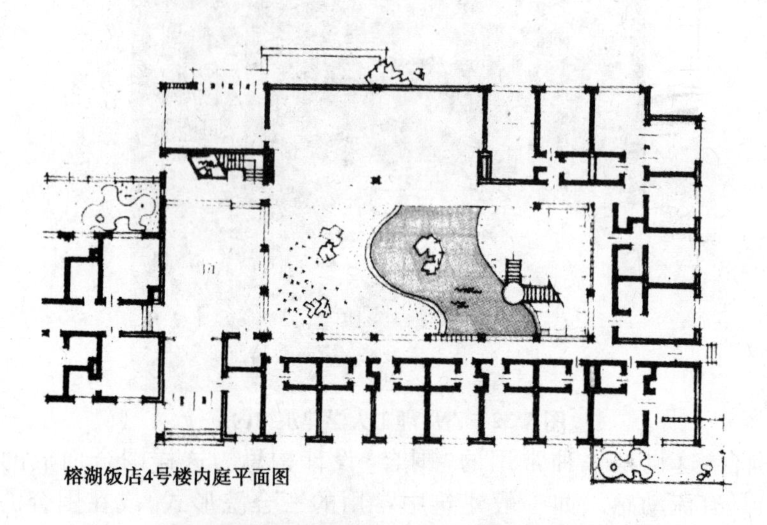

榕湖饭店4号楼内庭平面图

图3.34　桂林榕湖饭店4号楼内庭

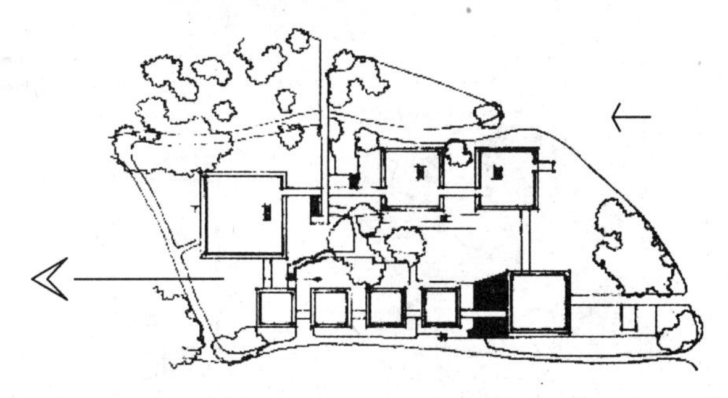

图3.35 布鲁塞尔1958年世界博览会前联邦德国馆庭院空间

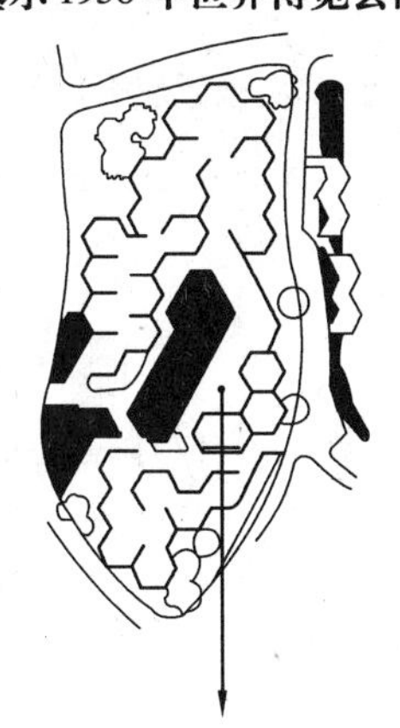

图3.36 布鲁塞尔1958年世界博览会瑞士馆庭院空间

有的建筑采取使建筑只呈两个面的犄角之势，然后与庭院中的环境景物组合成一种松散的围合。这种围合只是一种意境的围合，这样的庭院空间不拘一格，气氛洒脱。如日本精雅饭店的入口前庭（图3.37）、日本茨城县历史博物馆的侧庭（图3.38）、广州白云宾馆餐厅前庭院空间（图3.39），都运用了这种意境的围合手法。还有一种松散的围合手法，就是由两幢建筑互为犄角之势，围合而成庭院空间。如图3.40所示，其中美国著名建筑师山琦实设计的美国韦恩州立大学麦格拉纪念会议中心，这个设计巧妙地分割了折尺形的庭院空间，于规则中见巧妙。

图3.37 日本精雅饭店入口前庭

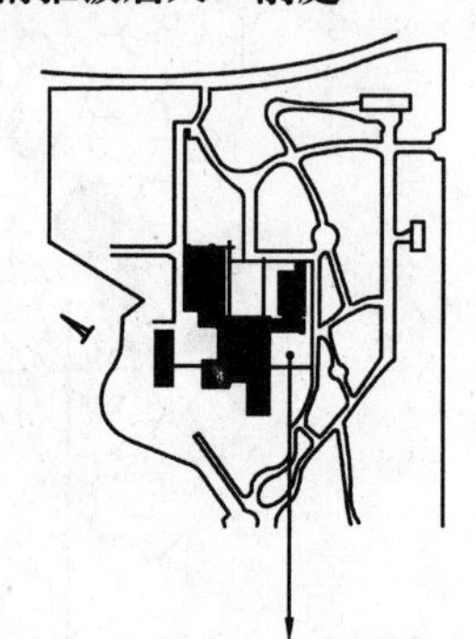

图3.38 日本茨城县历史博物馆侧庭

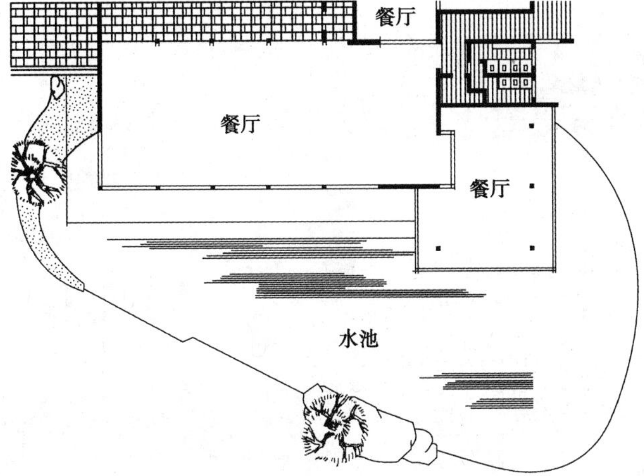

图3.39 广州白云宾馆餐厅前庭院空间

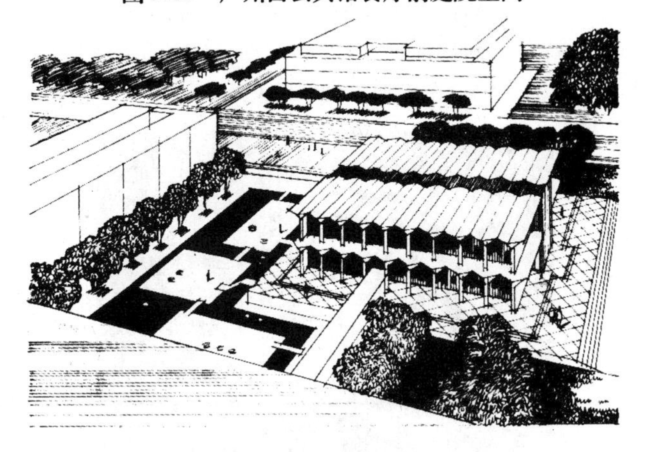

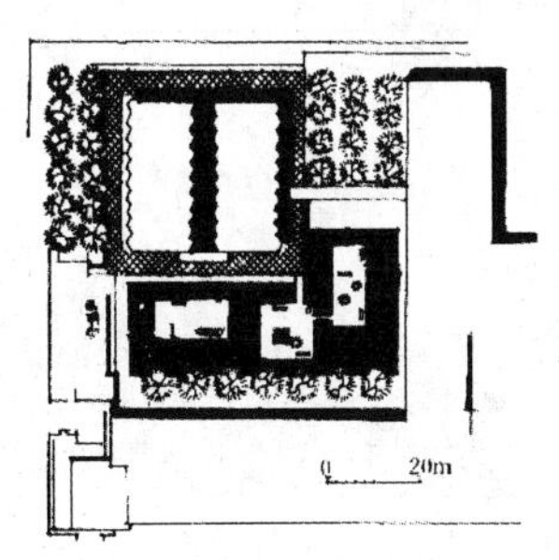

图3.40 美国韦恩州立大学麦格拉会议中心庭院空间

(5)"锲入"的设计构思　这种设计构思,就是把庭院空间与建筑更紧密地结合在一起,犹如锲入建筑之感,形成一种建筑之中有庭院,庭院之中有建筑的"复合空间"。如日本福岗银行入口的独特处理(图3.41)。就是把庭院空间锲入整个建筑的一角,建筑的主要入口在庭院空间之中,庭院空间是建筑的一个构成部分。"锲入"的设计构思还可以敞开建筑的底层或有关楼层的空间,使庭院空间延伸到建筑内部中来,或与内庭连成一体,如青岛理工大学建筑馆(图3.42)就是采用这种构思的手法,整个建筑内外通达,建筑空间与自然环境不受界限地交汇融合。

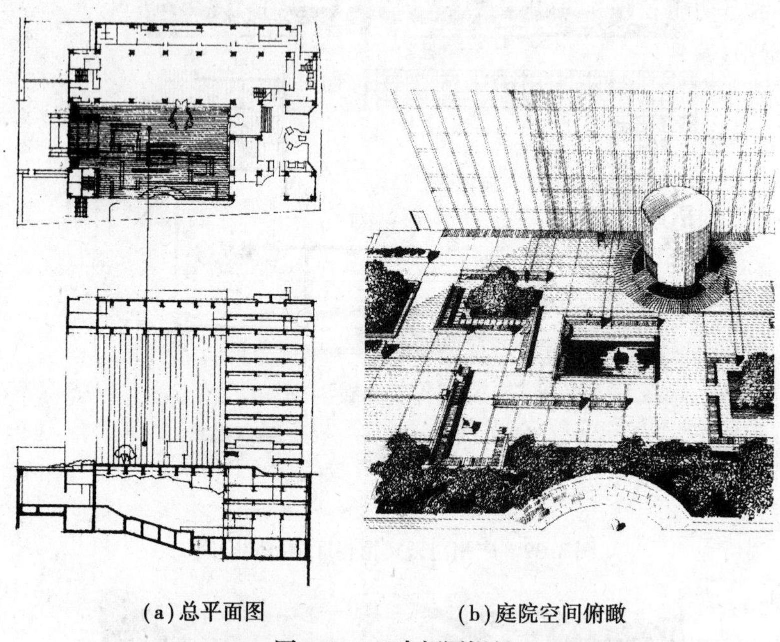

(a)总平面图　　(b)庭院空间俯瞰

图3.41　日本福冈银行

图3.42　青岛理工大学建筑馆

3)现代厂区庭院空间设计

(1)现代厂区庭院空间设计原则

①功能性原则:功能性是厂区建筑庭院空间设计中的重要原则。不同的厂区有各自不同的功能,依据厂区的需要设定不同的功能性。例如蛇口南海意库3号厂房改造方案,这个厂房被改造成了生态节能建筑,它的功能是生态功能和节能功能(图3.43)。

图3.43 蛇口南海意库3号厂房改造建筑

②特殊性原则:要体现厂区的特点与风格,充分体现庭院的整体效果。根据厂区的规模、行业特点,建筑物格局所处的环境,庭园使用的对象,布置的风格和意境等因素,表现出新时代的精神风貌,衬托出厂区的敞朗、整齐、宏伟,使厂容、厂貌格调高雅,面目鼎新,体现该厂区的独特风格。比如聊城市东阿县污水处理厂庭院环境设计,该设计的其中亮点之一就是可以展示污水净化处理的生态教育意义,让参观者了解污水处理的全过程——变害为利,恢复水之固有灵性,同时展示污水处理设备所呈现的独特工业景观。

③以人为本原则:体现以人为本,为人们提供必要的休憩、观赏场所,这是每一个厂区庭院设计最基本的原则。

④因地制宜原则:尊重厂区现状的特点,尊重场地的环境特质,充分利用当地特有的元素,运用保留、改造、再利用和再生的方法进行设计,做出适合于人的厂区庭院设计,为自然而设计。

(2)厂区庭院绿化设计　针对厂区不同功能区的特点,因地制宜,适地种树,尽量做到四季有景可赏。办公科研区强调简洁明快,比如雪松等,景观娱乐区要求靓丽清新,富有变化,水景区种些具有净化水体功能的植物,具有投资少、维护和运行费用低、管理简便、可改善和恢复生态环境、回收资源和能源以及收获经济植物等诸多优点。

(3)小品形态塑造　厂区庭院需要一个小品形态塑造,作为本厂区的形象标识。雕塑小品不仅起到标识作用,还有装饰作用,设计时应与整体环境有机结合,以便与环境融为一体、相得益彰。

3.3.3 现代建筑庭院空间的设计处理

通过设计构思所形成的各种形态的庭院空间,需要进行处理,从而使庭院空间获得意境、获得艺术感染力和观赏价值。现代建筑庭院空间的处理着重在4个方面:即空间的处理,人性化的处理,视觉的处理和境界的处理。这4个方面又互相补充、互相联系,成为一个统一的整体。

1)空间的处理

它包括庭院空间的形态和比例、空间的光影变化、空间的划分、空间的转折和隐现、空间的虚实、空间的渗透与层次、空间的序列等。处理的目的,在于使庭院空间的形态更加动人,更为宜人,使空间增添层次感和丰富感,使室内外空间增添融合的气氛以及为了达到某种特定的空间意图。在这些方面的处理上，我国有许多优秀的传统手法，如用建筑物围闭；用墙垣和建筑物围闭；借助山石环境和建筑物围闭等完成空间的围闭与隔断；可以利用空廊互为因借；利用景窗互为渗透；利用门洞互为引申等完成空间的渗透与延伸。这些手法在现代建筑中如运用恰当，可以收到很好的效果。如广州东方宾馆的庭院，把建筑的一侧做成支柱层，全部透空，使得由高层建筑围合的规则空间，气氛顿时显得活跃起来；又如白云山庄的内庭采取了随地形高低而使空间错落有致的手法，同样使长方形的围合空间看起来有一种素雅生动之感。矿泉客舍是通过一段带廊的过道庭院以后，再进入主要庭院空间，获得了先收后放、豁然开朗的空间效果。桂林榕湖饭店餐厅小院，是通过曲折的过道和透窗的暗示，先藏后露，形成引人入胜的空间意境。

空间序列的形成依院落不同而异。单院落庭院空间的层次和节奏感最简单、最基本，空间形式单一（图3.44）。如图中Ⅰ是自然空间，Ⅱ是庭院空间，Ⅲ是建筑内部空间。当人未踏入院门，是处于漫无边际的自然空间里，客观上是庭院空间的预备阶段，它可以用列树、花坛、广场之类的手段，使Ⅰ空间与Ⅱ空间发生某种联系。一旦从Ⅰ空间跨入院门，人们即被墙垣围成的庭院空间所吸引，如果院墙高度在60 cm以下时，自然空间与庭院空间的界限，在视觉上只是有所感觉，两者在空间上仍融为一体，将院墙增高到90 cm时，庭院空间的感觉就较明确，如果院墙高达160 cm以上，人的平视线完全在庭院的范围内，和自然空间基本"隔绝"，墙外的高杆乔木和天空景色，在眺望上成了庭院空间的扩大，这种感觉在人坐下来观赏时特别强烈。Ⅲ空间在庭院诱观作用下，使人从庭院空间自然转入建筑内部空间，实际成了Ⅱ空间之引申。通过这一图例分析，我们可以了解到，有效地利用庭院空间的处理，既可作出空间的序列，又能呈现空间的层次，从而演化出庭景的情趣：这种单院落庭院空间层次与景物序列在四合院或三合院的民居中不难找到。

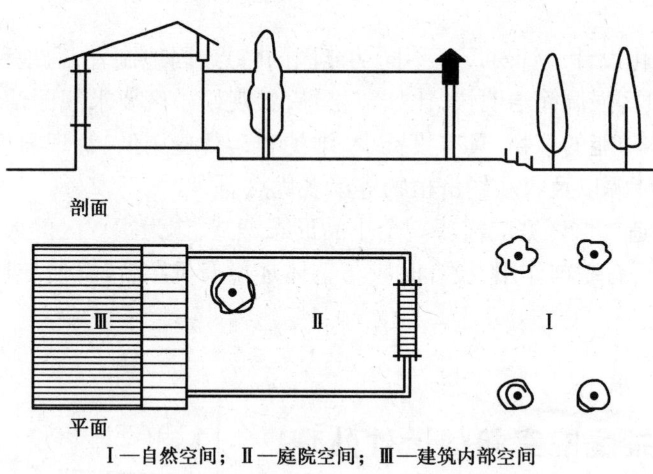

图3.44 单院落庭院空间的层次与序列

与单院落庭院相比，多院落庭院在空间组合上有无可比拟的优越性，提供了异常有利的空间层次和景物序列的演化条件。多院落庭院的空间组合，不只是在一个庭院空间里组景，而是在建筑空间的限定、穿插与联络的多种情况下，形成了景物不同、空间不同、景效不同的数个庭院空间，同时又把这些个性各异的庭景，有机地串成一个整体。多院落庭院不能把各个院落孤立地分别考虑，必须以整个庭院的布局作为各庭组景的依据，并按其不同的使用功能来配备各庭景物，构出在统一基调下的各自特色，使全院取得有主有次、有抑有扬、有动有静的安排，既可近赏静观，又能供人徘徊寻踏。这样，从一个庭院空间过渡到另一个庭院空间，景色各异，但一脉相承，呈现出极具韵律的丰富层次（图3.45）。

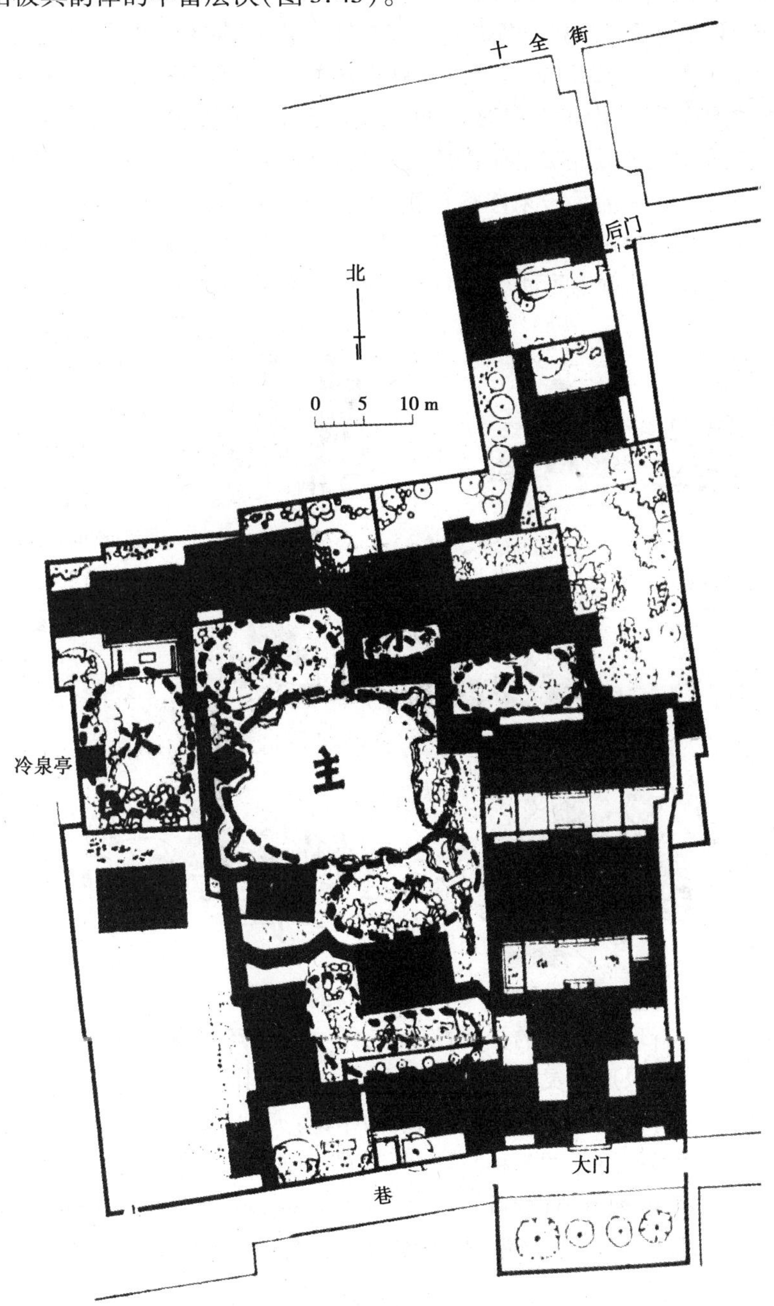

图3.45 网师园中多院落庭院空间组合

2）人性化的处理

主要建筑庭院空间中环境设施需要"人性化"的设计。因为从满足人的需求来看，建筑庭院空间设计不仅应满足人们的生理需求，更重要的是应满足人们的心理需求和社会需求。在人际关系日益淡漠的今天，建筑庭院空间应该给人们创造一个适宜的交往环境，一个人性化的环境。据研究，现代庭院空间中人们的行为主要有运动、散步、休憩3种，以憩为主。"小坐"可以看做是这种行为的最为重要的条件。作为一种自发性活动，它对周围的环境具有较高的要求。

首先，必须满足人体功能学设计的要求，需要考虑座位的尺度、材料、质感；其次，要满足人的心理需求，包括安全需求和交往需求。例如，人们就座时，往往选择人流无法穿过、有所依赖的座位。交往的需求表现为“交谈”以及“人看人”两种方式。两个或两个以上具有交谈愿望的人往往需要一定领域感的空间交流信息，L形、多凹形或凹凸两边形的座位设置可满足他们的需要。人在获得安全感的同时也需要一定的刺激度，这是形成“人看人”这种行为模式的理论依据。人们可以通过这种视觉交流的手段来体验自我表现存在和价值。所以在人来人往的场所边缘设置座椅可以为这种行为提供较好的观察点，人们从中获得大量的信息和愉快的体验。总结一下就是坐有其位，坐有所依，坐有所视，坐有所安（图3.46）。

图3.46 人对座位的选择

此外还可以适量进行环境设施的灵活性设计，即一部分环境设施可以采用不固定的方式设置，如花钵、坐凳、阳伞等，以形成灵活多变的组合，适应不同的天气、气候和场合的需要。在德国，人们对32个城市进行了比较研究，得出如下的结论：人们喜欢灵活可变的环境，而不喜欢由固定的不能变动的设计元素组成的各种空间，因其难以适应人们的不同爱好和需要，无形中限制了人们的活动。总之，这种灵活性设计可以使人们根据各自的需要形成不同的组合方式，获得参与环境创造的满足感，使得庭院建筑空间更加人性化。

3）视觉处理

视觉处理也是庭院空间处理的重要方面，一般来说每个庭院空间（尤其是以观赏为主的庭院空间），都应该组织视觉中心，也就是所谓的“组景”，“组景”可以是一个视觉中心，也可以一主一辅，两个视觉中心。在我国传统庭院中常常以山石、泉水、盆景、花木（如岁寒三友——松竹梅）、引壁题剑等艺术手段作为视觉中心。苏东坡的名句“宁使食无肉，不可居无竹，无肉令人瘦，无竹令人俗”，就是说到庭院中要栽竹为伴方为高雅，把竹处理成视觉的中心。在尺度较大的庭院中，还常建亭子作为视觉中心，这些传统处理手法，在我国现代建筑的庭院空间中，也得到了进一步的运用和发展，为我国现代建筑庭院空间增添了独特的民族文化色彩与魅力。

(1)石景　现代建筑庭院空间的石景、山石,不能直接搬用传统的叠石手法、传统的“透、瘦、漏、皱、丑”的山石审美标准,而更应该赋以时代的特征。形态宜整体,不宜琐碎,如广州的白云宾馆、东方宾馆和北京香山饭店的山石处理,尺度合宜,体态得当,给人以一种富有时代特点的美感。当布置群石时,仍如《园冶》中所说“最忌居中,更宜散漫”,并要注意置石的韵律感(图3.47～图3.50)。

图3.47　石景之一

图3.48　石景之二

图3.49　石景之三

图3.50　石景之四

(2)池水　以山泉、池水山庭院空间的视觉中心,也是我国的传统手法之一,在现代建筑庭院空间中常被采用。水是自然界中与人关系最密切的物质之一,水可以引起人们美好的情感,水可以“净心”,水声可以悦耳,水又具有流动不定的形态,水可形成倒影,与实物虚实并存,扣人心弦,这些特有的美感要素,使中外古今很多庭院空间都以水为中心,而取得了完美的观赏效果。水在庭院空间中首先要有一定的形态,中国传统园林艺术中称之为“理水”,在我国现代建筑中大都运用了传统手法,水的处理采取了自然形态,即使水面的形态趋于自然,少用或不用规则直线。池岸有的围以山石,或有的围以卵石,有的用混凝土做成树桥形式或混凝土曲线岸边,等等。池岸的处理属于境界的处理,境界的处理过于琐碎就与建筑不相协调,所以在现代建筑中又常以光洁的池岸为主,西方现代建筑多采用直线池岸,以取得和建筑相协调的效果。

水景的处理离不开山石,山石因水而生动,所谓“山得水而活”,水中立石更宜散漫,而且石形要整,或兀然挺立,或与水相亲,不宜形成堆砌之感。水是有声有色的,要善于利用水的声和色,加强水景的观赏效果,如可用人造泉水点缀石上,造成水的流淌。以池水作为庭院空间的视觉中心,是很吸引人的,所以要进一步考虑到便于人与水的接近,造成一种人与水面的亲和之感,满足人们的亲水天性。一种手法是将庭院空间中主要静态观赏点的有关建筑,廊子、平台等挑出水面,或伸入水面,或飘浮于水面之上,如香山饭店流华池中的曲水流畅平台、苏州饭店餐厅与水面的关系,广州东方宾馆观赏平台与水面的关系,都使人有置身水上,轻快惬意之感。美国韦恩州立大学麦格拉纪念会议中心水庭上的平台处理立意新颖,并与建筑取得了很好的协调效果,还有一种手法,就是让人能涉水而过,在水面上做桥或汀步,桥与汀步都要平整,接近水面,而且曲折多姿;西方现代建筑中还常于水中置抽象雕塑,或其他建筑小品、喷泉等,手法多样,值得借鉴(图3.51~图3.55)。

图3.51 水与雕塑喷泉

图3.52 某居住区庭院水空间处理

图3.53 平台与水面

图3.54 曲桥与水面

(3)景墙 视觉中心的处理还可集中于墙面之上,并使墙面与主要观赏点形成对景关系。墙面是庭院空间中的主要境界面,把视觉中心集中在墙面上也容易取得突出的效果,在空间尺度较小的情况下,是一种常用的处理手法。墙面上的视觉中心可以是雕塑,可以是镶嵌艺术,也可以是泉壁,等等。为了扩大庭院的空间感,渲染墙面视觉中心的艺术效果,还常常在临墙一侧置以池水。景墙的处理,如广州白云山庄的三叠泉、青岛理工大学建筑馆中庭的建筑之门浮雕都是比较成功的实例(图3.56、图3.57)。

图3.55 汀步与水面

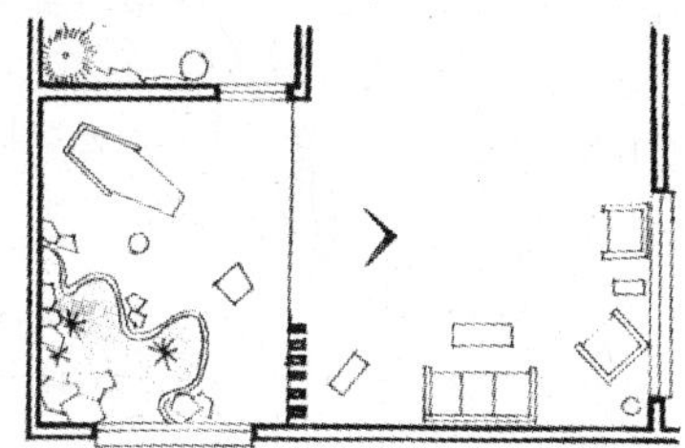

图3.56 广州白云山庄 带玻璃庭院的“三叠泉”壁

图3.57 青岛理工大学建筑馆中庭

4)境界的处理

室内空间都需要有地面境界、顶面境界和三维的垂直境界面构成，而室外庭院空间只需要地面境界和其他两维垂直境界面即可构成，但不同设计构思的庭院空间其垂直境界面的多少又有所不同。这里所讲的境界处理,其一就是要对地面和构成庭院空间的其他垂直境界实体进行处理。其二是要对庭院空间中各不同境界实体之间的交接关系进行处理。如前面所说的将视觉中心集中处理于墙面之上的手法,也是境界处理的一种。在这种情况下,其他建筑实体或墙面要尽可能处理得简洁统一,以便突出主题墙面,加强视觉中心的形成。如果视觉中心处理在庭院空间之中,则四周建筑实体或绿化树木都应该处理成为该视觉中心的背景为好。在我国传统手法中,还常在庭院空间的死角处置景,以减弱空间境界面所形成的死角的单调感。同时,在墙面与地面交界处也常作置石等处理,以消除交角的生硬,这些手法在现代建筑庭院空间的处理中常被采用。境界的处理还可以达到室内外交融的效果,如室内的墙面延伸到室外,室外的地面,室外的花池、水池等建筑小品伸进室内等手法。

境界的处理还包括庭院空间中各部分的交接处理,如绿化(主要指草坪)与铺面的交接、水面与铺面的交接,这些交接部位的处理和这些不同境界之间的视觉关系、视觉效果,直接影响到庭院空间的观赏价值。好的境界处理的原则应该是:

①境界面宜少不宜多,宜简不宜繁,尤其是在小空间的庭院中更是如此。

②境界面宜纯不宜杂。纯则自然、清雅、朴实大方;杂则做作、混乱、庸俗不堪。

③境界面要有对比效果。恰当的对比才能出现良好的效果。

④境界交接要保持境界面的完整,不宜在交接处增加其他境界物。

如图3.58所示的美国芝加哥大学艺术中心的内庭,全部是草坪,上置抽象雕塑一二,大树遮阳,气氛极为自然、清雅。图3.59所示芝加哥伊利诺大学戏剧系内院则全部是一色铺面处理,配以具有对比效果的休息坐凳,朴实大方。1958年布鲁塞尔世界博览会联邦德国馆(图3.60)庭院中休憩中心的处理,对比效果也运用得很好,圆形明净的涌泉盘,放在粗卵石的衬底上,然后又与庭院铺面作不规则的交接,手法清新、别致。香山饭店的庭院也很注意境界质感的对比,如图3.61所示,散置之石与圆形平台从构图和视觉上都取得很好的效果。在以铺面为主的庭院中,其铺面的处理同样具有观赏价值,还要考虑到铺面的图案美,还要考虑到俯瞰时的视觉效果。有的地面处理还可以加强建筑空间的相互关系和表现环境特点。美国康州人寿保险公司办公楼,外部庭院的地面处理,结合休息点的布置和绿化,整个铺面具有统一的抽象的图案美(图3.62)。日本琦玉文化厅的地面,结合圆形花坛的特点使整片的铺面不失单调(图3.63、图3.64)。在规则铺面处理上,还可以把草坪或其他不同质感的材料作为铺面分块的交接处理。

图3.58　美国芝加哥大学艺术中心庭院

图3.59　美国芝加哥伊利诺戏剧系内院俯瞰

图 3.60 布鲁塞尔 1958 年世界博览会前联邦德国馆庭院休憩中心的处理

图 3.61 香山饭店“路台观景”处散石与平台的处理

图 3.62 美国康州人寿保险公司办公楼庭院地面处理

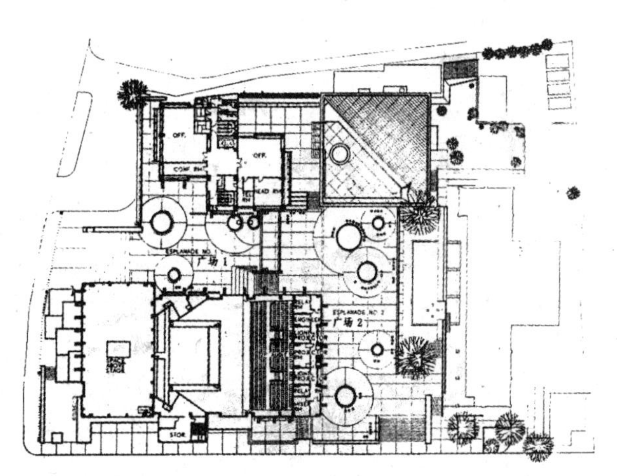

图 3.63 日本琦玉文化厅的庭院处理

图 3.64 日本琦玉文化厅的庭院景观

庭院空间的处理手法,应该是多样化的,不能固守一格;对于传统手法的运用,应该是灵活的、发展的、创新的。要把建筑庭院空间与建筑空间看成一个整体进行设计,构成适宜的空间形态,为人们创造优美宜人、风格多样的优美环境。

思考练习

1. 传统建筑庭院空间的围合形式有哪些方法?
2. 现代建筑庭院空间的设计构思有哪几种情况?
3. 境界处理的原则是什么?

4 园林建筑的单体设计

[教学要求]

■了解园林建筑单体的类型和概念，熟悉不同建筑单体的构造方法及功能；
■掌握不同类型园林建筑单体设计的方法；
■学会宏观思维模式和以人为本的思想在园林建筑单体设计中的处理手法。

[知识要点]

■游憩类建筑单体的类型及不同类型的概念、构造方法和功能；
■服务类建筑单体和公共设施类建筑单体的类型及各类型的概念和设计方法。

4.1 游憩类建筑设计

4.1.1 亭

1)亭的含义

亭体量小巧、结构简单、造型别致，选址极为灵活，几乎处处可用，所谓“亭安开式，基立无凭”(《园冶》)，所以它是园林建筑中运用最为广泛的类型之一，是园林建筑中最基本的建筑单元，是供游人游览、休息、赏景的建筑，并且还可成为园中一景供游人欣赏，一般用柱来支撑，四面多开放，空间流动，内外交融，较为通透。

2)亭的分类

(1)传统型　传统亭分类，因分类标准不同而异。

①若从平面形式分，有几何形亭、仿生形亭、半亭、双亭、组合式亭(图4.1)。

②从屋顶形式分，亭就屋檐分有单檐亭、重檐亭、三重檐亭等；就亭顶而言，有硬山顶亭、悬山顶亭、盝顶亭、盔顶亭及圆顶亭、平顶亭等(图4.2)。

③从位置的不同分，有山亭、半山亭、桥亭、在廊间的廊亭、沿水亭、靠墙的半亭、于路中的路亭、于花间的花亭等(图4.3)。

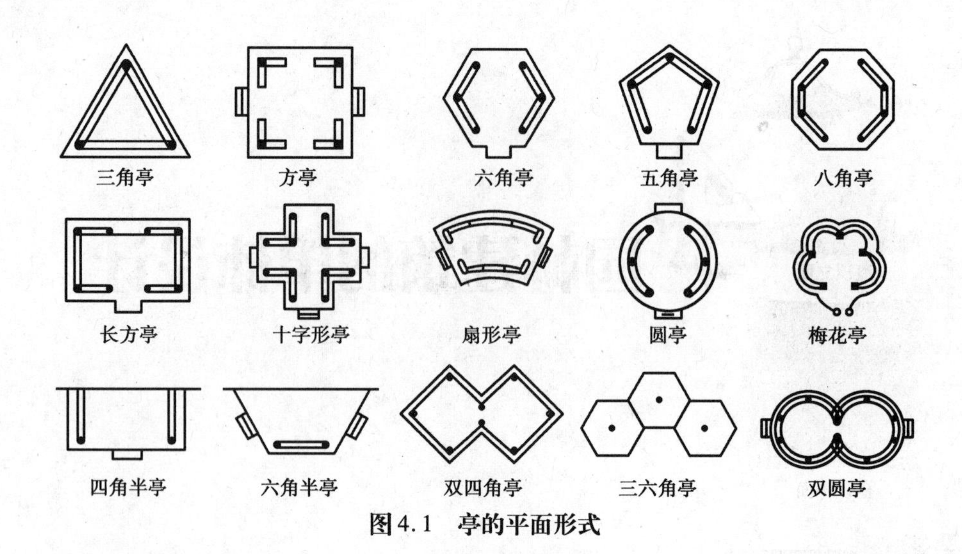
三角亭
方亭
六角亭
五角亭
八角亭
长方亭
十字形亭
扇形亭
圆亭
梅花亭
四角半亭
六角半亭
双四角亭
三六角亭
双圆亭

图4.1 亭的平面形式

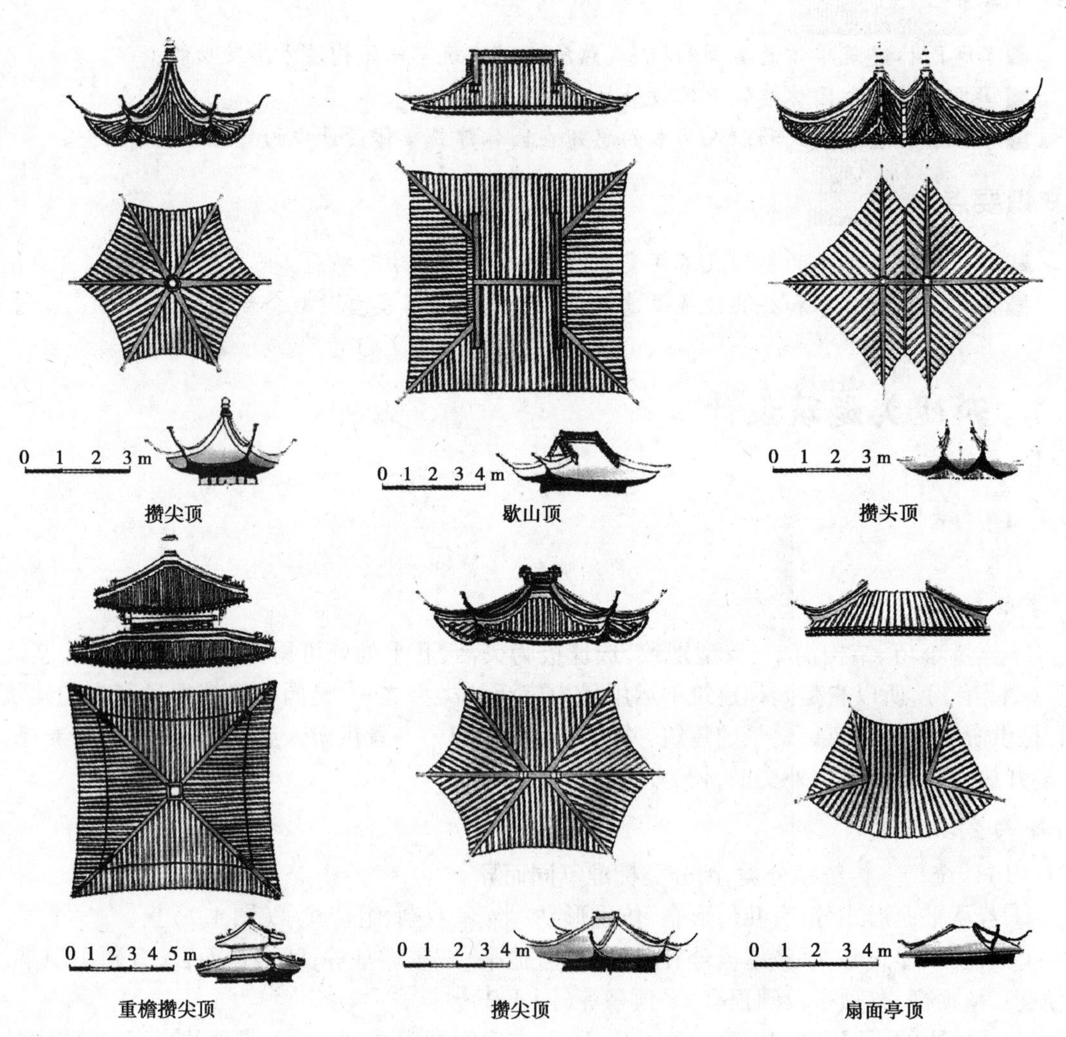
0 1 2 3m
攒尖顶
0 1 2 3 4m
歇山顶
0 1 2 3m
攒头顶
0 1 2 3 4 5m
重檐攒尖顶
0 1 2 3 4m
攒尖顶
0 1 2 3 4m
扇面亭顶

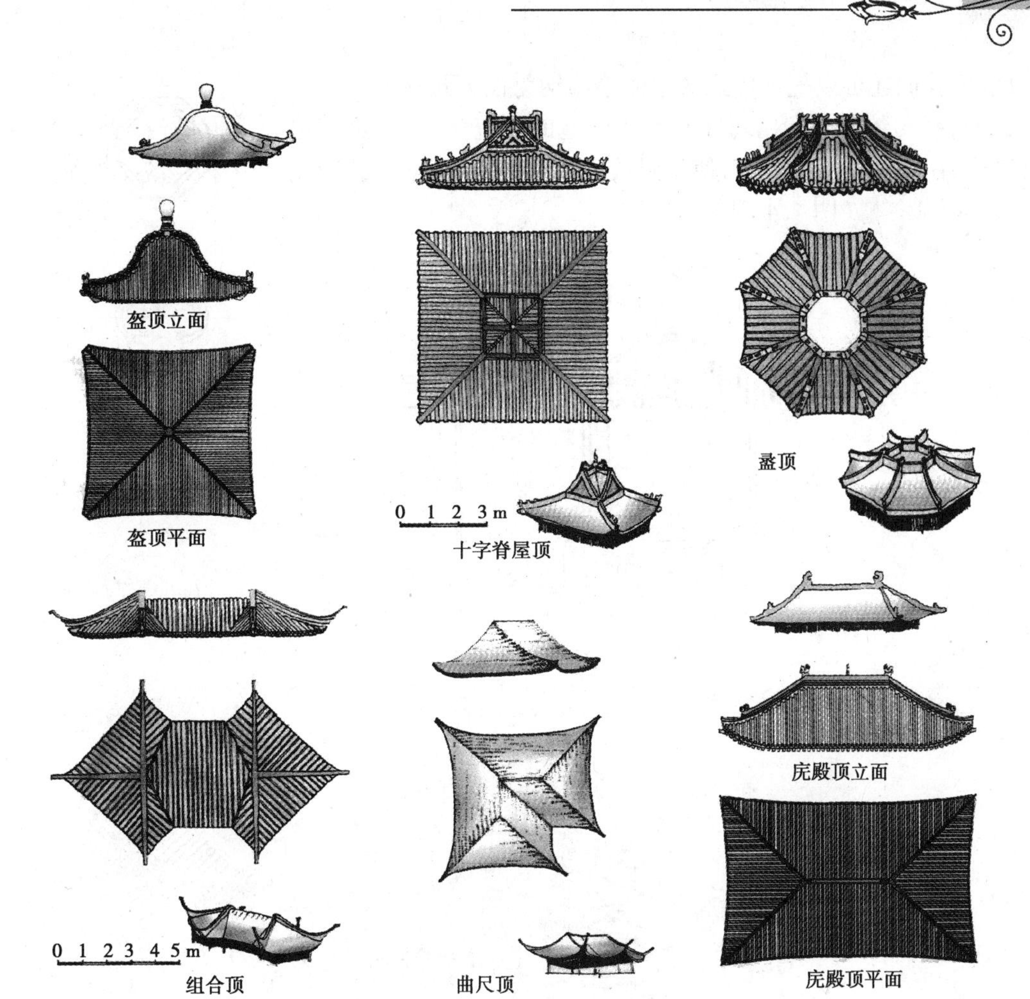

图4.2 亭顶类型

图4.3 亭顶按位置分类

此外,我们还可以把现代园林中的亭归纳为以下几种:

(2)现代传统型　即用现代的手法创造的传统亭,在比例和形式上模仿传统亭,在结构上进行简化,在细部上进行创新,使用新技术、新材料,所以现代传统亭是一种传统亭的继承,同时又显露出时代气息(图 4.4 ~ 图 4.10)。

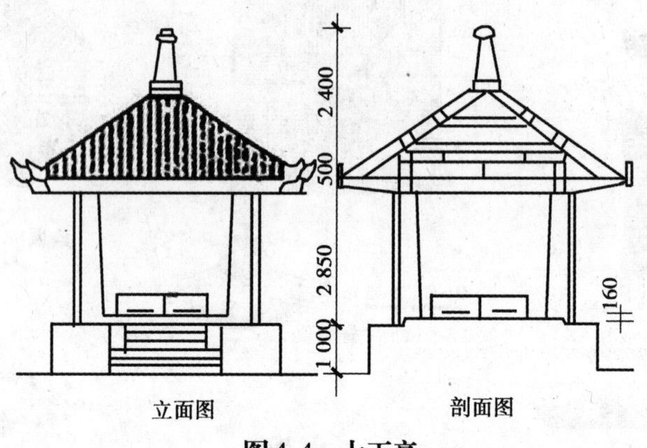

图 4.4　大王亭

图 4.5　民国亭

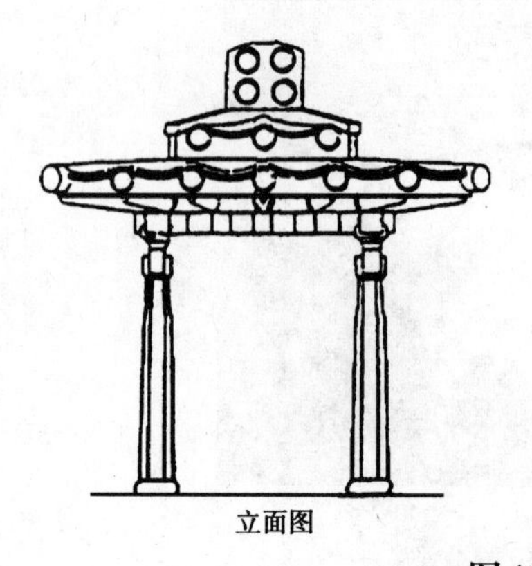

图 4.6　晋式亭

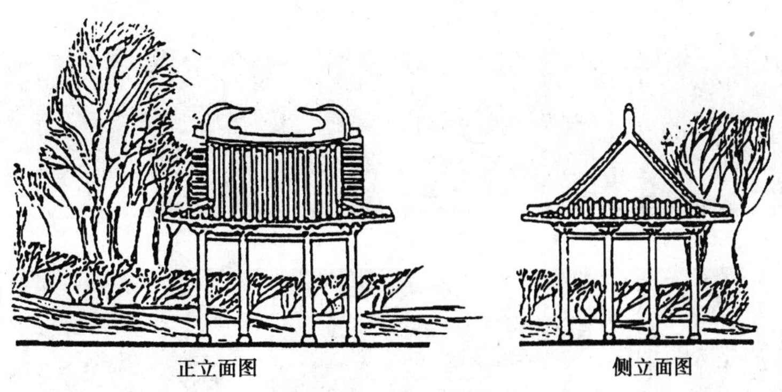

图4.7 三国式亭

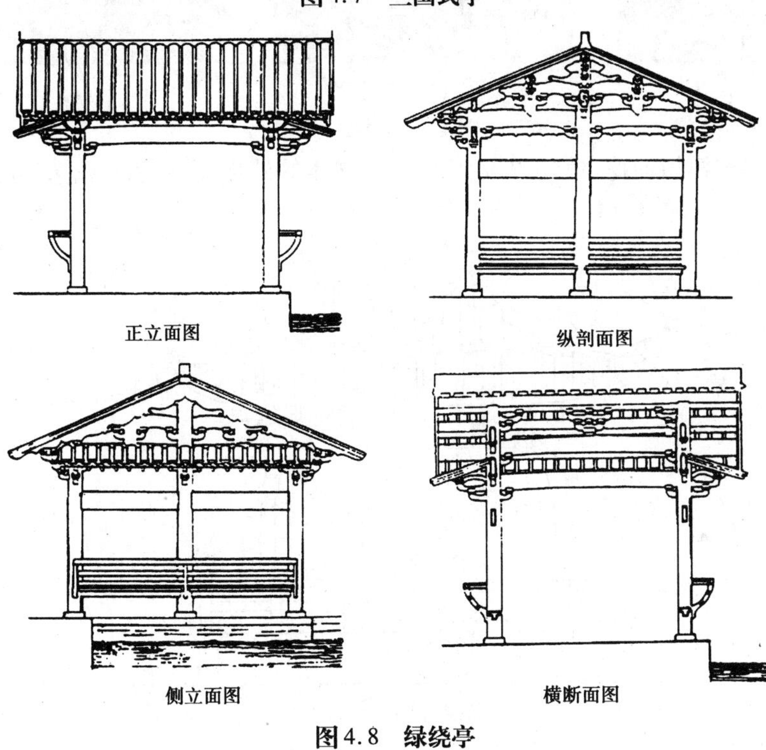

图4.8 绿绕亭

图4.9 楚王亭

图 4.10 各式亭

(3)仿生型 即模拟动物、植物以及其他自然物体的外形而建造的亭，如野菌亭、贝壳亭、牵牛花亭等(图 4.11 ~ 图 4.14)。

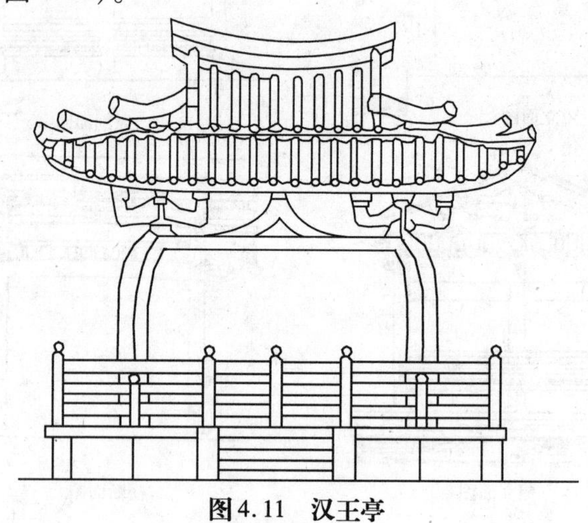

图 4.11 汉王亭

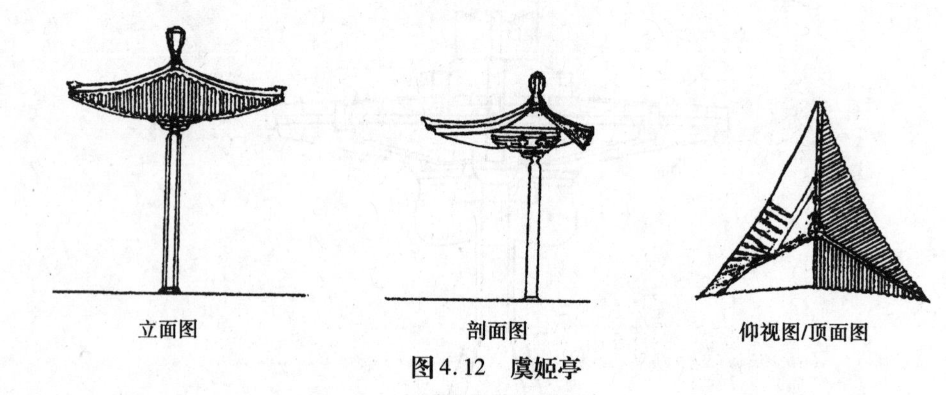

图 4.12 虞姬亭

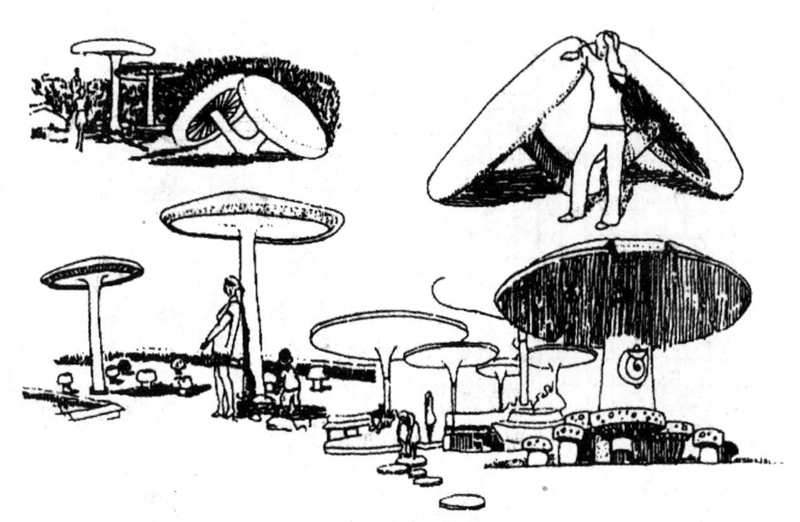

图4.13 野菌亭

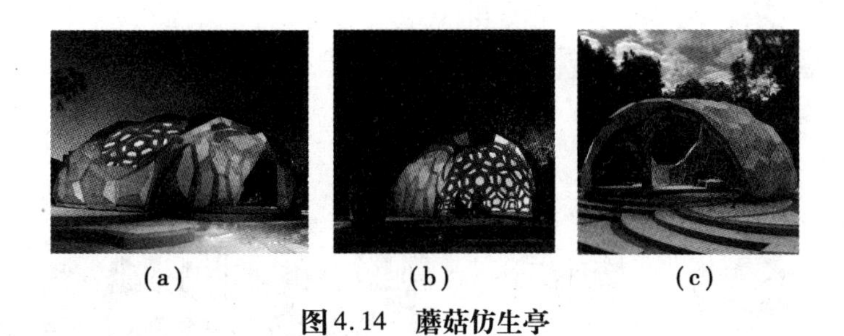

(a) (b) (c)

图4.14 蘑菇仿生亭

(4)生态型 即根据具体生态环境、采用可循环利用或可再生材料(如金属、玻璃等),抑或是采用对生态环境没有破坏的技术和材料(如茅草、竹子等)建造的亭,其不仅符合环保要求,而且在形象、质感上易与自然环境协调(图4.15~图4.17)。

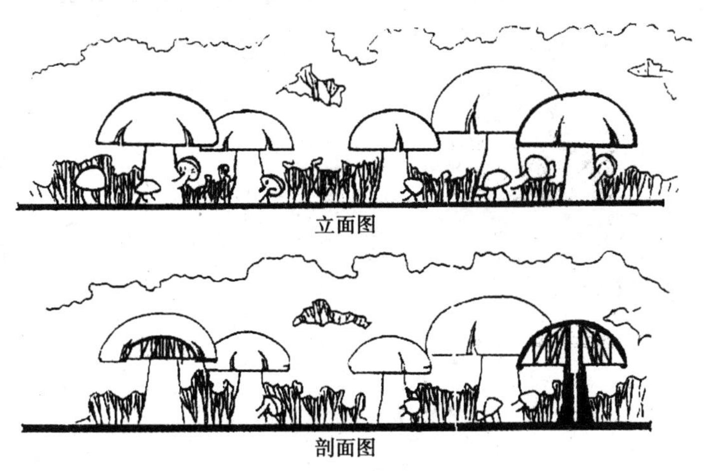

图4.15 蘑菇亭

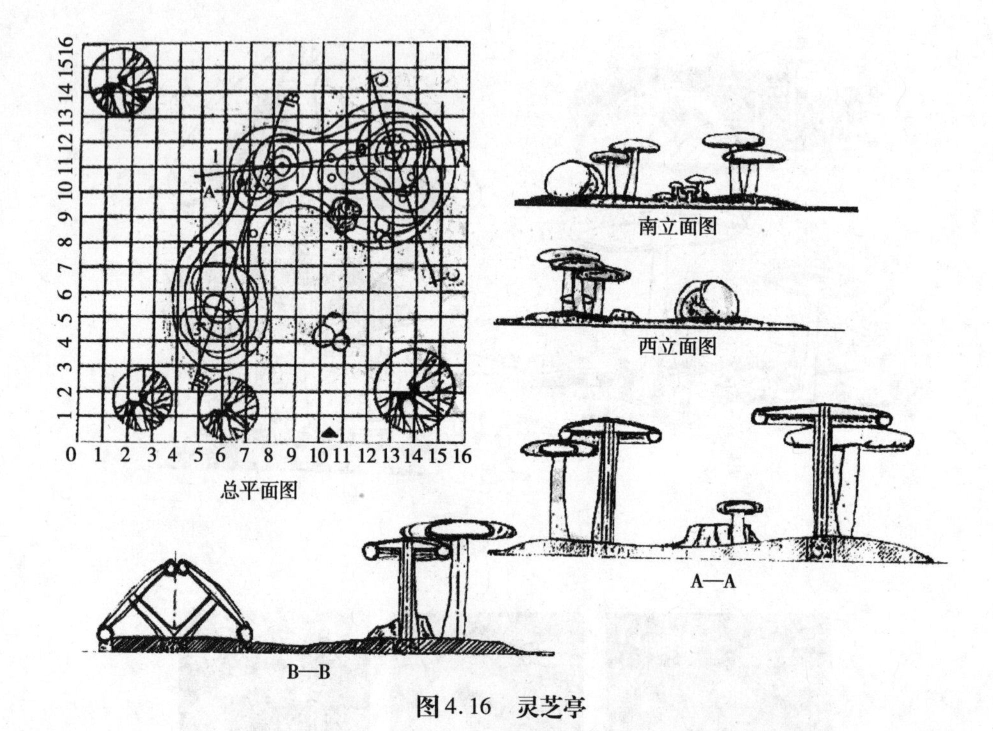

图4.16 灵芝亭

图4.17 牵牛花亭(1)

(5)解构组合型 指用结构的手法将亭的构成元素重新组合,并进行变构而形成的新亭(图4.18～图4.22)。

图4.18　牵牛花亭(2)

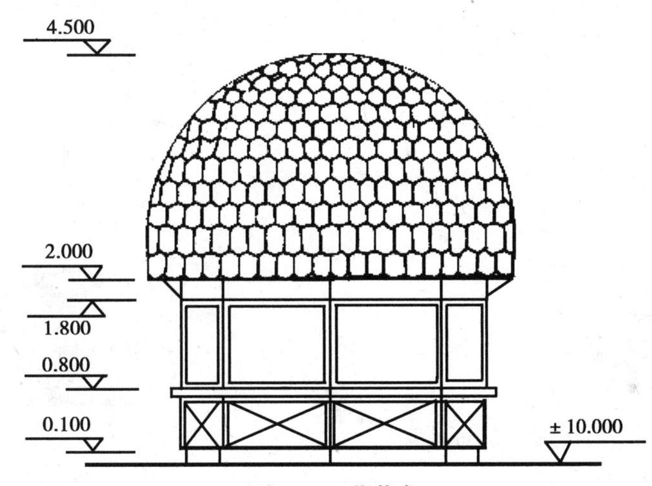

图4.19　菠萝亭

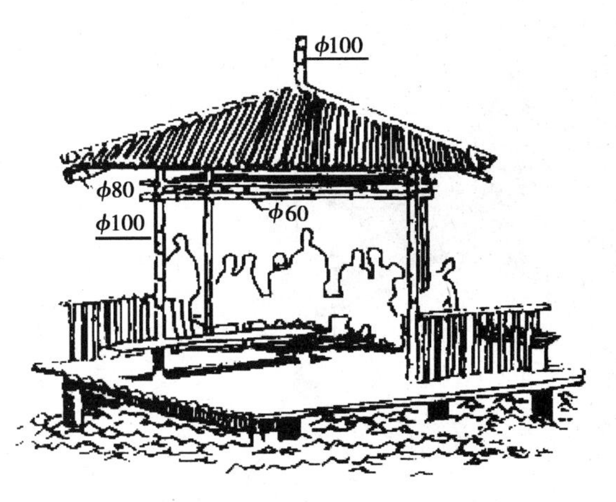

图4.20　竹亭(1)

图4.21　竹亭(2)

(a)

(b)

图4.22 生态亭

(6)图腾型　指通过亭的造型来表达图腾和历史文脉,如帽子在原始社会中作为部落图腾出现,故不同形式的帽亭具有文化象征意义和地域文化识别性(图4.23、图4.24)。

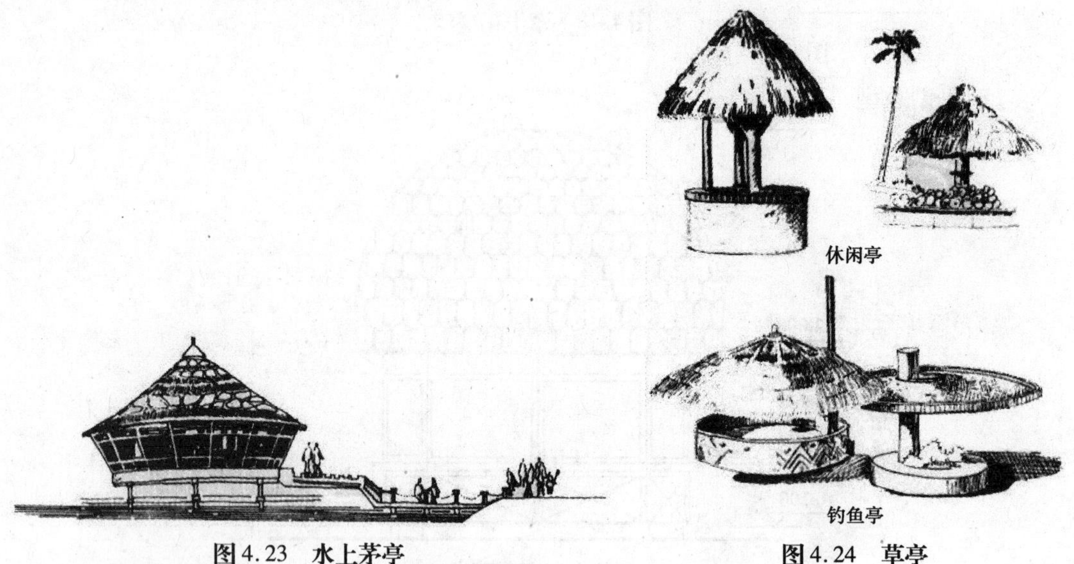

图4.23 水上茅亭　　**图4.24 草亭**

(7)虚实相生型　指具有亭的外部轮廓但不一定是亭,以虚代实,它可以是漏窗,也可以是门洞,也可以仅是亭的一部分(图4.25～图4.27)。

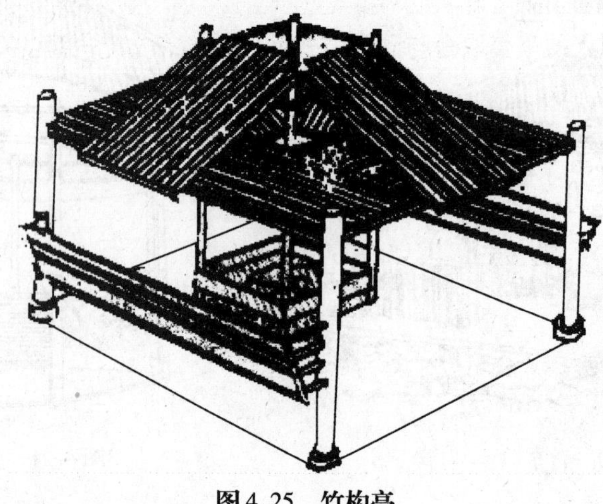

图4.25 竹构亭

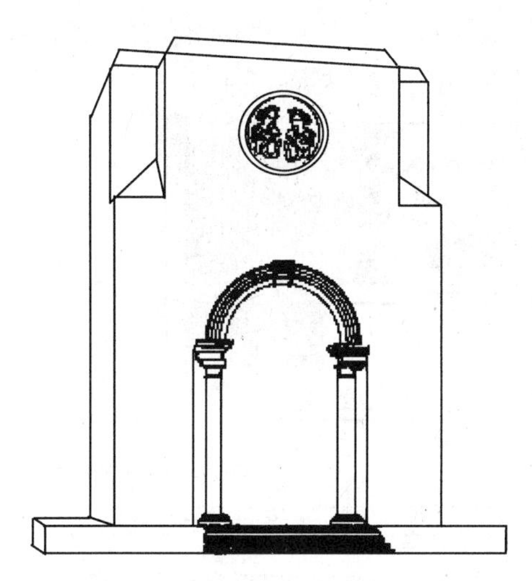

图4.26 纪念碑亭

图4.27 图腾亭

(8)现代创意型 亭不仅是传统意义的造型,还可寻求观念、结构上的大胆突破,与周围环境结合,构造新的意境(图4.28、图4.29)。

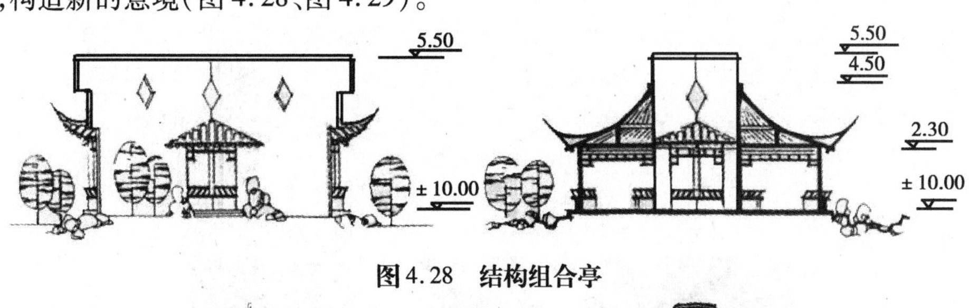

图4.28 结构组合亭

图4.29 图腾亭(帽文化亭)

(9)海派风韵型 指在充分了解西方亭的思想观念的基础上,借鉴其建造技法和表现形式,并固守中国特色,按照中国人的审美取舍与欣赏方式而创造的有文化内涵的亭(图4.30、图4.31)。

图4.30 草帽亭

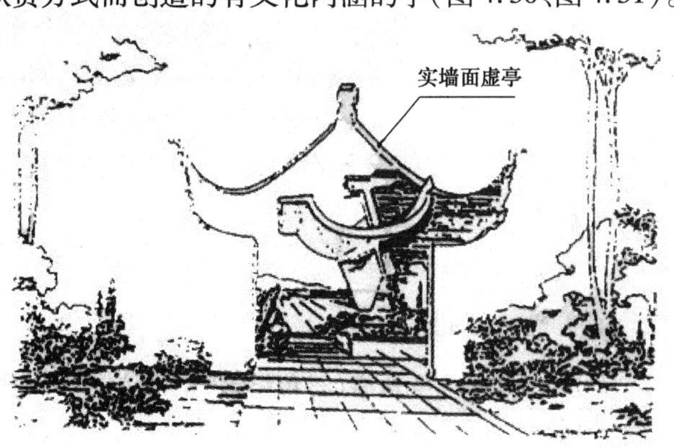

图4.31 虚亭门

(10)新材料结构型　随着建筑业的发展,新材料层出不穷。如膜结构亭就是一种集建筑学、结构力学、材料力学与计算机技术为一体的新颖的景观建筑(图 4.32 ~ 图 4.34)。

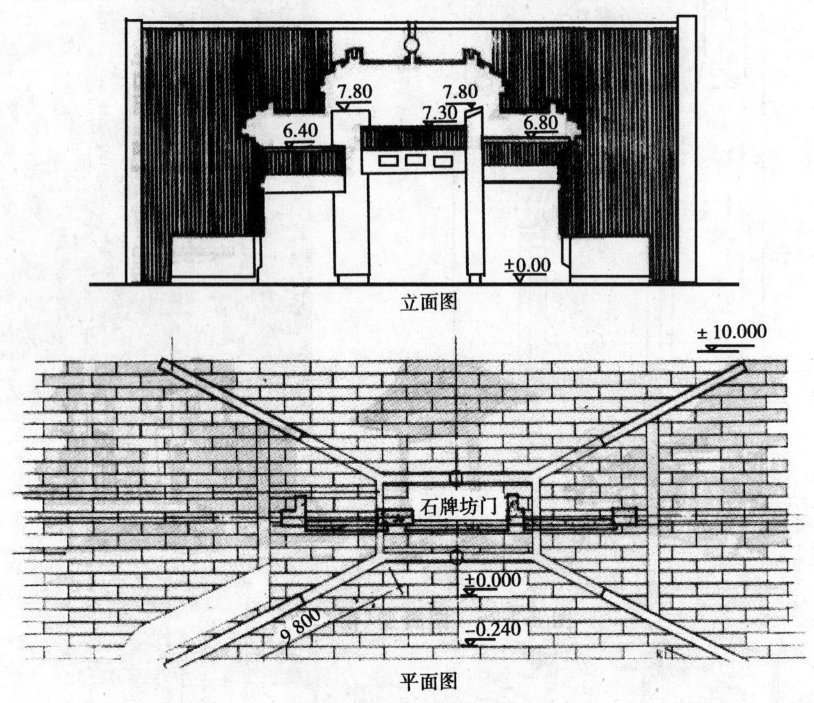

图 4.32　太极大洞门

图 4.33　辽宁医巫闾风景区大门透视图

(11)智能型　智能型是指亭的形式跳出常规,以各种形式变化构成亭(图 4.35、图 4.36)。

3)设计要点

每个亭都有其不同的特点,不能千篇一律。在设计时要根据周围的环境、整个园林布局以及设计者的意图来进行设计。

(1)亭的造型　亭子在我国园林中是运用得最多的一种建筑形式。亭子成为满足人们“观景”与“点景”的要求而通常选用的一种建筑类型。

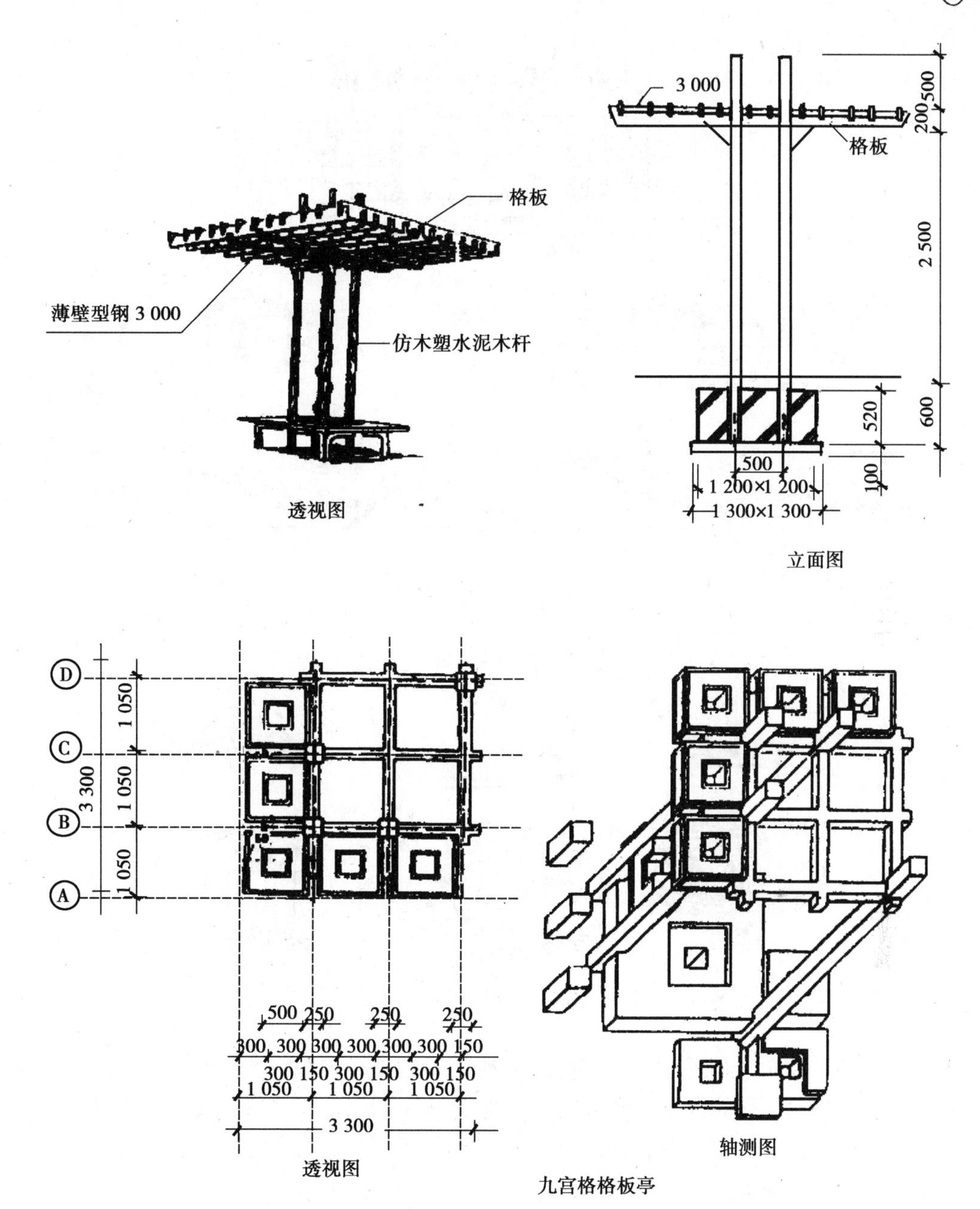
格板
薄壁型钢 3 000
仿木塑水泥木杆
透视图
3 000
格板
500
200
2 500
600
520
100
500
1 200×1 200
1 300×1 300
立面图
D
C
B
A
1 050
1 050
1 050
3 300
500 250 250 250
300 300 300 300 300 300 150
300 150 300 150 300 150
1 050 1 050 1 050
3 300
透视图
轴测图
九宫格格板亭

图 4.34 格板亭

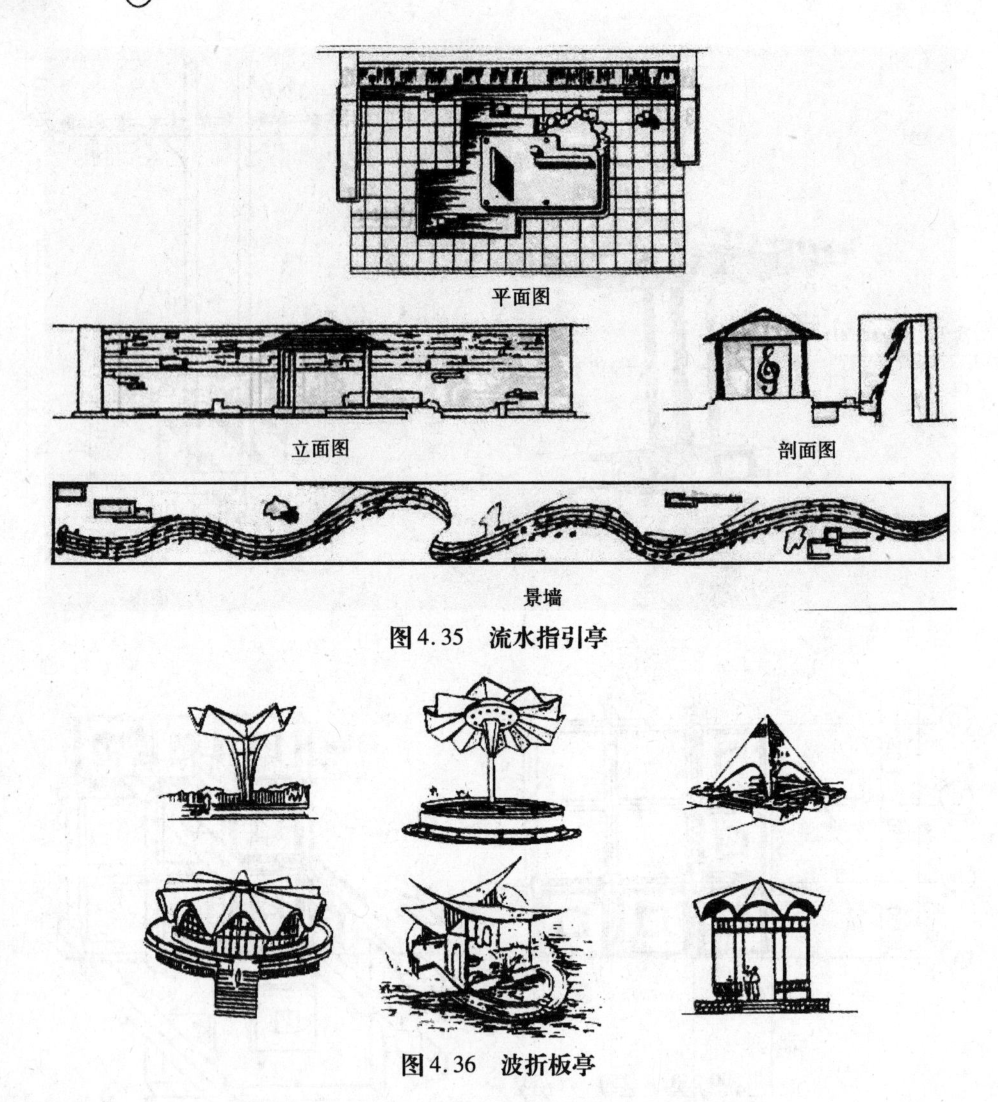

图4.35　流水指引亭

图4.36　波折板亭

亭的造型多种多样,但一般小而集中,向上独立而完整,玲珑而轻巧活泼,其特有的造型增加了园林景致的画意。亭的造型主要取决于其平面形状、平面组合及屋顶形式等。在设计时要各具特色,不能千篇一律;要因地制宜,并从经济和施工角度考虑其结构;要根据民族的风俗、爱好及周围的环境来确定其色彩。

亭子的结构与构造,虽繁简不一,但大多都比较简单,施工比较方便。过去筑亭通常以木构瓦顶为主,亭体不大,用料较小,建造方便。现在多用钢筋混凝土结构,也有用预制构件及竹、石等地方性材料的,都经济便利。

亭子在功能上,主要是解决人们在游赏活动的过程中,驻足休息、纳凉避雨、纵目眺望的需要,在使用功能上没有严格的要求。从园林建筑的空间构图的需要出发,自由安排,最大限度地发挥其园林艺术特色。

(2)亭的体量　亭的体量不论平面、立面都不宜过大过高,一般小巧而集中。亭的直径通常为3~5 m,还要根据具体情况来确定。亭的面阔用L来表示:

$$柱高\ H=0.8\ L\sim0.9\ L$$

$$柱径 D = \frac{7}{100L}$$

$$台基高:柱高 = \frac{1}{10} \sim \frac{1}{4}$$

亭体量大小要因地制宜,根据造景的需要而定。如北京颐和园的廓如亭,为八角重檐攒尖顶,面积约130 m^2,高约20 m,由内外3层24根圆柱和16根方柱支撑,亭体舒展稳重,气势雄伟,颇为壮观,与颐和园内部环境相协调。

(3)亭的比例　古典亭的亭顶、柱高、开间三者在比例上有密切关系,其比例是否恰当,对亭的造型影响很大。

一般情况下,亭子屋顶高度是由屋顶构架中每一步的举高来确定的。每一座亭子的每一步举高不同,即使柱高等下部完全相同,屋顶高度也会发生变化。但根据我国南北方气候等条件的不同,其举高也确实有差异,加上类型以及环境因素的不同,使其比例影响较大。如南方屋顶高度大于身高度,而北方则反之。

另外由于亭的平面形状的不同,开间与柱高之间有着不同的比例关系:

四角亭:柱高:开间=0.8:1

六角亭:柱高:开间=1.5:1

八角亭:柱高:开间=1.6:1

(4)亭的装饰　亭在装饰上既可复杂也可简单,既可精雕细刻,也可不加任何装饰构成简洁质朴的亭,如北京颐和园的亭,为显示皇家的富贵,大多进行了良好的装饰;而杜甫草堂的茅草亭,使人感到自然、纯朴。

亭在装饰上的手法也有很多,其中花格是亭装饰必不可少的构件,它既能加强亭本身的线条、质感和色彩,又使其通透、灵巧;挂落与花牙为精巧的装饰,具有玲珑、活泼的效果,更能使亭的造型丰富多彩;鹅颈靠椅(美人靠)、坐凳及栏杆,可为游人提供休息,若能处理得恰当更能协调立面的比例,使亭的形象更为匀称;亭内设以漏窗能丰富景物,增加空间层次。

亭的色彩,要根据环境、风俗、地方特色、气候、爱好等来确定,南方多以深褐色等素雅的色彩为主,而北方则多以红色、绿色、黄色及艳丽色彩为主。在建筑物不多的园林中以淡雅的色调为主。

(5)位置的选择　亭的作用主要供游人游览、休息、赏景。在园林布局中,其位置选择极其灵活,既可与山结合共筑成景,如山巅、山腰台地、悬峭峰、山坡侧旁、山洞洞门、山谷溪涧等处;也可临水建亭,如临水的岸边、水边石矶、水中小岛、桥梁之上等处都可设立;还可以平地设亭,设置在密林深处、庭院一角,花间林中、草坪之中、园路中间以及园路侧旁的平坦之处,或与建筑相结合。位置选择不受格局所限,可独立设置,也可依附其他建筑物而组成群体,更可结合山石、水体、大树,等等,得其天然之趣,充分利用各种奇特的地形基址创造出优美的园林意境。

4)亭的构造与做法

(1)亭顶

①亭顶构架做法

• 伞法:为攒尖顶构造做法。模拟伞的结构模式,不用梁而用斜戗及枋组成亭的攒顶架子,边缘靠柱支撑,即由老戗支撑灯心木,而亭顶自重形成了向四周作用的横向推力,它将由檐口处一圈檐梁和柱组成的排架来承担。但这种结构整体刚度较差，一般多用于亭顶较小、自重较轻的小亭、草亭或单檐攒尖顶亭，或者在亭顶内上部增加一圈拉结圈梁，以减小推力，增加亭的刚度（图 4.37）。

• 大梁法：一般亭顶构架可用对穿的一字 38 梁，上架抹立灯心木即可。较大的亭顶则用两根平行大梁或相交的十字梁，来共同分担荷载（图 4.38）。

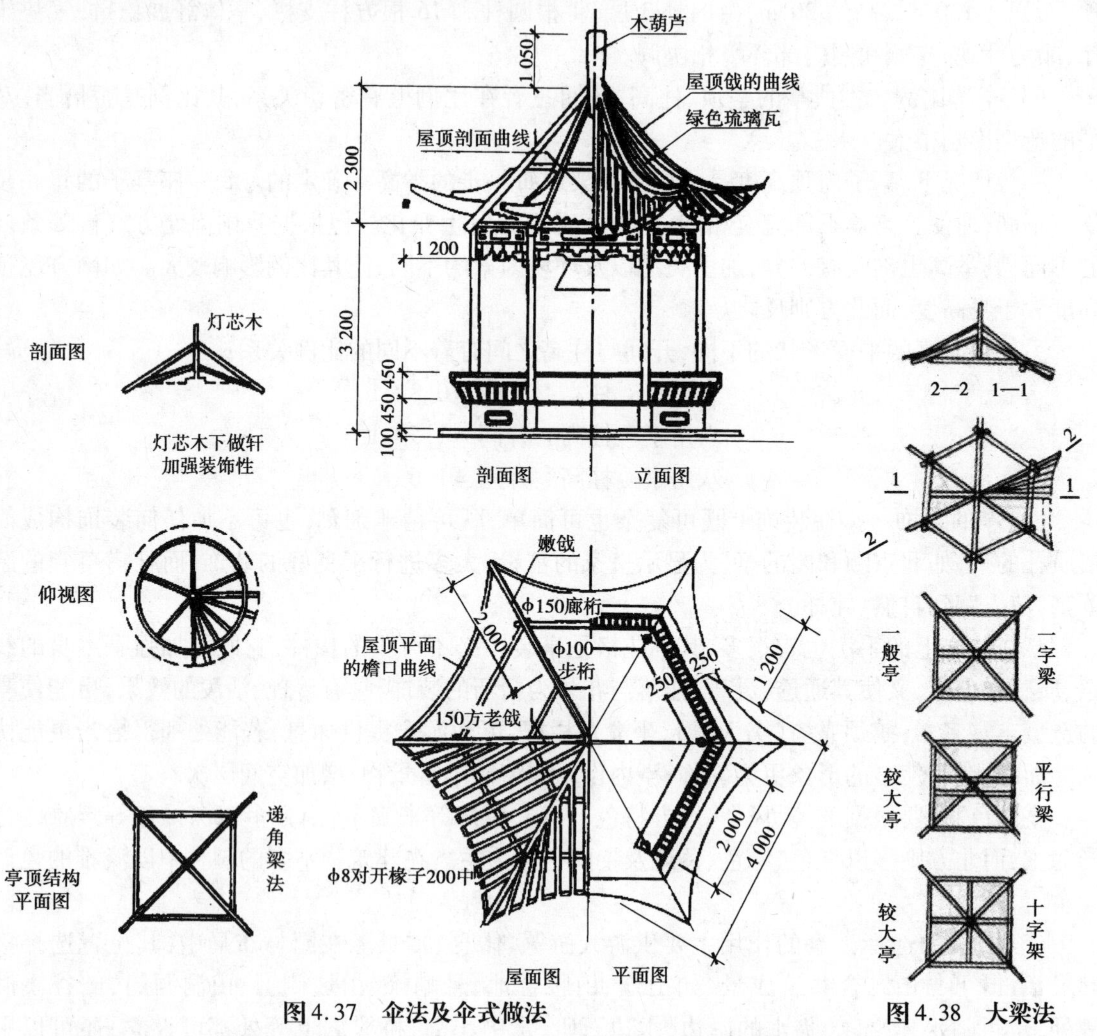

图 4.37 伞法及伞式做法　　图 4.38 大梁法

• 搭角梁法：在亭的檐梁上首先设置抹角梁与脊（角）梁垂直，与檐呈 45°，再在其上交点处立童柱，童柱上再架设搭角重复交替，直至最后收到搭角梁与最外圈的檐梁平行即可，以便安装架设角梁戗脊。

• 扒梁法：扒梁有长短之分，长扒梁两头一般搁于柱子上，而短扒梁则搭在长扒梁上。用长短扒梁叠合交替，有时再辅以必要的抹角梁即可。长扒梁过长则选材困难，也不经济，长短扒梁结合，则取长补短，圆、多角攒亭都可采用（图 4.39）。

• 抹角扒梁组合法：在亭柱上除设竹额枋、千板枋及用斗拱挑出第一层屋檐外，在 45°方向施加抹角梁，然后在其梁正中安放纵横交圈井口扒梁，层层上收，视标高需要而立童柱，上层质量通过扒梁、抹角梁而传到下层柱上（图 4.40）。

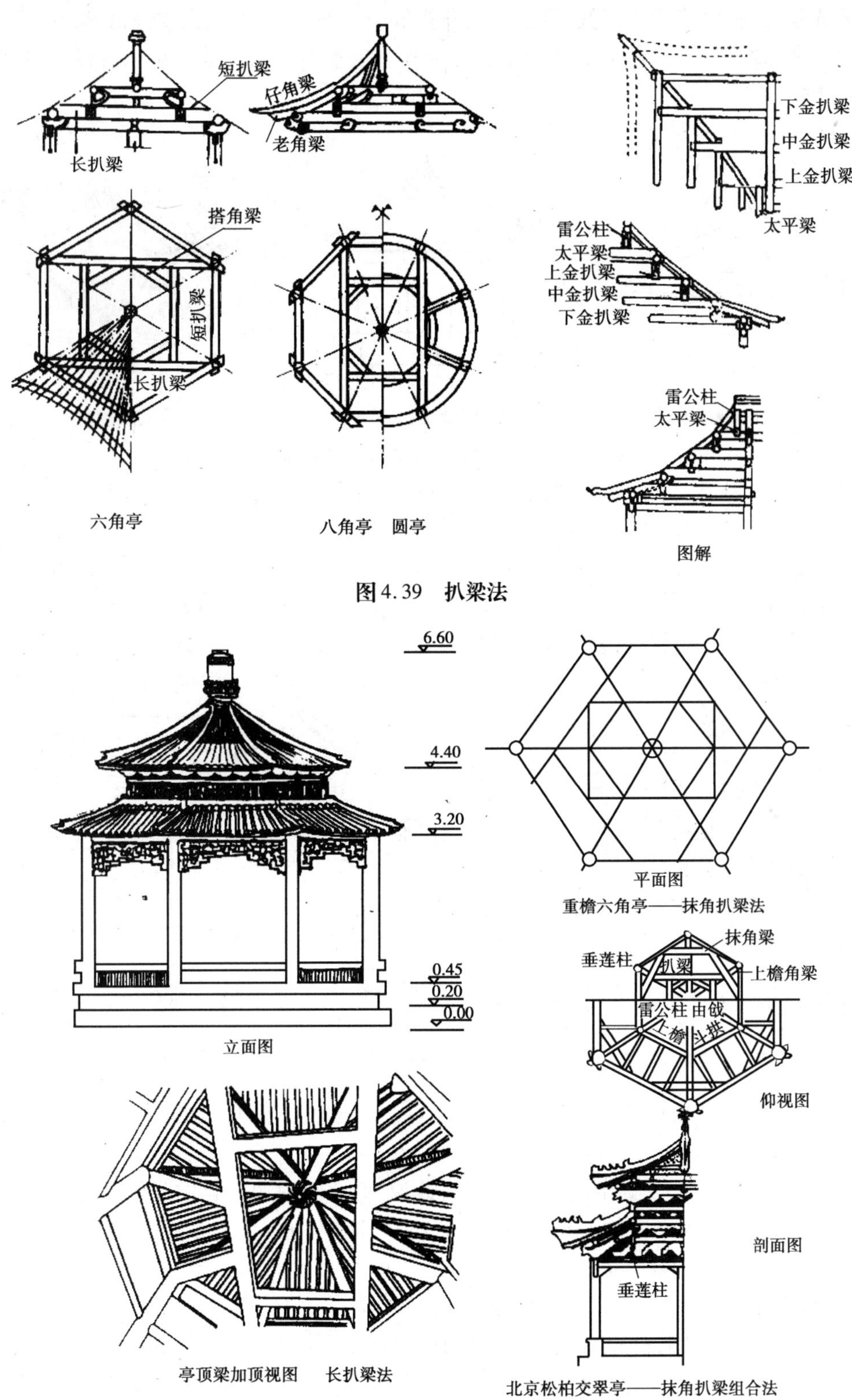

图 4.39 扒梁法

图 4.40 抹角扒梁组合法

• 杠杆法：以亭之檐梁为基线，通过檐桁斗拱等向亭中心悬挑，借以支撑灯芯木。同时以斗拱之下昂后尾承托内拽枋，起类似杠杆作用使内外重量平衡。内部梁架可全部露明，以显示这一巧作（图 4.41）。

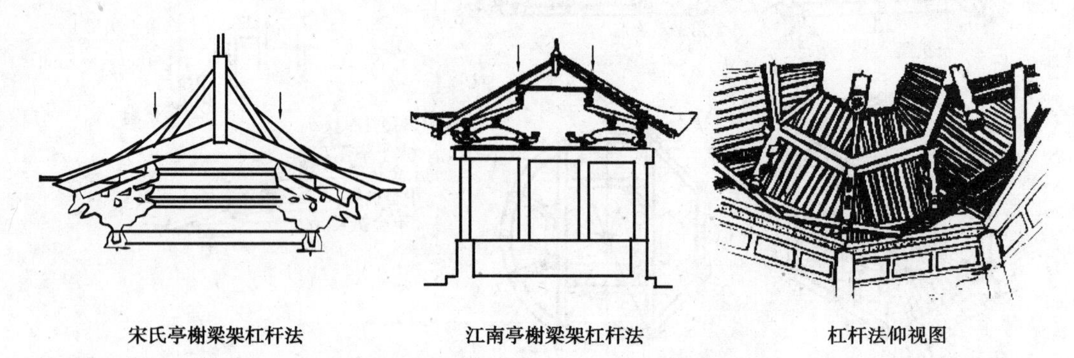

宋氏亭榭梁架杠杆法　　江南亭榭梁架杠杆法　　杠杆法仰视图

图 4.41　亭榭梁架杠杆法及杠杆法仰视图

• 框圈法：多用于上下檐不一致的重檐亭，特别当材料为钢筋混凝土时，此种法式更利于冲破传统章法的制约，大胆构思、创造也不失传统神韵的构造章法，更符合力学法则，显得更简洁些。上四角，下八角重檐亭由于采用了框圈式构造，上下各一道框圈梁互用斜脊梁支撑，形成了刚度极好的框圈架，故其上之重檐可自由设计，四角八角均可，天圆地方（上檐为圆，下檐为方形）亦可，别开生面，面貌崭新（图 4.42 ~ 图 4.45）。

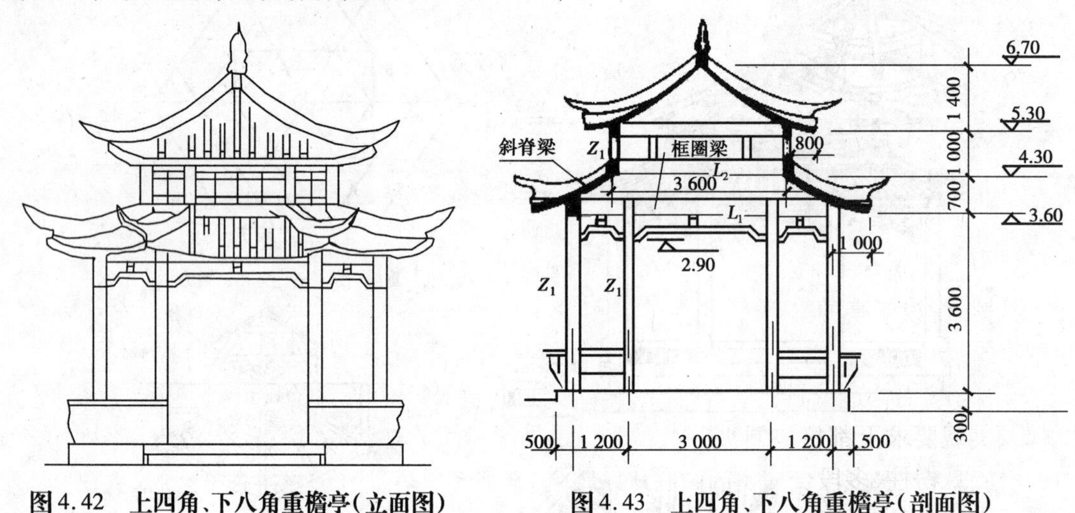

图 4.42　上四角、下八角重檐亭（立面图）　　**图 4.43　上四角、下八角重檐亭（剖面图）**

②亭顶构造

• 出檐：古制“檐高一丈，出檐三尺”。虽有此说，但实际使用变化幅度仍很大，明清殿阁多沿用此值，而江南清代榭出檐约 1/4 檐高，即在 750 ~ 1 000 mm 间，现在也有按柱高的 40% ~ 60% 设计，出檐则大于 1 000 mm。

• 封顶：明代以前多不封顶，而以结构构件直接作装饰，明代以后，由于木材用量日蹙，木工工艺水平下降，装饰趣味转移，出现了屋盖结构做成草盖而以天花（棚）全部封顶的办法。当时封顶的办法有：a. 天花（棚）全封顶；b. 抹角梁露明，抹角梁以上用天花（棚）封顶；c. 抹角梁以上，斗入藻井，逐层收项，形成多层穹式藻井；d. 将瓜柱向下延伸作成垂莲悬柱，瓜柱以上部分，亦可露明，亦可做成构造轩式封顶。

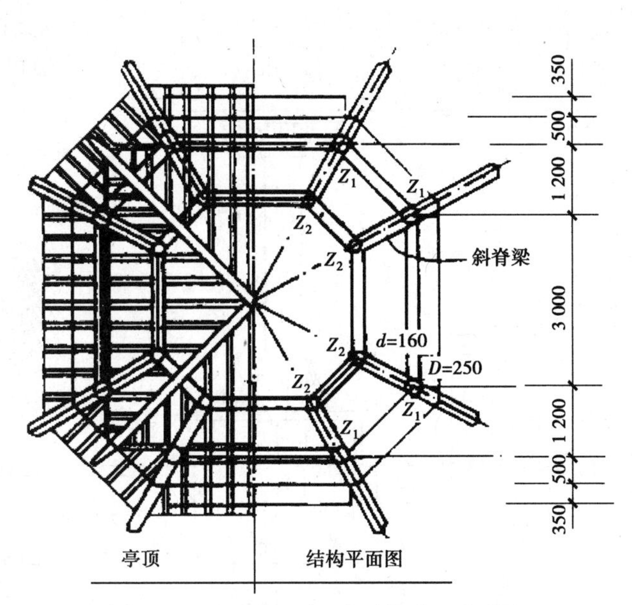

图 4.44　上四角、下八角重檐亭(平面图)

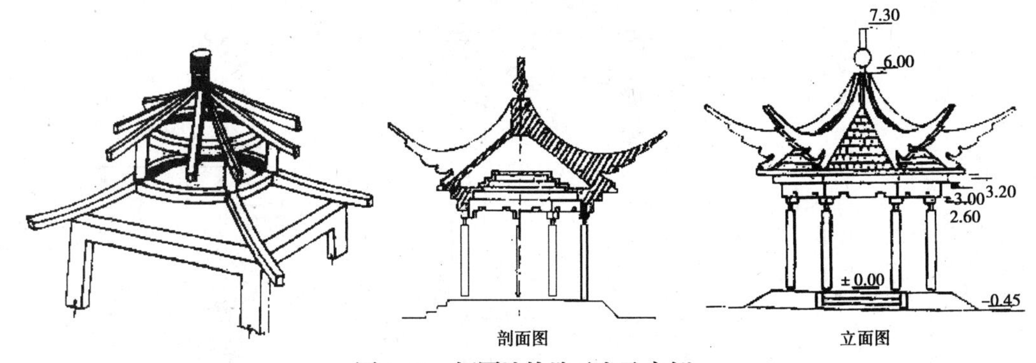

图 4.45　框圈法构造示意及实例

- 挂落:常设于亭的梁枋下,因其形犹如挂起垂落下的小帷幕,故名“挂落”。宋代后才普遍设置亭之挂落。

(2)柱　柱的构造依材料而异,有水泥、石块、砖、树干、木条、竹竿等,亭一般无墙壁,故柱在支撑及美观要求上都极为重要。柱的形式有方柱(海棠柱、长方柱、正方柱等)、圆柱、多角柱、梅花柱、瓜楞柱、多段合柱、包镶柱、拼贴梭柱、花篮悬柱等。柱的色泽各有不同,可在其表面上绘成或雕成各种花纹以增加美观。

(3)亭基　地基多以混凝土为材料,若地上部分负荷较重,则需加钢筋、地梁;若地上部分负荷较轻,如用竹柱、木柱盖以稻草的亭,则仅在亭柱部分掘穴以混凝土做成基础即可。

5)现代亭实例

现代亭可用材料较多,如竹、木、茅草、砖、瓦、石、混凝土、轻钢、金属、铝合金、玻璃钢、镜面玻璃、充气塑料、帆布等。

(1)平板亭(图 4.46 ~ 图 4.49)　平板亭造型简洁清新,组合灵活,尤以钢筋混凝土材料的居多。它包括伞板亭、荷叶亭等以及由八角形板、环形板、镂空板多角形组成的平板亭,或是在平板亭的基础上发展出来的涂有鲜艳色彩的蘑菇亭,以及在平板亭的顶上加以传统的伞顶成伞亭、荷叶亭,等等。

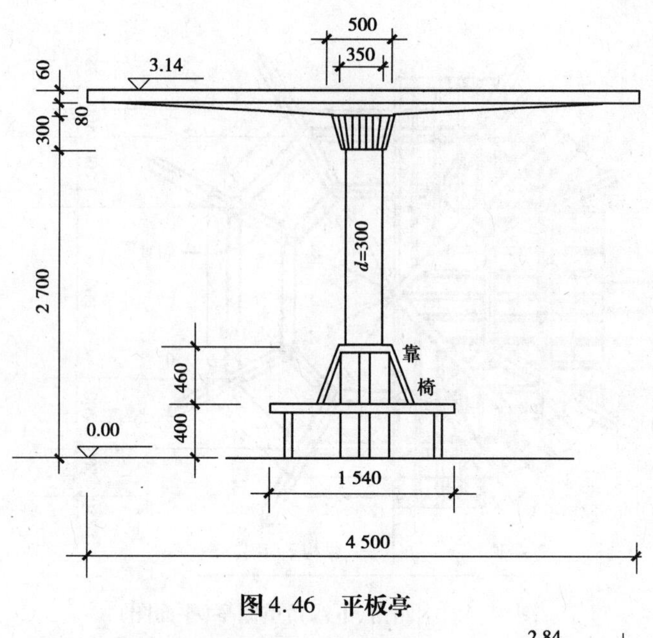

图 4.46　平板亭

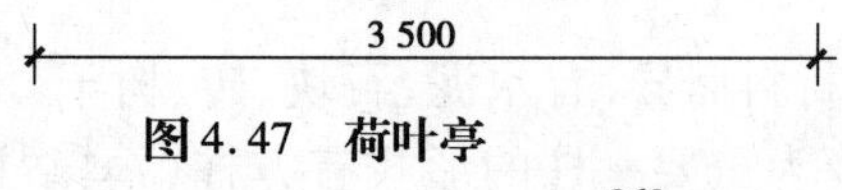

图 4.47　荷叶亭

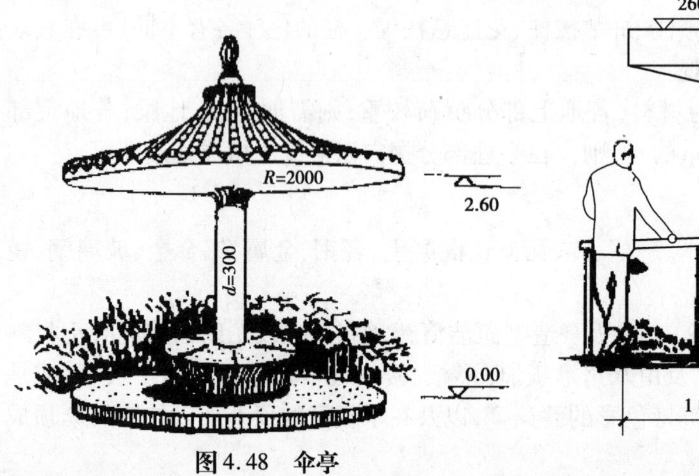

图 4.48　伞亭

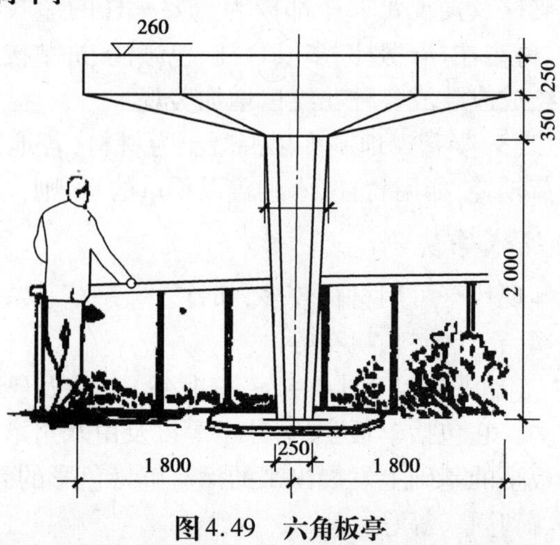

图 4.49　六角板亭

(2)组合构架亭

①混凝土组合构架亭(图 4.50):可塑性好,节点易处理,但构架截面尺寸设计时不易权衡,按理论尺寸会显得笨拙、臃肿,导致遮光过多,若能在设计中使用一些高强轻质诸如玻璃、钢、合金钢等材料,则能粗中有细,对比效果好,明快多彩(图 4.51)。有时出于仿生设计构思需要,可借助钢管等轻钢高强材料,组成钢筋混凝土构架亭(图 4.52),表面还可外涂丙烯酸酯涂料或喷涂彩色砂浆,即成色彩艳丽的一组喇叭花伞亭。

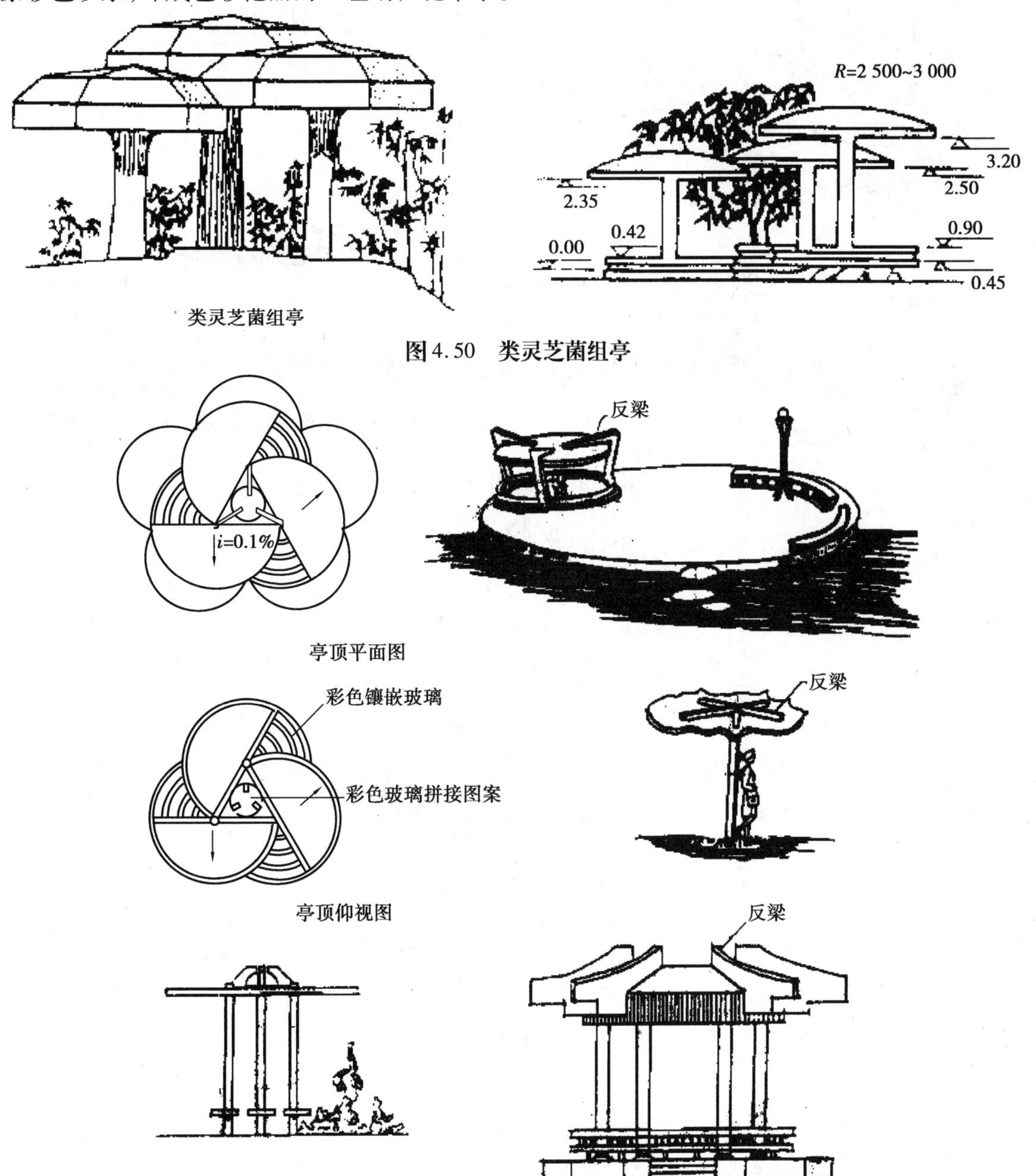

图 4.50 类灵芝菌组亭

图 4.51 平板反梁亭

②轻钢-钢管组合式构架亭:本类型施工方便,组合灵活,装配性强,单双臂悬挑均可成亭,也适宜于在作露天餐座活动的遮阳伞亭中使用。覆盖遮阳面积大者,还可以带小天窗(图 4.53)。

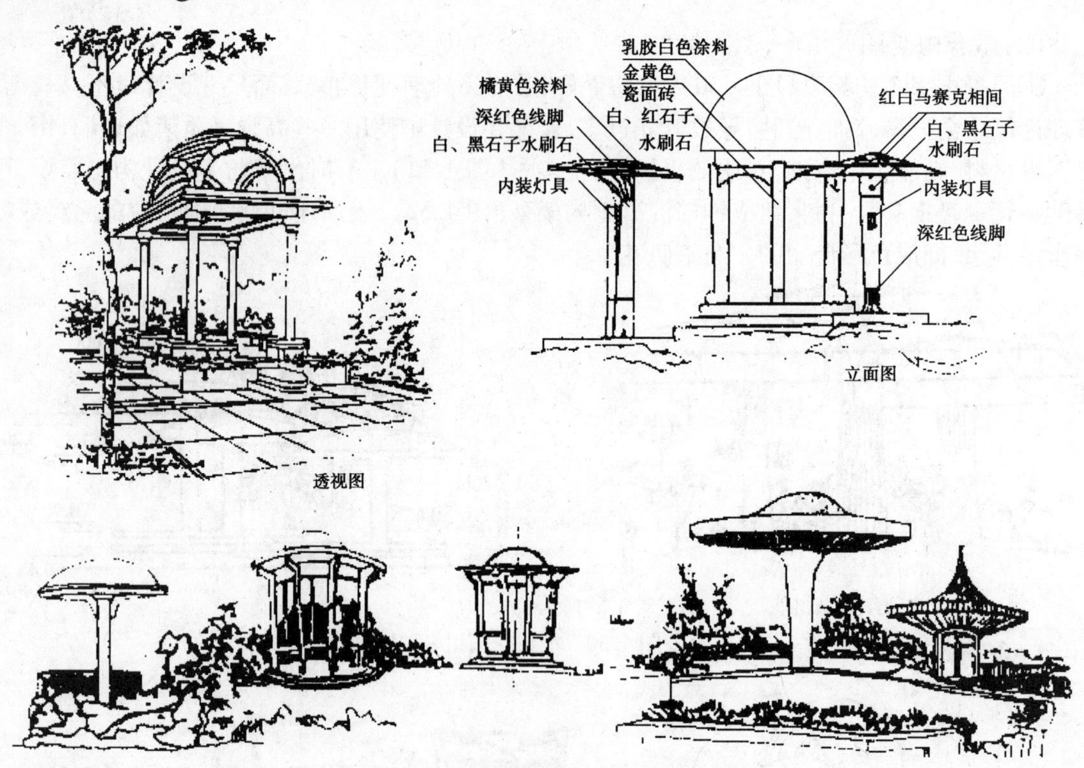

图4.52 板亭及其衍生亭

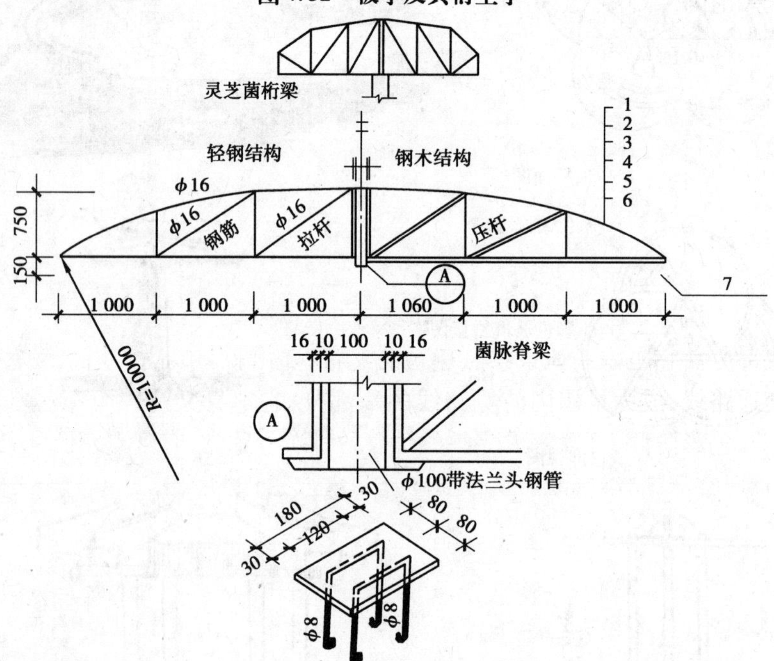

1—用丙烯酸酯涂料的蘑菇亭;2—厚15 mm钢板网一层,批抹1∶2水泥浆;3—壳边加强筋;4—辐射筋(含垂钩筋);5—环筋;6—菌脉桁架;7—弧形通长辐射式垂钩钢筋

图4.53 蘑菇亭及菌脉板顶构造示意图

(3)类拱亭

①盔拱亭(图4.54)

②多铰拱式长颈鹿馆亭(图4.55):仿长颈鹿纹皮的贴面装修与结构一致,表示一对刎颈之交长颈鹿,多铰拱(一般为静定三铰拱)结构扩大了空间,有利于长颈鹿的室内活动,建筑与结构功能取得了一致。

图4.54　盔形拱亭

图4.55　长颈鹿馆(多铰拱)

(4)波折板亭(图4.36)　波折板亭常可组合成韵律,表达一定的节奏感。材料多为钢筋混凝土,并配合花架廊连成廊亭。

(5)软结构亭(图4.28、图4.29)　用气承薄膜结构为亭顶或用彩色油帆布覆盖成顶。

(6)仿古组合伞亭见图4.7。

4.1.2　廊

1)廊的含义

廊是亭的延伸。屋檐下的过道及其延伸成独立的有顶的过道称廊。廊是中国园林建筑群体中的重要组成部分。它是联系风景景点建筑的纽带,随山就势,曲折迂回,蜿蜒逶迤,引导视角多变的导游交通路线,成为景园内游览路线的一部分;它本身又是一个"风景"造型优美,蜿蜒曲折,装饰精美,色彩协调,可以组成完整的独立的供游人欣赏,起到点缀园林景色的作用;此外,它还可划分景区空间,丰富空间层次,增加景深,适合一些展览。

2)廊的分类

依其平面形式分直廊、曲廊、回廊。依其结构形式分两面柱廊(空廊)、一面柱廊(半廊)、复廊、暖廊、双层廊。依其经营位置分平地廊、水走廊、爬山廊(图4.56)。

3)廊的设计要点

(1)平面设计　根据廊的位置和造景需要,廊的平面可设计成直廊、弧形廊、曲廊、回廊及圆形廊等。

(2)立面设计(图4.57)　廊的立面基本形式有悬山、歇山、平顶廊、折板顶廊、十字顶廊、伞状顶廊等。在做法上,要注意下面几点:

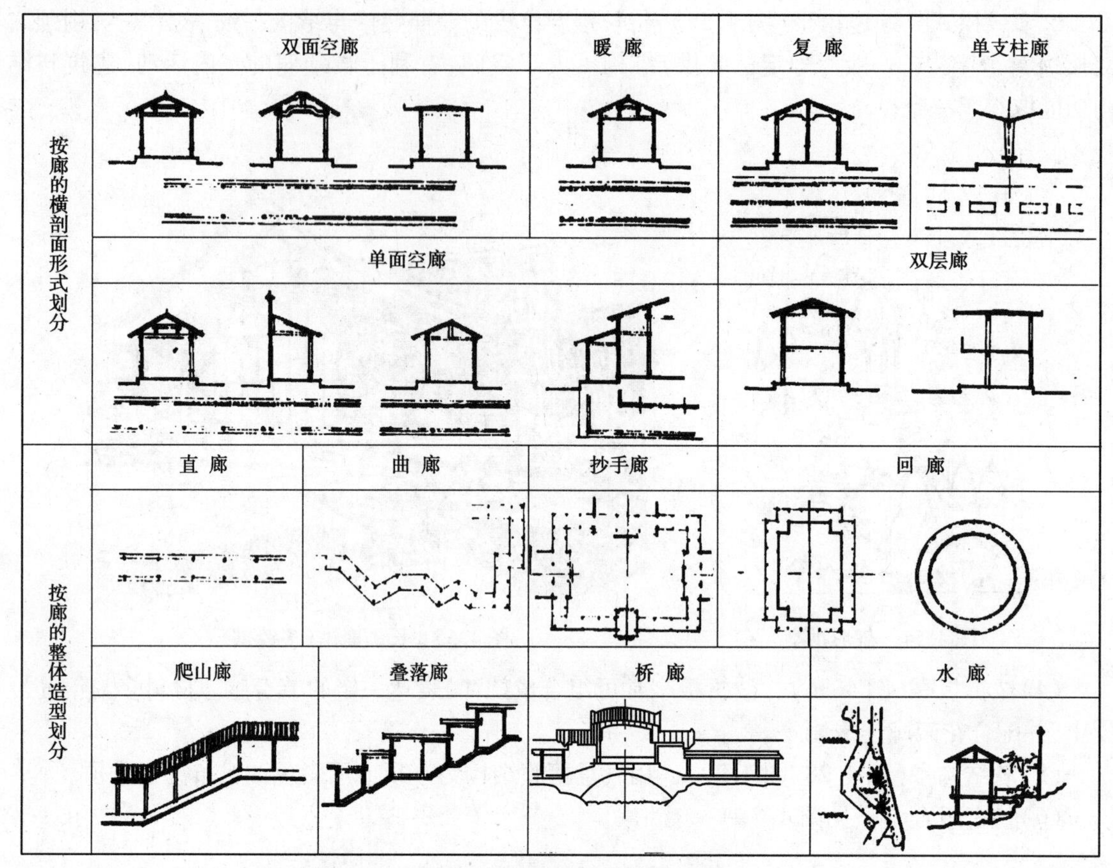

图 4.56 廊的基本类型

图 4.57 廊的立面设计

①为开阔视野四面观景，立面多选用开敞式的造型，以轻巧玲珑为主。在功能上需要私密的部分，常常借加大檐口出挑，形成阴影。为了开敞视线，亦有用漏明墙处理。

②在细部处理上，可设挂落于廊檐，下设置高 1 m 左右之栏，某些可在廊柱之间设 0.5 ~ 0.8 m 高的矮墙，上覆水磨砖板，以供休憩，或用水磨石椅面和美人靠背与之相匹配。

③廊的吊顶：传统式的复廊、厅堂四周的围廊，结顶常采用各式轩的做法。现今园中之廊，一般已不做吊顶，即使采用吊顶，装饰亦以简洁为宜。

在廊的立面造型设计中，廊柱也非常重要。由于人的错觉，同样大小的柱子，会感到方形要比圆形大出 3/4。因而若廊的开间过窄时，方柱柱群组成的空间会有截然分隔之弊。同时为防止伤及行进中的游人，即便采用方柱，亦应将方柱柱边棱角做成圆角海棠形或内凹成小八角形。

这样在阳光直射下，可借以减小视觉上的反差，圆柱或圆角海棠柱光线明暗变化缓和，使廊显得浑厚流畅，线条柔和，亲切宜人。

(3)廊的体量尺度　廊是以相同单元“间”所组成的，其特点是有规律的重复、有组织的变化，从而形成了一定的韵律，产生了美感。关于廊的尺度如下：

①廊的开间不宜过大，宜在 3 m 左右，柱距 3 m 左右，一般横向净宽为 1.2 ~ 1.5 m，现在一些廊宽常为 2.5 ~ 3.0 m，以适应游人客流量增长后的需要。

②檐口底皮高度：2.4 ~ 2.8 m。

③廊顶：平顶、坡顶、卷棚均可。

④廊柱：一般柱径 d = 150 mm，柱高为 2.5 ~ 2.8m，柱距 3 000 mm，方柱截面控制在 150 mm × 150 mm ~ 250 mm × 250 mm。长方形截面柱长边不大于 300 mm(图 4.58)。

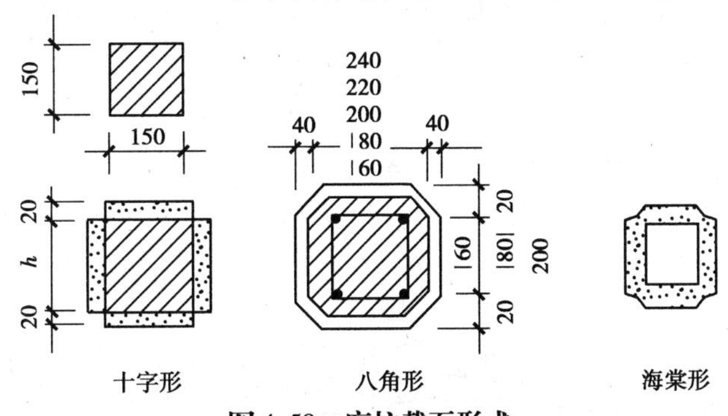

图 4.58　廊柱截面形式

北方比南方尺度略大一些，可根据周围环境和使用功能的不同略有增减。每个开间的尺寸应大体相等，如果由于施工或其他原因需要发生变化时，则一般在拐角处进行增减变化。

(4)运用廊分隔空间　在园林设计中常运用廊来分隔空间，其手法或障或漏。我国园林崇尚自然，因此在设计时要因地制宜，利用自然环境，创造各种景观效果。在平面形式上，可采用曲折迂回的办法(即曲廊的形式)来划分大小空间，增加平面空间层次，改变单调感觉，变换角度。利用围墙相连接，使游人不会有园外感觉。但要曲之有理，曲而有度，不能为曲折而曲折，让人走冤枉路。

(5)出入口的设计　廊的出入口一般布置在廊的两端或中部某处，出入口是人流集散的主要地方，因此我们在设计时应将其平面或空间适当扩大，以尽快疏散人流，方便游人的游乐活动，在立面及空间处理上作重点装饰，强调虚实对比，以突出其美观效果。

(6)内部空间处理　廊的内部空间设计是廊在造型和景致处理上的主要内容，因此要将内部空间处理得当。廊是长形观景建筑物，一般为狭长空间，尤其是直廊，空间显得单调，所以把廊设计成多折的曲廊，可使内部空间产生层次变化：在廊内适当位置作横向隔断，在隔断上设置花格、门洞、漏窗等，可使廊内空间增加层次感、深远感。在廊内布置一些盆树盆花，不仅可以丰富廊内空间变化效果，还能增加游览兴趣；在廊的一面墙上悬挂书法、字画，或装一面镜子以形成空间的延伸与穿插，要有动与静的对比，因此廊要有良好的对景，道路要曲折迂回，从而有扩大空间的感觉；将廊内地面高度升高，可设置台阶，来丰富廊内空间变化。

(7)装饰　廊的装饰应与其功能、结构密切结合。廊檐下的花格、挂落在古典园林中多采用木制，雕刻精美；而现代园林中则取样简洁坚固，在休息椅凳下常设置花格，与上面的花格相呼应构成框景。另外，在廊的内部梁上、顶上可绘制苏式彩画，从而丰富游廊内容。

在色彩上，因循历史传统，南方与北方大不相同。南方与建筑配合，多以灰蓝色、深褐色等素雅的色彩为主，给人以清爽、轻盈的感觉；而北方多以红色、绿色、黄色等艳丽的色彩为主，以显示富丽堂皇。在现代园林中，较多采用水泥材料，色彩以浅色为主，以取得明快的效果（图 4.59）。

图 4.59　弧形廊外檐彩画

4）*廊的结构设计*

（1）木结构　廊多为斜坡顶梁架，结构简单，梁架上为木椽子、望砖和青瓦。或用人字形木屋架、筒瓦、平瓦屋面，有时由于仰视要求，可用平顶作部分或全部掩盖，获得简洁大方的效果。采用卷棚结顶做法在传统亭廊更是常见（图 4.60）。

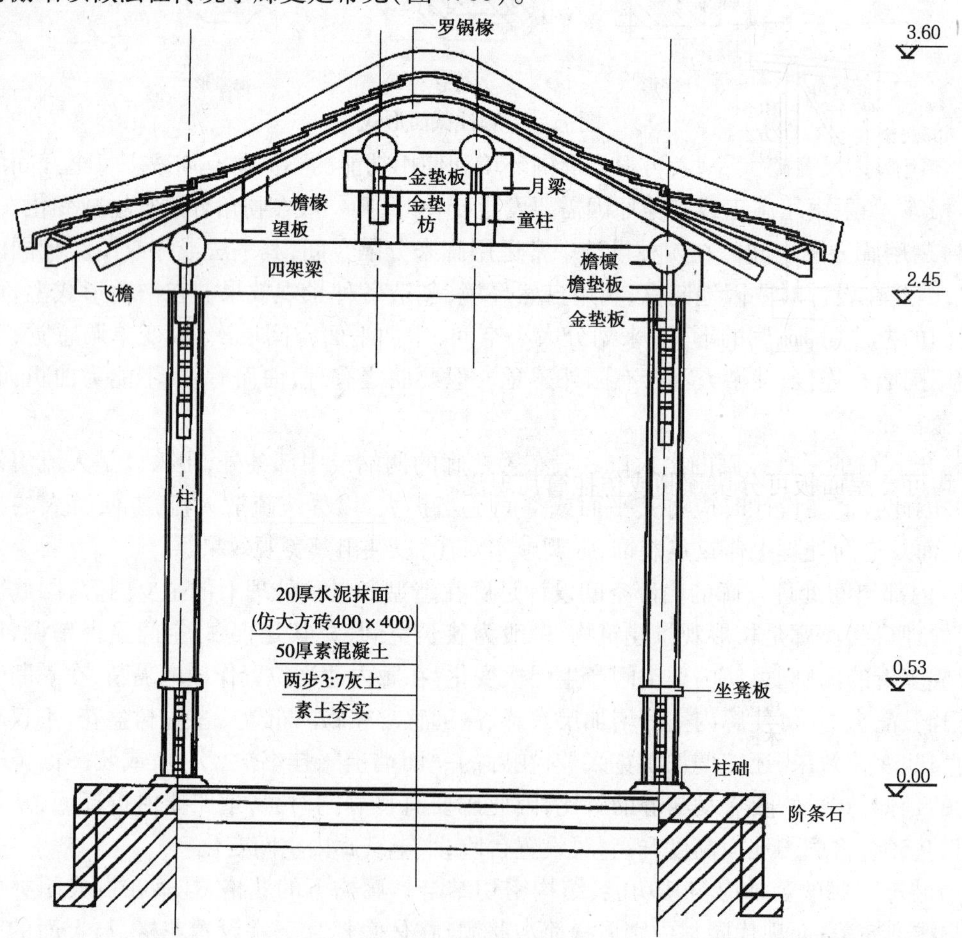

图 4.60　廊的构造

(2)钢结构　钢或钢木组合构成的画廊与画框也是多见的,它轻巧、灵活、机动性强,颇受欢迎(图4.61、图4.62)。廊顶结构构架基本上同木结构。除柱用钢管外形可仿竹子外,其他均用轻钢构件,有时廊顶覆石棉瓦亦可,并用螺栓联结,出于经济的考虑,也有部分使用木构件的。

图4.61　钢结构廊道

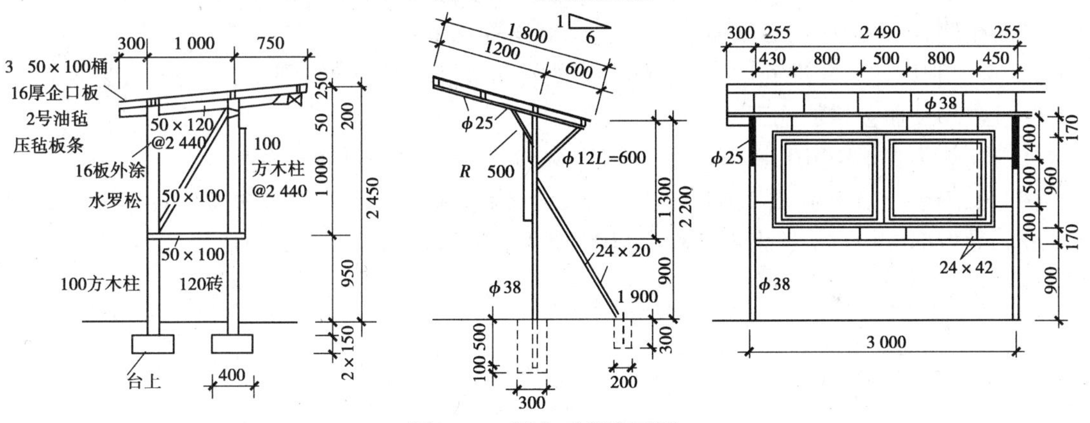

图4.62　钢木画廊及画框

(3)钢筋混凝土结构　钢筋混凝土结构(图4.63、图4.64)多为平顶与小坡顶,用纵梁或横梁承重均可。屋面板可分块预制或仿挂筒瓦现浇。

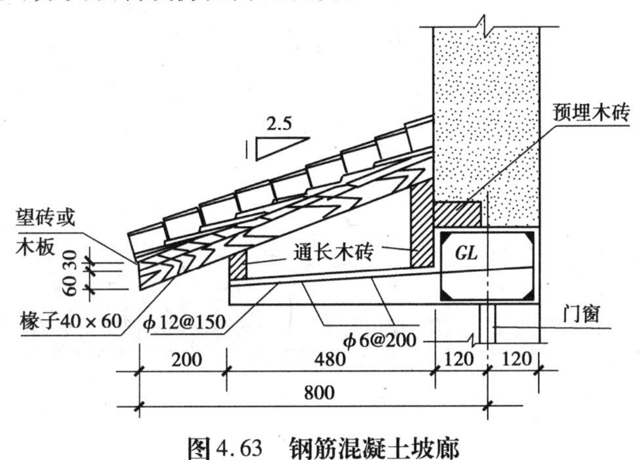

图4.63　钢筋混凝土坡廊

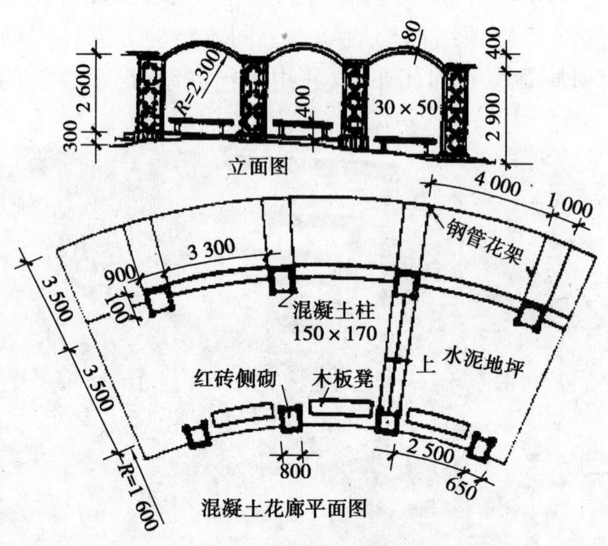

图 4.64 混凝土花廊

有时可争取做成装配式结构。除基础现浇外，其他全部预制。预制柱顶埋铁件与预制双坡屋架电焊相接，屋架上放空心屋面板。另在柱上设置钢牛腿，以搁置连系纵梁。并考虑留有伸缩缝，要求预制构件尺寸准确、光洁。对于那些转折变化处的构件，则不宜预制成装配式标准件，如果这样，反而会增加施工就位的复杂性。

柱内配筋不少于 4Φ10，箍筋直径不小于 $\phi4$，间距不大于 250 mm 为宜。

(4)竹结构 竹结构(图 4.65、图 4.66)尺度、构造、做法基本同木结构廊，屋面可做成单坡或双坡。受力部位的竹构件多按 $\phi60 \sim \phi100$ 取用。常用竹制构件所需构造尺寸如下：

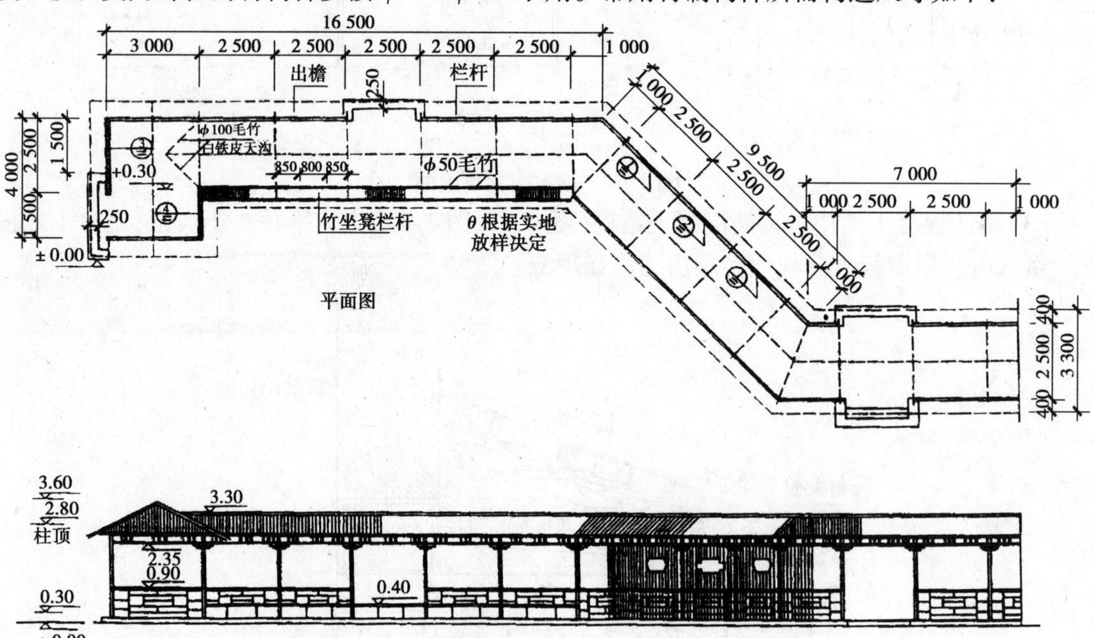

图 4.65 竹长廊

竹柱——多为 $\phi60 \sim \phi100$。

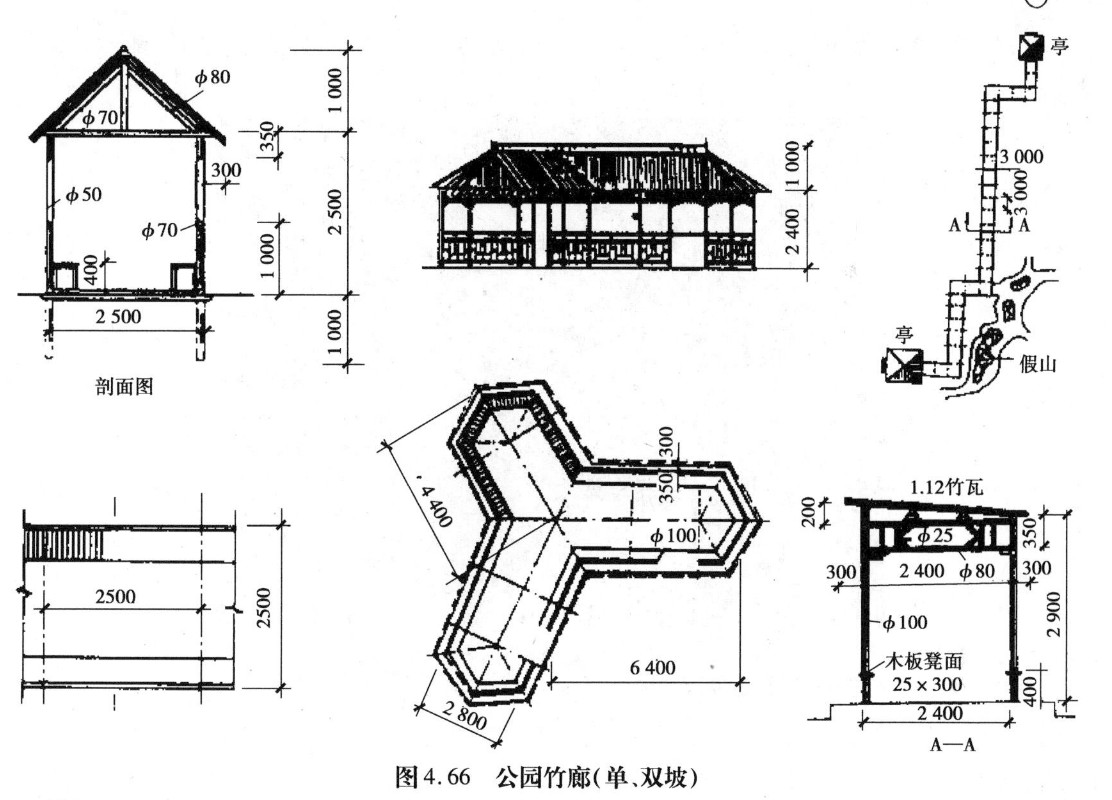

图4.66 公园竹廊(单、双坡)

拱梁——$\phi80\sim\phi100$。

斜梁、檩条——$\phi80$。

童柱或灯芯木——$\phi70\sim\phi100$。

雀替——由竹径 $\phi50$ 两根相叠组成。

挂落——由 $\phi25$,$\phi30$,$\phi50$,$\phi70$ 四档组成。

基础——为防竹柱与基础接触处易发生腐蚀,专门设计混凝土基础块。内埋两块 5 mm × 40 mm × 50 mm 燕尾扁铁,外露 200,用 $\phi12$ 螺栓对穿固定竹柱即可。

5)现代廊

在古典园林中,廊大多以木结构为主,现代园林则多采用钢筋混凝土材料,因为廊是由相同单元组成,钢筋混凝土结构可为实现单元标准化、制作工厂化、施工装配化创造了有利的条件。另外,还可选用软塑料防水材料、金属材料等,在南方还可采用竹结构的廊,使廊富有地方特色。此外,时至今日,廊还发展演变了以下形式:

(1)花架 花架(图4.67)是廊的生态衍演,经常使之成为垂直立体绿化——植物廊道的载体。

图4.67 花架

(2)装饰构架　装饰构架(图4.68)是廊的功能演绎,经常更注重其装饰功能,少与植物结合。

图4.68　装饰构架

4.1.3　榭与舫

在园林建筑中,榭、舫在性质上属于比较接近的建筑类型,作游憩、赏景、饮宴小聚用。榭与舫多属于临水建筑,在选址、平面和体型的设计上,要特别注重与水面和池岸的协调关系。

1)榭

榭在古典园林中运用较为普通,体量较小巧,常设置于水中或水边。

(1)榭的含义　《园冶》记载:"榭者,藉也。藉景而成者也,或水边,或花畔,制亦随态。"这一段话说明了榭是一种借助于周围景色而见长的园林游憩建筑。古代建筑中,高台上的木结构建筑称榭,其特点是只有楹柱和花窗,没有四周的墙壁。它的结构依照自然环境不同而有各种形式,如有水榭、花榭等之分。隐约于花间的称为花榭,临水而建的称为水榭。现今的榭多是水榭,并有平台伸入水面,平台四周设低矮栏杆,建筑开敞通透,体形扁平(长方形)。

(2)榭的基本形式

①榭与水体结合的基本形式:其形式多种多样,从平面形式看,有一面临水、两面临水、三面临水以及四面临水。四面临水者以桥与湖岸相连。从剖面看平台形式,有实心土台,水流只在平台四周环绕;有平台下部以石梁柱结构支撑,水流可流入部分建筑的底部,有的可让水流流入整个建筑底部,形成驾临碧波之上的效果。近年来,由于钢筋混凝土的运用,常采用伸入水面的挑台取代平台,使建筑更加轻巧,低临水面的效果更好。

②不同地域水榭的形式:我国园林随时期的不同而有不同的变化,古典园林随地理位置的不同而划分为北方园林(黄河型)、江南园林(扬子江型)和岭南园林(珠江型)。因此,榭的形式也随之有所差异。近代园林中榭的形式更是丰富多彩。我们可以根据不同地域不同时期把榭

分为 3 种类型。

a. 北方园林的水榭：只有北方宫廷建筑特有的色彩，整体建筑风格显得相对浑厚、持重，在建筑尺度上也相应进行了增大，显示着一种王者的风范。有一些水榭已经不再是一个单体建筑物，而是一组建筑群体，从而在造型上也更为多样化。如北京颐和园的“洗秋”“饮绿”两个水榭最具有代表性（图 4.69）。

b. 江南园林中的水榭（图 4.70～图 4.72）：

江南的私家园林中，由于水池面积一般较小，因此榭的尺度也较小。为了在形体上取得与水面的协调，建筑物常以水平线为主，一半或全部跨入水中，下部以石梁柱结构作为支撑，或者用湖石砌筑，让水深入到榭的底部。建筑临水的一侧开敞，可设栏杆，可设鹅颈靠椅，以便游人在休憩时，又可以凭栏观赏醉人的景致。屋顶大多数为歇山回顶式，四角翘起，显得轻盈纤细。建筑整体装饰精巧、素雅。较为典型的实例有苏州拙政园的“芙蓉榭”、网师园的“濯缨水阁”、藕园的“山水间”及上海南翔古漪园的“浮筠园”。

图 4.69　颐和园洗绿水榭

图 4.70　江南芙蓉榭

图 4.71　江南濯缨水阁

图 4.72　藕园山水间

c. 岭南园林的水榭：在岭南园林中，由于气候炎热、水域面积较为广阔等环境因素的影响，产生了一些以水景为主的“水庭”形式。其中，有临于水畔或完全跨入水中的“水厅”、“船厅”之类的临水建筑。这些建筑形式，在平面布局与立面造型上，都力求轻快、通透，尽量与水面相贴近。有时将建筑做成两层，也是水榭的一种形式。

(3)榭的设计要点　作为一种临水建筑物，就一定要使建筑能与水面和池岸很好地结合，使它们之间有机地配合，更自然贴切。

①位置的选择：榭借助周围景色见长，因此位置的选择尤为重要。水榭的位置宜选在水面有景可借之处，既要考虑到有对景、借景，又能在湖岸线突出的位置为佳。水榭应尽可能突出池岸，形成三面临水或四面临水的形式。如果建筑不宜突出于池岸，也应将平台伸入水面，作为建

筑与水面的过渡，以便游人身临水面时有开阔的视野，使其身心得到舒畅的感觉。

②建筑地坪：水榭以尽可能贴近水面为佳，即宜低不宜高，最好将水面深入到水榭的底部，并且应避免采用整齐划一的石砌驳岸。

当建筑地面离水面较高时，可以将地面或平台作为上下层处理，以取得低临水面的效果。同时可利用水面上空气的对流风作用，使室内清风徐来，又可兼顾高低水位变化的要求。

若岸与水平面高差较大时，也可以把水榭设计成高低错落的两层建筑的形式，从岸边的下半层到达水榭底层，上半层到达水榭上层。这样，从岸上看上去，水榭似乎只有一层，但从水面上看来却有两层。在建筑物与水面之间高差较大，而建筑物地平又不宜降低的时候，就应对建筑物的下部支撑部分作适当的处理，以创造出新的意境。当然若水位的涨落变化较大时，就需要仔细地了解水位涨落的原因和规律，特别是历史最高水位记录，设计者应以稍高于历史最高水位的标高作为水榭的设计地平标高，以免被水淹的情况发生。

为了形成水榭有凌空于水面之上的轻快感，除了要将水榭尽量贴近水面之外，还应该注意尽量避免将建筑物下部砌成整齐的驳岸形式，而且应将作为支撑的柱墩尽可能地往后退，以造成浅色平台下部有一条深色的阴影，从而在光影的对比之下增强平台外挑的轻快感觉。

③建筑造型：在造型上，榭应与水面、池岸相互融合，以强调水平线条为宜。建筑物贴近水面，适时配合以水廊、白墙、漏窗，平缓而开阔，再配以几株翠竹、绿柳，可以在线条的横竖对比上取得较为理想的效果。建筑的形体以流畅的水平线条为主，简洁明了，同时还可以增强通透、舒展的气氛。

④建筑的朝向：榭作为休憩服务性建筑，游人较多。驻留时间较长，活动方式也随之多样。因此，榭的朝向也颇为重要。建筑切忌朝西，因为榭的特点决定了建筑物应伸向水面且又四面开敞，难以得到绿树遮阴。尤其夏季是园林游览的旺季，若有西晒，纵然是再好的观景点，也难以让游人较长时间地驻留，这样势必影响游人对园林景色的印象，因此必须引起设计者的注意。

⑤榭与园林整体环境（图4.73～图4.75）：水榭在体量、风格、装修等方面都能与它所在的园林空间的整体环境相协调和统一。在设计上，应该恰如其分、自然，不要“不及”，更不要“太过”。如广州兰圃公园水榭的茶室兼作外宾接待室，小径蜿蜒曲折，两侧植以兰花，把游人引入位于水榭后部的入口，经过一个小巧的门厅后步入三开间的接待厅，厅内以富含地方特色的刻花玻璃隔断将空间划分开来，一个不大的平台伸向水池。水池面积不大，相对而言建筑的体量已算不小，但是由于位置偏于水池的一个角落里，且四周又植满花木，建筑物大部分被掩映在绿树丛中，因而露出的部分不明显，与环境整体气氛、舫相融合。

图4.73　五福茶榭

图4.74　云泊榭

2)舫

(1)舫的含义　园林建筑中的舫,是指依照船的造型在园林湖泊的水边建造起来的一种船形建筑物,舫的立意是“湖中画舫”,联想使人产生虽在建筑中,犹如置身舟楫之感。舫可供游人在内游赏、饮宴、观赏水景,以及在园林中起到点景的作用。舫最早出现在江南的园林中,通常下部船体用石头砌成,上部船舱多用木构建筑,近年来也常用钢筋混凝土结构的仿船形建筑。舫立于水边,虽似船形但实际不能划动,所以亦名“不系舟”、“旱船”(图4.76)。

图4.75　双月榭

(a)

(b)

图4.76　颐和园清晏舫

(2)舫的组成　舫的基本形式与船相似,宽约丈余,一般下部用石砌作船体,上部木构似像船形。木构部分通常分为3段:船头、中舱、船尾。

①船头(头舱):较高,常作敞棚,供赏景谈话之用,屋顶常作成歇山顶式由状如官帽,俗称官帽厅,前面开敞,设有眺台,似甲板,尽管舫有时仅前端头部突入水中,船头一侧仍置石条仿跳板以联系池岸。

②中舱:作两坡顶,低于船头,为主要空间,是供游人休息和欢宴的场所。其地面比一般地面略低1~2步,有入舱之感。中舱的两侧面,一般为通长的长窗,以便坐息时,有开阔的视野。

③船尾(尾舱):一般为两层,类似楼阁的形象,下层设置楼梯,上层为休息眺望远景用的空间。船尾尾舱的立面构成下实上虚的对比,其屋顶一般为船篷式或卷棚顶式,首尾舱一般为歇山顶式样,轻盈舒展,在水面上形成生动的造型,成为园林中重要的景点。

(3)舫的设计要点　舫应重在神似,要求有其味,有创新,妙在似与不似之间,而不在过分模仿细部形式。舫选址宜在水面开阔之处,这样既可取得良好的视野,又可使舫的造型较为完整地体现出来,一般两面或三面临水。最好是四面临水,其一侧设有平桥与湖岸相连,仿跳板之意。另外还需注意水面的清洁,应避免设在易积污垢的水区之中,以便于长久的管理。

颐和园“清宴舫”,选址就极为巧妙。颐和园的后山水面狭长而曲折,林木茂密,环境幽邃,和前山的旷朗开阔有着鲜明的对比。而“清宴舫”恰位于昆明湖景区,从湖上看上去,很像一条正从后湖开过来的大船,为后湖景区的展开起到了很好的预示作用。

4.1.4 厅与堂

厅、堂是园林中主体建筑，其体量较大，造型简洁精美，比其他建筑复杂华丽。《园冶》上说：“堂者，当也。谓当正向阳之屋，以取堂堂高显之义。”厅、堂因其内四界构造用料不同而区分，扁方料者曰厅，圆料者曰堂，俗称“扁厅圆堂”（图4.77、图4.78）。

图4.77　厅堂内部空间

图4.78　江南园林厅堂

园林中，厅、堂是主人会客、议事的场所。一般布置于居室和园林的交界部位，既与生活起居部分有便捷的联系，又有极好的观景条件。厅、堂一般是坐南朝北。从厅、堂往北望，是全园最主要的景观面，通常是水植和池北叠山所组成的山水景观。观赏面朝南，使主景处在阳光之下，光影多变，景色明朗。厅、堂与叠山分居水池之南北，遥遥相对，一边人工，一边天然，既是绝妙的对比，衬出山水之天然情趣，也供园主不下堂筵可享天然林泉之乐。厅、堂的南面也点缀小景，坐堂中可以在不同季节，观赏到南北不同的景色。

厅、堂这种建筑类型就其构造装饰之不同可分为下列几种形式：扁作厅、圆堂、贡式厅、船厅回顶、卷棚、鸳鸯厅、花篮厅、满轩。

厅、堂按其使用功能不同，又可分为茶厅、大厅、女厅、对照厅、书厅和花厅。而由于厅堂与环境及周围景观的结合、产生了四面开敞的四面厅、临水而建的荷花厅、船厅等形式，其柱间常安置连接长窗（隔扇），在两侧墙上，有的为了组景和通风采光，往往开窗，便于览景。也有的厅为了四面景观的需要，四面以回廊、长窗装于步柱之间，不砌墙壁，廊柱间设半栏或美人靠，供人们坐憩之用。

皇家园林中的厅堂，是帝王在园内生活起居、游憩休息的建筑物。它的布局大致有两种：一种是以厅堂居中，两边配以辅助用房组成封闭的院落，供帝王在院内活动之用；另一种是以开敞的方式进行布局，厅堂居于构图中心地位，周围配以亭廊、山石、花木等，供帝王游园时休憩观赏之用。

现代园林中，相当于传统园林建筑中的“厅堂”的建筑依然存在，只是叫法不同而已。相反即使叫“某某堂”或“某某厅”也未必就是传统园林建筑中堂厅的内容和做法。下面将要谈到的轩馆斋室也有同样的问题。

4.1.5 楼与阁

楼、阁属高层建筑。体量一般较大,在园林中运用较为广泛。著名的楼有岳阳楼(图4.79),而阁以江西南昌的滕王阁为胜(图4.80)。

图4.79 岳阳楼

图4.80 滕王阁

楼、阁为两层或两层以上,在型制上不易明确区分,如果追溯二者的历史渊源,可以看出它们的大致区别。《说文》云:"重屋曰楼。"《尔雅》:"狭而修曲为楼。"又有《园冶》:"阁者,四阿开四牖"即四坡顶而四面皆开窗的建筑物。从以上记载中,我们不难看出,在古代把一座建筑底层空着,上层做主要用途的建筑物叫做阁。而楼则是一种"重屋"的建筑,上下全住人。阁一般都带有平坐,这坐可能就是楼与阁的主要区别了。

二者在用途上,阁带有贮藏性,用来藏书、藏画等,比如宋代的秘阁藏书阁,清代的文渊阁皆为此用。楼起先多用于居住,后也有用于贮藏,还有一种城楼有瞭望的作用。

楼阁这种凌空高耸、造型隽秀的建筑形式运用到园林中以后,在造景上起到了很大的作用。首先,楼阁常建于建筑群体的中轴线上,起着一种构图中心的作用。其次,楼阁也可独立设置于园林中的显要位置,成为园林中重要的景点。楼阁出现在一些规模较小的园林中,常建于园的一侧或后部,既能丰富轮廓线,又便于因借园外之景和俯览全园的景色。

在结构形式上,楼一般做得较为精巧,面阔三五间不等,进深也大,半槛挂落变化多端,当楼靠近园林的一侧时,装长窗,外绕栏杆,或挑硬挑头为阳台,其屋顶构造多硬山、歇山式,楼梯设于室内或由假山盘旋而上。阁多重檐双滴,四面辟窗,其平面多为方形或多边形,列柱八至十二,其屋顶之构造,多为歇山式、攒尖顶,与亭相仿。楼阁内部,时常做小轩卷棚,以达到高爽明快的效果。

4.1.6 殿与斋

1)殿

图 4.81 殿堂

(1)殿的含义 殿是一种体量高大的建筑物,有“释道祀其神灵之室曰殿”之说,即所谓教徒供佛的大堂称为殿。所以殿是供佛的建筑,统称为佛殿;又有“天子之堂曰殿”之说,古代君主处理朝政的地方,俗称金殿。虽然殿的类型、用途不一,但总的说来都是由单开间组成:二开间、五开间、七开间、九开间不等。园林中的殿,均为厅、堂一类的建筑。故园林里关于祀、殿等均可以按照厅、堂的设计原则进行规划,可以作为园林布局中的主景(图 4.81)。

(2)殿的功能

①在园林之中殿因其体量高大,从而成为园林内最常见的一种点景建筑,它不仅对丰富园林景观起着很重要的作用,还可以作为名胜古迹的代表建筑,供人们游览、瞻仰。

②殿的造型丰富,可与假山、树木相结合突显宗教建筑造型的雄伟与高大。

③殿可以和我国传统园林的园林建筑亭、台、楼、阁、厅、堂、馆、斋、廊、轩、榭等相结合,成组或单独设置、星罗棋布,从而为园林增添很多的建筑美、古典美、意境美。

2)斋

斋是斋戒的意思,在宗教上指和尚、道士、居士的斋室。园林中的斋,是指书屋性质的建筑物,是修身养性的地方,一般处于静谧、较封闭的小庭院中,与外界隔绝,相对独立,小院空间也是书斋的一部分,形成完整统一的气氛。正如《园治》上说“斋较堂,惟气藏而致敛,有使人肃然斋敬之义。盖藏修密处之地,故式不宜常显。”

不过北方皇家园林中以“斋”命名的园林建筑,一般已是一个小园林建筑群,里面建筑的内容与形式比较多样,如北海公园的静心斋、画舫斋(图 4.82)。

图 4.82 北海静心斋

4.1.7 馆与轩

馆、轩也属于厅堂类型,但尺度较小,布置于次要地位。馆、轩是园林中数量最多的建筑物,在个体造型、布局方式、建筑与环境的结合上,都表现出比厅堂更多的灵活性。有时布局极为开阔,以建筑个性形式深入到自然环境之中,成为环境画面的重要点缀;有时独立地组成一个环境幽僻的庭院空间。在建筑的体量上,它们处于厅堂与亭榭之间,属于中等大小的建筑物,体型变化也较灵活多样,因此对园林空间起到组织的重要作用。

馆、轩等这类建筑物在使用功能上,在我国早先是有不同含义的。自明、清以已无一定的制度,通常是一座建筑物落成后经文人雅士在建筑物匾额上题字而任意称呼。因此,在称谓上已经混用,在使用功能上区别也不严格,在其中书画、会友、起居、生活均无不可。今天我们不必去细加追究,仅依据它们过去一般确认的性质,选择一些典型的实例来略加分析。

1)馆

江南园林中的"馆"一般是一种休憩会客的场所,建筑尺度一般不大,布置方式也多种多样,常与居住部分与主要厅堂有一定联系。如苏州拙政园枇杷园内的玲珑馆、网师园内的蹈和馆,都建于一个与居住部分的相毗连而又相对独立的小庭院中,入园后可便捷地到达,同时,又自成一局,形成一个清幽、安静的环境。在北方的皇家园林中,"馆"常作为一组建筑群的称呼,作为帝王看戏听曲、宴饮休息之所(图4.83)。

图4.83 拙政园卅六鸳鸯馆

2)轩

轩本义有虚敞而又高举之意。轩一般高爽精致,并用轩梁架桁,以承屋面,类似于车轩的高高昂首之势。正如《园治》所述"轩式类车,取轩轩欲举之意,宜置高敞,以助胜则称。"在传统园林中,常常将轩建在地处高旷、环境幽静的地方,形式上常以一轩式建筑为主体,周围环绕游廊与花墙。庭院空间一般小巧精致,以近观为主,常以庭院内山石与花木之景形成该庭院的主要特色。有时也将轩式建筑成组布置,形成一个独立的小庭院,营造出清幽、恬静的环境(图4.84)。

图4.84 瘦西湖饮虹轩

北方皇家园林中的轩,也常布置于高旷、幽静的地方,本身就是一处独立有特色的小园林。如颐和园谐趣园北部山冈上的霁清轩、避暑山庄山区中的山近轩等,都是因山就势,取不对称布局形式的小园林。它们都与亭、廊等结合组成错落变化的庭院空间。由于地势高敞,既宜近观,又可远眺,真有轩昂高举的气势。

4.2 服务类建筑设计

4.2.1 接待住宿类建筑

1)概况

风景区或城市园林中常设有接待住宿类建筑,以接待贵宾或旅游团体,供宾客休息和赏景,因此在选址时多结合风景点或主要活动区,创造一种宁静优雅的空间环境。接待住宿类建筑有时和工作间、行政用房统一安排,兼有承担园林管理的功能。

2)接待住宿类建筑设计

接待住宿类建筑在设计时应因地制宜,自然成趣,或跨于悬崖,或濒临水面,或绿树掩映。单层接待住宿类建筑通过水平方向组织功能分区,多采用庭院布局手法,也可大小院落进行穿插;多层的综合接待住宿类建筑常将小卖部、餐饮部等人流较多、交通联系紧密的内容布置在一层,而将接待等要求宁静和需要好的观景点的内容布置于一层之上。

4.2.2 餐饮类建筑

餐饮类建筑近年来在风景区和公园已成为一项重要设施。该项服务性建筑在人流集散、功能要求、建筑形象等方面对景区的影响较其他类型的建筑要大,如设计合理,不但为园景增色,而且还是一项重要的经济收益(图4.85、图4.86)。

图4.85　景区餐厅设计

图4.86　天津某餐厅设计

1)餐饮类建筑的类别与特点

餐饮类建筑的名称繁多,有以景区、景点命名的,如桂林七星岩月牙楼;有以公园名称称呼,如杭州花港观鱼茶室;也有以其所在环境、气候之特点另设雅号,如武汉东湖公园听涛酒家。

2)经营位置

为方便游客,应配合游览路线布置餐饮类服务点。在一般公园,餐饮类建筑应与各景点保持适当的距离，避免抢景、压景而又能便于交通、联系。在中等规模的公园里，餐饮类建筑适宜布置在客流活动较集中的地方。建筑地段一般要交通方便、地势开阔，以适应客流高峰期的需要，同时也有利于管理和供应。为吸引更多的游客，基址所在的环境应考虑在观景与点景方面的作用。在风景区或大规模的公园里，一般采取分区设点。

3）**建筑与客流量**

餐饮类建筑客流量的变化因素不仅与公园规模、设施等有关，也与城市，季节、假日等有关。在建筑处理上如何解决客流量的变化，一般有下列几种方式：

（1）多种经营　在出现客流高峰时，采取多种经营方式，如小卖、外卖、快餐等，可以解决部分游客的需要。

（2）分区布置　建筑布局应按不同服务对象与服务特点，将营业用地分区处理。

（3）内外结合　采取基本营业厅与敞厅、外廊的散座区相结合的方式是解决客流量变化幅度的有效措施。如有条件的也可通过庭园空间组成露天的营业厅。

4）**隐蔽辅助部分**

餐饮类建筑特别是餐厅，它的厨房、仓库、烟筒等辅助用房和构筑物，庞大而杂乱，一般较难与园林风景相协调，极易破坏景观。要解决好这个问题，必须因地制宜，采取绿化和其他建筑手段，突出风景建筑主体，隐蔽辅助部分。

5）**“三废”处理、环境保护**

规模较大的餐饮业，每天排除大量的废渣、废水和废气，尤以后者最为严重。应加强“三废”的处理，并最好采用固体燃料，将污染降到最小的程度。

6）**建筑规模与体量**

餐饮类建筑在功能上以餐厅最为复杂，面积和规模也较大。一般小规模的容量为200～300座，建筑面积在500 m^2 以内；中等规模的容量为600座左右，建筑面积约为800 m^2；大规模的容量往往在1 000座以上，面积超过1 500 m^2。一般中等规模的餐饮类建筑体量多为2层或3层。

4.2.3　商业类建筑

1）**小卖部**

风景区或城市园林中的小卖部主要为游客的零星购物服务，有时也兼营一些土特产品和工艺品，常结合一些赏景点或休息点分散设置，或结合入口和附近的接待室、餐厅茶室，其形式较为自由（图4.87）。

小卖部的规模一般不大，其数量可依据园林的性质和游人量而定，最好与休息敞厅和敞廊结合，为游客提供驻足休息和交流信息的共享空间，增添游园情趣。

2）**摄影部**

风景区或城市园林的摄影部可进行销售和租赁照相器材，为游客提供摄影等服务。其位置多设在主要景点或主入口附近，交通联系方便，建筑应偏于一隅，不能影响景区的景观。

图4.87 景区小卖部

摄影部可独立设置,也可与其他服务建筑相结合,独立设置时或结合亭廊创造一种休息、赏景的环境,或形成小庭院,创造一种幽静雅致的氛围,与其他服务性建筑相结合,应注意各种功能的串联处理,增添休息与赏景内容,增添游客的游兴。

4.3 公用设施类建筑设计

4.3.1 入口及大门建筑

在园林建筑的入口及大门建筑中,风景区(风景点)的入口和公园大门使用频率非常高,而且非常重要,应结合实际情况,设立提示的标志,继而设立其他设施。

1)景区入口标志

景区入口包括入口标志、票房和停车场等。入口标志是入口的重要组成部分,用于指明景区的入口位置。标志宜明显,易被游人发现。

优美的入口形象有助于吸引游人。标志的造型要富有个性,体量不一定要大,材质不一定要高。入口设计要根据实际环境,从整体出发去考虑其空间组织及建筑形象,立意要切合景区的性质与内容。如广东西樵山风景区,前区的入口标志采取牌坊的形式,号"云门"。

风景区的售票房是风景区入口的管理处所,应按具体的环境和条件来决定其位置和数量。目前售票房多忽视其艺术和功能的要求,缺乏个性。设计售票房应结合周围的环境,把它也应当作为一个小的景点来看待进行设计。

停车场对于处在远郊的风景区来说,应该是必备的一项公用设施。应根据景区面积和游客流量来进行设计。

2)景点入口构成

景点入口构成形式多样,有利用原来山石、名泉古木,有用砖石砌筑门、墙,也有以较完整的各种建筑形象构成。大体上可分为两类:一类是以自然为主,另一类是以人工构筑为主。常见的构成类型有：

(1)利用小品建筑构成入口　这类入口多见于有悠久历史的风景区。采用山门、牌坊等小品建筑构成入口，与古建筑群可以遥相呼应，很自然地融为一体。如福州鼓山风景区的入口就是采用山门、牌坊等建筑形式。

(2)利用原有山石或模拟自然山门构成入口　此类景点入口巧借地形，更顺乎自然，以简胜繁，耐人寻味。如福州武夷山"天游门"，剔土露石，利用巨石与石壁构成景点入口。

(3)用石筑门构成入口　这类入口虽然以建筑形式构成，但由于材质朴素、造型浑厚、古朴，因而具有特殊的魅力。如福州武夷山的许多景区景点的入口均采用这种处理手法。

(4)以自然山石，结合山亭、廊、台构成入口　将人工和自然这两种不同性质的处理方式糅合到一起，使其布局紧凑、主次有序，较易收到一定的景致。如桂林七星公园的桥头区入口就是采用此类入口。

(5)亭台结合古木构成入口　在风景区中姿态奇异或带有掌故传说性的古木，很能吸引游人。这些景点由于历史悠久，历代文人题咏甚多，更添游人品评、鉴赏的兴致。在这些难得的景点或景区入口处，多以这些古木为核心，修台、筑亭、立碑以示尊崇珍重。如泰山五大夫松、岱庙汉柏均属此类入口的处理方法。

景点入口构成无论是以哪种形式为主，均需详细了解景点的有关历史或民间传说，从总体出发，结合自然环境，因地制宜地进行设计，只有这样才能构成性格鲜明的景点入口。

3)景区内各景点入口的总体考虑

处理景点入口时要有总体观念，既要照顾和局部环境的配合，也要注意在同一景区内特别是同一游览线上各景点入口的统一性。入口处理不单纯是造型、风格问题，也牵扯入口前后的空间序列与组织的相关性。

4)公园大门

(1)公园大门的作用　控制游人进出是公园大门的一项主要任务。公园客流量变化很大，在人流高峰状况下，公园大门也能较好地控制游人的进出。对于游人高峰的公园，如文化公园、动物园等，除了设置一个或多个大门外，尚需设置若干个太平门，以适应在紧急情况下游人均能迅速疏散和便于急救车、消防车的通行。

公园往往通过大门的艺术处理体现出整个公园的特性和建筑艺术的基本格调。所以大门设计既要考虑在建筑群体中的独立性，又要与全园的艺术风格相一致。成功的大门设计必须立意新颖、巧于布局，并富有个性。

(2)公园大门的位置　大门位置的选择，首先要便于游人进园。公园大门是城市与园林交通的咽喉，与城市总体布置有密切的关系。一般城市公园主要入口多位于城市主干道一侧。较大的公园还在其他不同位置的道路设置若干个次要入口，以方便城市各区群众进园。具体位置要根据公园的规模、环境、道路及客流量等因素而定。

(3)公园大门的空间处理　公园大门的平面主要有大门、售票房、围墙、橱窗、前场或内院等部分组成。公园大门入口的空间处理包括大门外的广场空间和大门内的序幕空间两大部分。

①门外广场空间：门外广场是游人首先接触的地方，一般由大门、售票房、围墙、橱窗等组成，再配以花木等。

②门内序幕空间:可分为约束性空间、开敞性空间两种。

(4)公园大门的设计　大门的设计要根据公园的性质、规模、地形环境和公园整体造型的基调等各因素进行综合考虑,要充分体现时代精神和地方特色,造型立意要新颖、有个性、忌雷同(图4.88、图4.89)。

图4.88　某公园大门

图4.89　公园大门设计

4.3.2　游艇码头

1)码头的功能

游船码头是园林中水陆交通的枢纽,以旅游客运、水上游览为主,还作为同林中自然、轻松的游览场所,又是游人远眺湖光山色的好地方,因而备受游客的青睐。若游船码头整体造型优美,可点缀美化园林环境(图4.90)。

图4.90　游艇码头

2)游船码头的位置选择

(1)周围环境　在进行总体规划时,要根据景点的分布情况充分考虑自然因素,如日照、风向、温度等,确定游船码头位置;设立位置要明显,游人易于发现;交通要方便,游人易于到达,以免游人划船走回头路,应设在园林主次要出入口的附近,最好是接近一个主要大门,但不宜正对入口处,避免妨碍水上景观;同时应注意使用季节风向,避免在风口停靠,并尽可能避免阳光引起水面的反射。

(2)水体条件　根据水体面积的大小、流速、水位情况考虑游船位置。若水面较大要注意风浪,游船码头不要在风口处设址,最好设在避开风浪冲击的湾内,便于停靠;若水体较小,要注意游船的出入,防止阻塞,宜在相对宽阔处设码头;若水体流速较大,为保证停靠安全,应避开水流正面冲刷的位置,选择在水流缓冲地带。

(3)观景效果　对于宽阔的水面要有对景,让游人观赏;若水体较小,要安排远景,创造一定的景深与视野层次,从而取得小中见大的效果。一般来说,游船码头应地处风景区的中心位置或系列景色的起点,以达到有景可赏,使游人能顺利依次完成游览全程。

3)游船码头的组成

游船码头可供游人休息、纳凉、赏景和点缀园林环境。根据园林的规模确定码头的大小,一般大、中型码头由7部分组成:

(1)水上平台　水上平台是供游人上船、登岸的地方,是码头的主要组成部分。其长宽要根据码头规模和停船数量而定。台面高出水面的标高主要看船只大小、上下方便以及不受一般风浪所淹没为准。水上平台高出水面300~500 mm为宜。若为大型码头或专用停船码头应设拴船环与靠岸缓冲调节设备;若为专供观景的码头,可设栏杆与坐凳,既起到防护作用,又可供游人休息、停留,观赏水面景色,同时还能够丰富游船码头的造型。

(2)蹬道台阶　台阶是为平台与不同标高的陆路联系而设的,室外台级坡度要小,其高度和宽度与园林中的台阶相同。每7~10级台阶应设休息平台,这样既能保证游人安全,又为游客提供不同高度远眺。台阶的布置要根据湖岸宽度、坡度、水面大小安排,可布置成垂直面结合挡土墙,在石壁上可设雕塑等装饰,以增加码头的景观效果。

(3)售票室　售票室主要出售游船票据,还可兼回船计时退押金或收发船桨等。

(4)检票口　在大中型游船码头上,若游客较多,可按号的顺序经检票口进入码头平台进行划船,有时可作回收、存放船桨的地方。

(5)管理室　一般设置在码头建筑的上层,以供播音、眺望水面情况,同时可供工作人员休息、对外联系等。

(6)候船空间　可结合亭、廊、花架、茶室等建筑设置候船空间,既可作为游客候船的场所,又可供游人休息和赏景,同时还可丰富游船码头的造型,从而点缀水面景色。如太原迎泽公园内的游船码头,设置休息廊、等候亭,供游人休息等候和观赏风景。另外廊还与茶室相连接,游人不仅可以品茶,还可眺望水景。

(7)集船柱桩或简易船场　供夜间收集船只或雨天保管船只用的设施,应与游船水面有所隔离。

4)游船码头的形式

游船码头大致可分为以下 4 种形式:

(1)驳岸式　城市园林水域不大,结合驳岸修建码头,经济、美观、实观、实用,可结合灯饰、雕刻加以点缀成景,是园林中最常用的形式。

(2)伸入式　这种码头一般设置在水面较大的风景区,不修驳岸,停泊的船吃水较深,而岸边水深较浅,可将平台伸入水面。这种码头可以减少岸边湖底的处理,直接把码头伸入水位较深的位置,便于停靠。

(3)半伸入式　这种码头一半伸入水面,作为水上平台和检票用,以便管理;另一半在岸上供游客候船和休息用。

(4)浮船式　这种码头适用于水位变化大的水库风景区。浮船码头可以适应高低不同的水位,保持一定的水位深度。夜间不需要管理人员,利用浮船码头可以漂动位置的特点存放。停放时将码头与停靠的船只一起锚定在水中,以保护船只。

5)游船码头的设计要点

游船码头的设计应遵照适用、经济、美观的原则,使崖体与水体间各设施相互协调统一,具体应注意以下几点:

①设计前首先要了解湖面的标高、最高和最低水位及其变化,来确定码头平台的标高,以及水位变化时的必要措施。

②在设计时建筑形式应与园林的景观和整体形式协调一致,并形成高低错落、前后有致的景观效果,使整个园林富有层次变化。

③平台上的人流路线应顺畅,避免拥挤,应将出入人流路线分开,以便尽快疏散人流,避免交叉干扰。

④在设计时应综合考虑湖岸线的码头要避免设在风吹飘浮物易积的地方,这样既对船只停泊有影响,又不利于水面的清洁。

⑤码头平台伸入水面,夏季易受烈日曝晒,应注意选择适宜的朝向,最好是周围有大树遮阳或采取建筑本身的遮阳措施。

⑥靠船平台岸线的长度,应根据码头的规模、人流量及工作人员撑船的活动范围来确定,其长度一般不小于 4 m,进深不小于 2 ~ 3 m。

4.3.3 公共厕所

1)园林厕所的功能

游人到园林中需用较长的时间进行游览,游人进园后先方便一下,就能轻轻松松地开展各种各样的游憩性活动,又能保证园内的清洁卫生。因此对园林厕所的建设应加以重视,以满足广大游人的需要(图4.91、图4.92)。

图4.91 公共厕所

图4.92 公共厕所

2)园林厕所的类型

园林厕所依其设置性质可分为永久性和临时性厕所,其中永久性厕所又可分为独立性和附属性厕所。

(1)独立性厕所　指在园林中单独设置,与其他设施不相连接的厕所。其特点是可避免与其他设施的主要活动产生相互干扰,适合于一般园林。

(2)附属性厕所　指附属于其他建筑物之中,供公共使用的厕所。其特点是管理与维护均较方便,适合于不太拥挤的区域设置。

(3)临时性厕所　指临时性设置,包括流动厕所。可以解决因临时性活动的增加所带来的需求,适合于在地质土壤不良的河川、沙滩的附近或临时性人流量的场所设置。

3)园林厕所的设计要点

①园林厕所应布置在园林的主次要出入口附近,并且均匀分布于全园各区,彼此间距200 ~

500 m，服务半径不超过500 m，一般而言，位于游客服务中心地区，或风景区大门口附近地区，或活动较集中的场所。停车场、各展示场旁等场所的厕所，可采用较现代化的形式；位于内部地区或野地的厕所，可采用较原始的意象形式来配合。

②选址上应避免设在主要风景线上或轴线上、对景处等位置，位置不可突出，离主要游览路线要有一定距离，最好设在主要建筑和景点的下风方向，并设置路标以小路连接。要巧借周围的自然景物，如石、树木、花草、竹林或攀缘植物，以掩蔽和遮挡。

③园林厕所要与周围的环境相融合，既“藏”又“露”，既不妨碍风景，又易于寻觅，方便游人，易于发现；在外观处理上，必须符合该园林的格调与地形特色，既不能过分讲究，又不能过分简陋，使之处于风景环境之中，而又置于景物之外。既不使游人视线停留，引人入胜，又不破坏景观，惹人讨厌；其色彩应尽量符合该风景区的特色，切勿造成突兀不协调的感受，运用色彩时还应考虑到未来的保养和维护。

④茶室、阅览室或接待室外宾用的厕所，可分开设置，或提高卫生标准。一个好的园厕，除了本身设施完善外，还应提供良好的附属设施，如垃圾桶、等候桌椅、照明设备等，为游人提供较大的便利。

⑤园厕应设在阳光充足、通风良好、排水顺畅的地段。最好在厕所附近栽种一些带有香味的花木，如南方地区可种植白兰花、茉莉花、米兰等，北方地区可种植丁香、珍珠梅、合欢、中国槐等，来减免厕所散发的不好的气味。

⑥园厕的定额根据公园规模的大小和游人量而定。建筑面积一般为6～8 m^2/hm；游人较多的公园可提高到15～25 m^2/hm。每处厕所的面积在30～40 m^2，男女蹲位一般3～6个，男女蹲位的数量比例以1∶2或2∶3为宜，男厕内还需配小便槽。

⑦园厕入口处，应设“男厕”“女厕”的明显标志，外宾用的厕所要用人头像象征。一般入口外设1.8 m高的屏墙以挡视线。若是附属性厕所，则应设置前室，这样既可隐蔽厕所内部，又有利于改善通向厕所的走廊或过厅的卫生条件。

⑧为了维护园厕内部的清洁卫生，避免泥沙粘在鞋底带入厕所内，可在通往厕所出入口的通道铺面稍加处理，并使其略高于地表，且铺面平坦，不宜积水。如果是建筑物内的厕所，则地面标高应低于走廊或过道地坪30～50 mm。

另外厕所地面应采用防滑材料，并设置1%～2%坡度避免积水。还应考虑为行动不方便人士或残疾人设置扶手及专用蹲位。

园林厕所一般由门斗、男厕、女厕、化粪池、管理室（储藏室）等部分组成。立面及外形处理力求简洁明快，美观大方，并与园林建筑风格协调，不宜太张扬个性。

思考练习

1. 游憩类建筑单体的类型以及它们在风景园林中的处理手法有哪些？
2. 服务类建筑单体的类型有哪些？它们各自的位置选择有什么要求？
3. 公用设施类建筑单体的设计要求有哪些？
4. 在园林建筑单体设计中为什么要强调建筑单体与空间或环境的整体性？

5 园林建筑小品设计

[教学要求]

明确园林小品在园林建筑中的地位、意义及作用；
园林小品的组成部分及材料的运用。

[知识要点]

在园林小品设计中如何通过对各个部分的设计、材料的运用来满足人们精神和物质的需求。

5.1 园林建筑小品在园林建筑中的地位及作用

5.1.1 园林小品在园林建筑中的地位

据统计，中国园林质监站年总受监项目1 100多个，其中含园林小品项目220个，占总个数19%，总受监工程量17.73亿元，其中含园林小品项目工程量7.99亿元，占总工程量的45%。在抽取含园林小品的37个绿化项目中发现，各个项目园林小品的造价占绿化总造价的比例集中在25%~50%。

从以上数据调查中可以看出，园林小品作为园林环境的组成部分，已成为园林建筑不可缺少的整体化要素，在园林建筑工程中占有举足轻重的地位。它与建筑、山水、植物等共同构筑了园林环境的整体形象，表现了园林环境的品质和性格。园林小品不仅仅是园林环境中的组成元素、环境建设的参与者，更是环境的创造者，在园林空间环境中起着非常重要的作用。由于园林小品的存在，为环境空间赋予了积极的内容和意义，使潜在的环境也成了有效的环境。因此，在园林建筑的建设中，不断创造优质的环境小品，对丰富与提高环境空间的品质具有重要的意义。

在“以人为本”作为设计理念的现代社会，人们衡量一个设计作品的成功与否，往往会从设计是否人性化的角度去评判，园林小品作为环境中的一员，与人的接触最为直接、密切，如室外座椅的舒适度、园林灯光的功效、台阶踏步的尺度把握等方面无不时时刻刻在检验着人们对整体环境的印象,因此园林小品不但为环境提供了各种特殊的功能服务,还反映了整体设计中对人性关怀的细致程度。尽管环境小品的发展历史较短,但也迅速走到了"关注人的设计"这一步,在园林建筑的建设中,建筑、园林小品、人三者之间形成了有机平衡关系,环境小品、建筑共同为人的需要服务。由此,我们不能不说园林小品在整体环境中不但是重要的而且是不可或缺的。

5.1.2 园林小品在园林建筑中的作用

园林小品作为一种物质财富满足了人们的生活要求,作为一种艺术的综合体又满足了人们精神上的需要,它把建筑、山水、植物融为一体,在有限的范围内,利用自然条件,模拟大自然的美景,经过人为的加工、提炼和创造,源于自然而高于自然,把自然美和人工美在新的基础上统一起来,形成赏心悦目、丰富变幻的环境。

(1)园林小品在园林空间中,除具有自身的使用功能要求外,一方面作为被观赏的对象,另一方面又作为人们观赏景色的所在。因此设计中常常使用建筑小品把外界的景色组织起来,使园林意境更为生动,画面更富诗情画意。园林建筑小品在造园艺术中的一个重要作用,就是从塑造空间的角度出发,巧妙地用于组景。对园林景观组织的影响主要体现在以下几个方面:

①在园林建筑中,园林小品是作为园林主景的有机组成部分存在的。像台阶、栏杆、铺地等本身就是各类园林建筑的不可分割的一部分。

②园林小品还是园林配景的组成部分。园林小品巧妙运用了对比、衬托、尺度、层次、对景、借景和小中见大、以少胜多等种种造园技巧和手法,将亭台楼阁、泉石花林组合在一起,在园林中创造出自然和谐的环境。

③园林小品对游人起到很好的导向作用:通过对园林小品的合理空间配置,有效地组织了游人的导向。如在开阔处布置园林小品使人流停留,而在狭窄的路边却不布置小品,使人流能及时分流。较为典型的如:铺地、小桥、汀步等,本身的铺设方向就是一种暗示(图5.1);坐凳的设置也对游人有一定的导向作用。在园路旁及主要景点边间隔一定的距离配置美观舒适的坐凳,可以提供给游人长时间逗留的休息设施,从而使游人能更好地观赏景色。

(2)园林建筑小品的另一个作用,就是运用小品的装饰性来提高园林建筑的可观赏性。

杭州西湖的"三潭印月"就是一种以传统的水庭石灯的小品形式"漂浮"于水面,使月夜景色更为迷人(图5.2)。

图5.1 随路线弯曲布置的石板路和水道

图5.2 杭州西湖三潭印月

(3)园林建筑小品除了具有对园林景观进行组织和观赏的作用外,常常还把那些以实现功能作用作为首要任务的小品如室外家具、铺地、踏步、桥岸以及灯具等予以艺术化、景致化,使那些看起来毫无生机的小品通过本身的造型、质地、色彩、肌理向人们展现其自身的艺术魅力并借此传达某种情感特质。例如地面铺装,其基本功能不过是提供便于行走的道路或便于游戏的场地,但在园林建筑中,不能把它作为一个简单的地面施工去处理,而应充分研究所能提供材料的特征,以及不同道路与地平所处的空间环境来考虑其必要的铺装形式与加工特点。如在草坪中的小径,可散铺片石或嵌鹅卵石,疏密随宜。较为重要的人流通道或室外地坪、广场,则多以规整石块或广场砖铺就,并注意在其分块形式、色块组合以及表面纹祥的变化上多作推敲(图 5.3)。

(4)通过不同风格的园林小品创造不同的园林意境。

好的园林小品能达到咫尺之内再造乾坤的效果。园林小品所占面积往往不大,但采用变换无穷、不拘一格的艺术手法。在中国传统园林中,以中国山水花鸟的情趣,寓唐诗宋词的意境,在有限的空间内点缀假山、树木,安排亭台楼阁、池塘小桥,使园林环境以景取胜,景因园异,给人以小中见大的艺术效果。

(5)园林建筑小品通过自身形象反映一定地域的审美情趣和文化内涵。

自然环境、建筑风格、社会风尚、生活方式、文化心理、民俗传统、宗教信仰等构成了地方文化的独特内涵。园林小品的设计在一定程度上也反映出了不同的文化内涵,它的创造过程就是这些内涵的不断提炼、升华的过程。一般来讲,不管是园林建筑还是园林小品都是以其外在形象来反映其文化品质的,园林建筑可以依据周围的文化背景和地域特征而呈现出不同的建筑风格,园林小品也是如此。在不同的地域环境及社会背景下,园林小品呈现出不同的风貌,为整体环境的塑造起到了烘托和陪衬的作用,使得骨骼明晰的园林环境变得更加有血有肉,更为丰满深刻。

图 5.3 古巴的水磨石铺地

5.2 园林小品的组成部分及材料的运用

5.2.1 景 墙

在园林环境中,园林景墙主要用于分隔空间,保护环境对象,丰富景致层次及控制、引导游览路线等,作为空间构图的一项重要手段,它既有隔断、划分组织空间的作用,也具有围合、标识、衬景的功能,而且在很大程度上是作为景物供人欣赏,所以要求其造型美观,具有一定的观赏性。

在现代园林建筑中,景墙的主要作用就是造景,不仅以其优美的造型来表现,更重要的是从其在园林空间中的构成和组合中体现出来,借助景墙使园林空间变化丰富有序、层次分明。各种园林墙垣穿插园中，既分隔空间，又围合空间，既通透，又遮障，形成的园林空间各有气韵。园林墙垣既可分隔大空间，化大为小，又可将小空间串通迂回，使之呈现小中见大、层次深邃的意境。另外，景墙也可独立成景，与周围的山石、花木、灯具、水体等构成一组独立的景物。北京颐和园的灯窗景墙位于昆明湖上，白粉墙上雕镂有各式灯形窗洞，窗面镶有玻璃，夜色降临，宛如盏盏灯笼，湖面上波光倒影，颇有趣意（图 5.4）。

图 5.4 颐和园——园墙及空窗

1）景墙分类

中国传统园林的围墙，按材料和构造可分为版筑墙、乱石墙、磨砖墙、清水砖墙、白粉墙等。分隔院落空间多用白粉墙，墙头配以青瓦。用白粉墙衬托山石、花卉，犹如在白纸上绘制山水写意图，意境颇佳。此种形式多见于江南园林的围墙（图 5.5）。清水砖墙由于它不加粉饰，往往使建筑空间显得更为朴实，一般用于室外。在现代园林建筑中为了创造室内外空间的互相穿插和渗透的效果，也常常引用清水砖墙来处理室内的墙面，用以增添室内的自然气氛。在园林建筑中采用石墙容易获得天然的气氛，形成局部空间的切实分割，是处理园林空间获得有轻有重、有虚有实的重要手段（图 5.6）。

图 5.5 江南园林的围墙

图 5.6 留园——华步小筑

现代园林建筑中除沿用一些传统围墙的做法，由于新材料与新技术的不断发展，围墙的形式也是日新月异，现代景墙在传统围墙的基础上注重与现代材料和技术的结合，主要的有以下形式：石砌围墙、土筑围墙、砖围墙、钢管立柱围墙、混凝土立柱铁栅围墙、混凝土板围墙、木栅围墙（图5.7）。现代景墙常以变化丰富的线条表达轻快、活泼的质感；或以体现材料质感和纹理，或加以浮雕艺术衬托景观效果。

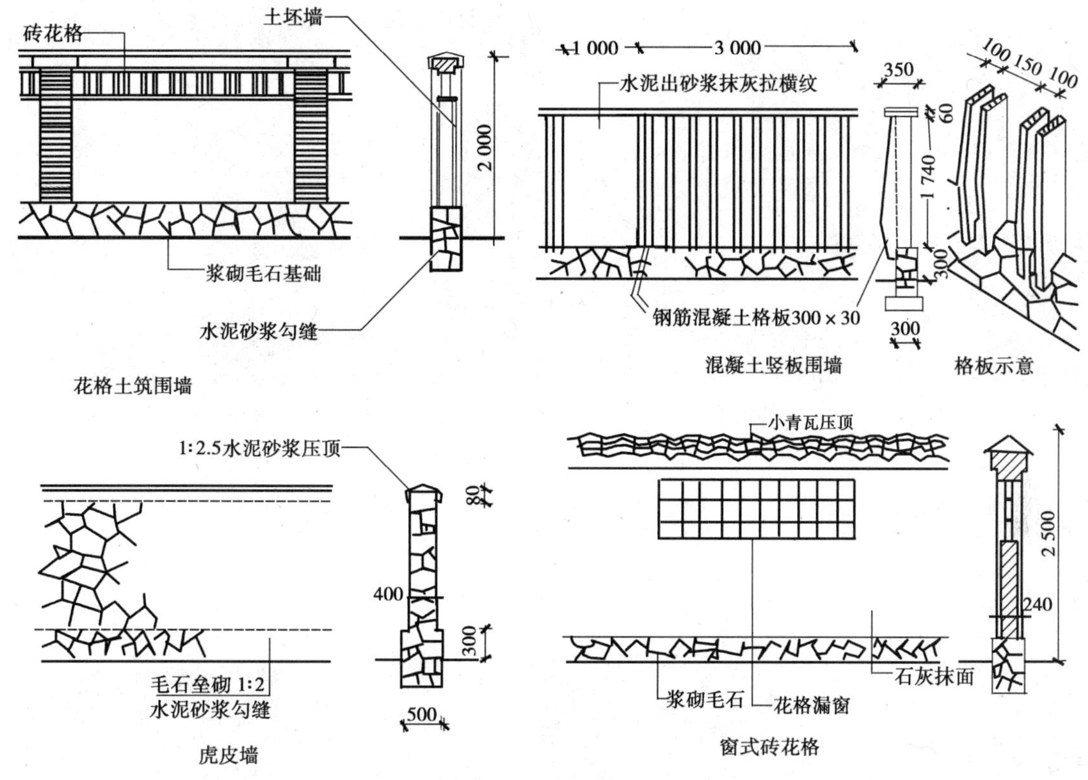

图5.7　现代围墙形式

2）墙饰的特点与手法运用

在围墙设计中，石砌围墙、混凝土围墙、复合石墙等应用广泛，因为材料本身的固有属性使它们具有一定的朴实厚重之感，能激起人们对大自然的向往与追求，并能表现出特定的园林意境，而且通过巧妙的组合搭配，运用一定的构图与装饰手法，如“线条”“质感”“色彩”“光影”“空间层次的组织”等，即可创造出各种不同风格与感觉的园林景墙，以下重点介绍几种常用手法。

（1）线条　线条就是石的纹理及走向和墙缝的式样。常用的线条有水平划分，以表达轻巧舒展之感；垂直划分，以表达雄伟挺拔之感；矩形和棱锥形划分，以表达庄重稳定之感；斜线划分，以表达方向和动感；曲折线、斜面的处理，以表达轻快、活泼之感。

（2）质感　质感是指材料质地和纹理所给人的触视感觉。它又分为天然的和人为加工的两类。

天然质感多用未经琢磨的或粗加工的石料来表达，而人工质感则强调如花岗石、大理石、砂岩、页岩（虎皮石）等石料加工后所表现出的质地光滑细密、纹理有致、晶莹典雅中透出庄重肃穆的风格。不同质感的材料所适用的空间环境也是不同的，如天然石料朴实、自然，适用于室外庭院及湖池岸边（图5.8）；而精雕细琢的石材则适用于室内或城市广场、公园等环境（图5.9）。

（3）空间层次的组织　石块的堆叠可形成虚实、高低、前后、深浅、分层与分格各不相同的墙面效果，形成的空间序列层次感也较之满墙平铺的更为强烈。墙上可结合绿化预留种植穴池或悬挑成花台(图5.10)，同时还可用围篱作虚，院墙做实，虚实对比，互相渗透，衬托层次，使景墙构成的景观更充满生机。

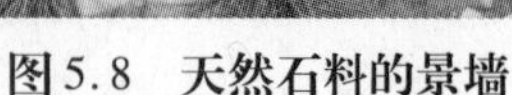
图5.8 天然石料的景墙

图5.9 某城市景墙

当需要景墙具有极强的装饰效果时，可对其进行特殊的壁面装饰：对壁表进行平面艺术处理(如壁画)；对壁表进行雕塑艺术处理(如浮雕)(图5.11)，通过艺术塑造手段形成壁面或格栅。

图5.10 悬挑式花台

图5.11 浮雕装饰的景墙

壁饰是人类最为古老的环境装饰形式，也是现代环境艺术的组成要素。设计人通过综合运用材料、色彩、结构形态等手段，在强调该领域空间特点的同时，对环境氛围予以渲染。景墙壁画还是调解空间气氛的辅助手段，通过以假乱真的绘画手法，为紧张的视觉环境淡出虚拟的内容、注入幽默快乐的气氛，为沉闷单调的环境提升活力和亮度。壁饰的用材同于雕塑，有现代材料、普通材料和风土材料。在景墙上设置壁饰，要结合环境性质、空间特点、交通流线等需要而定。在壁饰材料、色彩以及表现手法和风格的定位方面，需要对环境有准确的把握和理解，以达到提升整体环境艺术氛围的目的。一件成功的壁饰作品，是艺术家、建筑师、园林设计师、景观建筑师以及使用者协作的结果，它集图案、民间艺术、工艺造型、雕塑等大成，使景墙成为园林建筑中美化环境的一部分，在园林小品的构成中发挥了特定的艺术功能。

5.2.2　铺地

地面铺装是为了适应地面高频度的使用、便于人的交通和活动而铺设的地面，具有防滑耐损、防尘排水、容易管理的性能，并以其导向性和装饰性的地面景观服务于整体环境。

在园林建筑设计及环境景观设计中，铺地作为室内、外地面和路径的处理方式是不可缺少的一个因素。古典园林艺术中的铺地包括：厅、堂、楼、阁、亭、榭的室内和室外地面铺装，以及路径的地面铺砌。而在现代环境景观艺术中，铺地主要包括城市广场、街道、庭院、公园的地面铺装，它既要满足行人步行的功能性要求，又要满足色彩、图案、表面质感等装饰性要求，铺地作为空间界面的一部分，和山、水、植物，建筑等共同构成园林艺术的统一体。

1）铺装材料类别

我国古典园林艺术中铺地常用的材料有方砖、青瓦、石板、石块、卵石以及砖瓦碎片等。在现代园林及环境景观设计中，除继续沿用这些硬质铺装材料外，水泥、混凝土材料、沥青结合料等正以各种不同的处理形式，为造园家广泛采用。另外，塑胶、塑料、混合土等软质材料铺装，碎石、沙砾等衬垫铺装，也是景观环境中地面铺装的形式之一，在此我们以硬质地面铺装作为重点加以介绍。

硬质材料铺装是园林建筑中普遍使用的地面铺装方法。硬质材料铺装根据其应用位置分为3种：第一种是现浇混凝土和沥青地面，常见于城市道路。第二种是块材铺装，如水泥预制砌块、砖材、石板、面砖等，它们适用于广场、停车场、步行道及庭园中。砌块加草泥（有草籽的泥土）灌缝的地面可见于停车场和园林小路，鹅卵石、广场砖和碎大理石则铺设于庭院和园林之中。第三种是弹性材料铺装，如在历史和环境保护区域、滨水地段及某些台面可以设置专用木栈道（图5.12）；而在室外散步道路、运动场和儿童活动场地则选择铺设色彩鲜明、弹性耐磨的多种塑胶材料。

图5.12　木栈道

块材在庭院和园林铺地中的应用最为丰富，大致可分为下列几种：

（1）石材　石材铺地又可分为石块、乱石板、鹅卵石等。

石板地面与路面可以铺砌成多种形式，经过打磨或坯烧或打毛的大理石或花岗岩成品一般应用于人流量较大的场地；方正的石料，采用多种规格搭配处理，形态较为自由，可用于铺砌庭院及路径地面（图5.13）。乱石铺地可采取大小不同规格的搭配组合成各种纹样，或与规整的石料组合使用，气氛活跃、生动。鹅卵石地面具有体积小、纹路深、使用灵活、富有自然气息等特点，同样可以大小搭配以及用不同颜色组成各种形式（图5.14）。一般应用于公园小径、庭院等环境中。

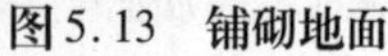

图 5.13 铺砌地面

图 5.14 鹅卵石的应用

(2)砖块　用砖块铺地是我国古典园林铺地中广泛采用的方式。方砖基本用于室内，在庭园中则采用条砖铺砌，构成席纹、间方、人字、斗纹等图案。这种铺地方法简单，在现代园林铺地中仍可采用。它具有施工方便、形状组合规则等优点。适用于大面积铺地，如公共广场、人行道等。

(3)综合铺地　综合使用砖、瓦、石铺地在古典园林中用得较多，俗称"花街铺地"，是根据材料的特点和大小不同规格进行的各种艺术组合。常见的有用砖和碎石组合的"长八方式"，砖和鹅卵石组合的"六方式"，瓦材和鹅卵石组合的"球门式""软锦式"以及用砖瓦、鹅卵石和碎石组合的"冰裂梅花式"等(图 5.15)。

(4)混凝土预制块　混凝土预制块铺地在现代风景园林中占主要地位，是硬质铺装砌块中最为常见的材料，除一般采用的水磨石、美术水磨石外，造型水泥铺地砖是富有造园艺术趣味的一种铺地材料，用于拼装的砌块有正方形、长方形、六边形、圆形 4 种基本规则形状和其他变型。其中长方形预制板块具有较强的导向性，而正方形具有次之的双向导向性；圆形预制砌块有较强的装饰性，而六边形在稍弱的装饰性中含有多向性意味。水泥预制块的多种类型易于满足现代园林建筑的大空间尺度的要求，而这些不同的砌块造型及与色彩的配合，取决于其设置场所的性质、功能及导向性等，如散步区、休息区和活动区的划分，单向通行或双向交叉等(图 5.16)。

图 5.15 颐和园长廊前的花砖铺地

图 5.16 混凝土预制块铺地

2)设计要点

在应用块材铺地时需注意以下几个设计要点：

(1)选择合适的铺地材料　材料的选择以坚固耐久、适于加工生产、符合场所及环境空间的性质特点及设计风格方向为原则来确定铺装材料。另外,规模及工程造价也是确定材料要考虑的因素。如大型公共活动广场可选用石材,并注意毛面和光面材料的搭配使用;在繁华热闹的商业街,可采用不同形状和色彩有机搭配的地砖;而在居住小区、公园小径、庭院空间中,则可考虑采用更贴近自然的铺地材料,以创造休闲的空间氛围。

图5.17　与周边建筑色彩协调的釉面砖铺地

(2)注重铺地材料的外观设计　硬质铺地应注意外观效果,包括色彩、尺度、质感等。一般地面铺装在整个环境空间中仅充当背景的角色,对建筑、道路设施、建筑小品、绿景起衬托作用,不宜采用大面积鲜艳的色彩,避免与其他环境要素相冲突(图5.17)。

铺地材料的大小、质感、色彩也与场地空间的尺寸有关。如在较小环境空间中,铺地材料的尺寸不宜太大,而且质感、纹理也要求细腻、精致。

在块材铺地中,块材的质感由本身的材质和表面纹理两方面因素组成。材料的固有属性及加工方式决定了它给人的触视感受,也就是材质特点。而块材表面的纹理则是在材料确定的基础上,根据需要加工而成的。纹理效果的存在可以改善大块板材表面的单调、平滑状态,提高人们行走的趣味和安全性。块材拼接的砌缝可以说是块材纹理的间接表现,它是表现块料尺度、造型和整体地面景观的骨架。在城市广场、商业街区等大空间环境中,大尺度地面的拼缝可以宽到20 mm,甚至更多;而较小尺度的地面如庭院、步行道、园林的拼缝宽度为5 mm以下,甚至不留。所谓砌缝,并不一定专由水泥勾线而成,块材之间的空隙可以填充其他碎小石块或草泥。另外,地面铺装中砌缝与基底垫层的处理密切相关,在气候温差较大的我国北方和西北地区应注意每6～9 m^2 面积留有一定缝隙。为保证大面积硬质铺装的整体质量,也可以选择铺设钢筋网。

图5.18　硬质铺装

(3)注重硬质铺地材料的图案设计　图案的设计、布置、拼接必须与场地的形状、功能结合考虑(图5.18)。

(4)注意与软式铺地的结合　硬质铺地与草坪、绿化的有机结合、相互穿插,可以避免铺地效果过于生硬、死板,易在地面景观上形成生动、自然、丰富的构成效果。

(5)注意各种不同材料铺装路面的构造做法有所区别　各类铺装路面的构造详图见图5.19。

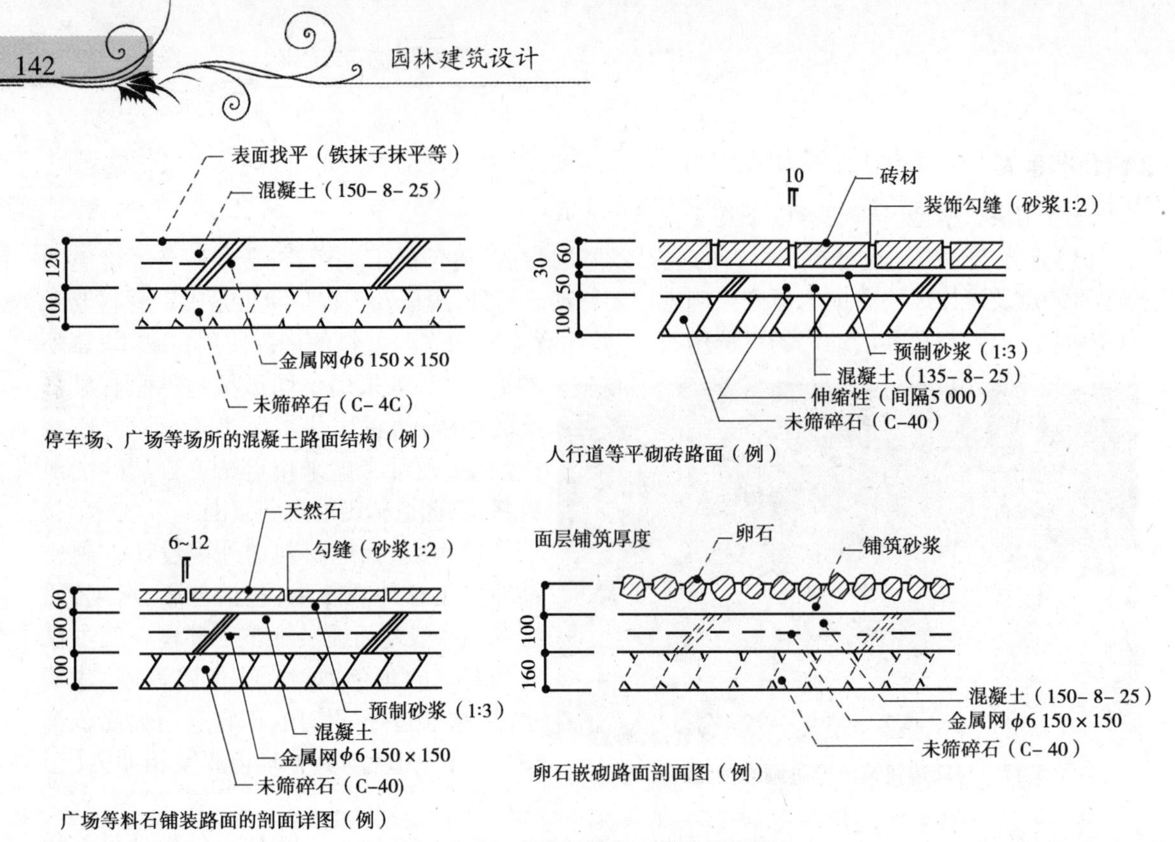

图 5.19　各类铺装路面的构造详图

5.2.3　花架

花架，顾名思义是指供植物花卉生长攀援的棚架。在园林环境中，花架不仅以其自身的造型和攀附其上的植物成为特殊的景点，而且在造园设计中往往具有亭、廊的作用，常常利用其所处位置来划分组织空间，引导游览路线。当其分散布置时，如同亭子一般形成独立观赏点，并可在此组织对环境景色的观赏；当沿游览路线连续布置时，又能像廊一样发挥建筑空间的脉络作用，暗示游览方向，而且比廊更接近自然，融合于环境之中。加之通透的构架形式，以及植物瓜果的攀绕和悬挂，使得花架较之其他的小品形式显得更通透灵动，富有生气（图 5.20）。

图 5.20　爬满藤蔓植物的花架

在园林布局中，根据环境的需要，花架的造型丰富多变，形式各异。根据其选用材料的不同，可以分为竹木花架、砖石花架、钢花架、混凝土花架、钢砼现浇花架、仿木预制成品花架等；根据其支撑方式可分为立柱式、复柱式、花墙式；根据其上部结构受力不同可分为简支式、悬臂式、拱门刚架式；根据其造型不同分类更是数不胜数，通常在现代风景园林环境中较为常用的主要有如下几种：

（1）梁架式花架　这种花架也就是人们常说的葡萄架，先立柱，再沿柱子排列的方向布置梁,在两排梁上垂直于柱列方向架设间距较小的枋,两端向外挑出悬臂,如供藤本植物攀援时,在枋上还要布置更细的枝条以形成网格(图5.21)。

(2)半边廊式花架　此种花架依墙而建,另一半以列柱支撑,上边叠架小枋,它在划分封闭或开敞的空间上更为自如,在墙上也可以开设景窗,设框取景,增加空间层次和深度,使意境更为含蓄深远(图5.22)。

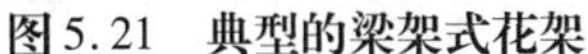

图5.21　典型的梁架式花架

图5.22　半边廊式花架

(3)单排柱花架　单排柱的花架仍然保持廊的造园特征,它在组织空间和疏导人流方面,具有同样的作用,但在造型上却轻盈自由得多(图5.23)。

(4)单柱式花架　单柱式花架又分为单柱双边悬挑花架、单柱单边悬挑花架。单柱式的花架很像一座亭子,只不过顶盖是由攀援植物的叶与蔓组成,支撑结构仅为一个立柱(图5.24)。

图5.23　造型简洁的单排柱花架

图5.24　单柱式花架

(5)圆形花架　圆形花架,平面由数量不等的立柱围合成圆形布置,枋从棚架中心向外放射,形式舒展新颖,别具风韵(图5.25)。

(6)拱门刚架式　在花廊、甬道上常采用半圆拱顶或门式刚架式。人行于绿色的弧顶之下,别有一番意味。临水的花架,不但平面可设计成流畅的曲线,立面也可与水波相应设计成拱形或波折式,部分有顶、部分化顶为棚,投影于地效果更佳(图5.26)。

图5.25 圆形花架

图5.26 拱门刚架式花架

花架的设计也常常同其他小品相结合，如在廊下布置坐凳供人休息或观赏植物景色，半边廊式的花架可在一侧墙面开设景窗、漏花窗，周围点缀叠石小池以形成吸引游人的景点。

花架的设计及运用是否得当将直接影响局部环境景观的效果，除了要注意在造型上应符合环境的基本风格，还要在整体尺度上有较好的把握。一般来说，花架的高度应控制在2.5～2.8 m，适宜的尺度给人以宜于亲近、近距离观赏藤蔓植物的机会。过低则压抑沉闷，过高则有遥不可及之感。另外，花架开间一般控制在3～4 m，太大了构件就显得笨拙臃肿。进深跨度则常用2 700 mm，3 000 mm，3 300 mm。

布置花架时一方面要格调新颖，另一方面要注意与周围建筑和绿化栽培在风格上的统一。在我国传统园林中一般较少采用花架，因其与山水田园格调不尽相同，但在现代园林设计中融合了传统园林和西洋园林的诸多技法，因此花架这一小品形式在造园艺术中日益为造园设计者所广泛采用。图5.27、图5.28分别展示了两种常见花架的布局造型。

5.2.4 雕塑小品

园林中设置雕塑历史悠久，我国早在汉代园林，建皇宫的太液池畔，就有石鱼、石牛及织女等雕塑。现存的古典园林如颐和园、北海公园等均留存有动物及人物等雕塑。同样，在西方文艺复兴时期的园林中，雕塑也早已成为意大利等国园林中的主要景物。雕塑在现代国内外园林中更被广泛应用，并占有相当重要的地位。

雕塑小品可与周围环境共同塑造出一个完整的视觉形象，同时赋予景观空间环境以生气和主题，通常以其小巧的格局、精美的造型来点缀空间，使空间诱人而富于意境，从而提高整体环境景观的艺术效果。

1）雕塑的分类

雕塑的形式多种多样，从表现形式上可分为具象和抽象雕塑、动态和静态雕塑等；按雕塑占有的空间形式可分为圆雕、浮雕、透雕；按使用功能则分为纪念性雕塑、主题性雕塑、功能性雕塑与装饰性雕塑等。以下重点分析两类雕塑：

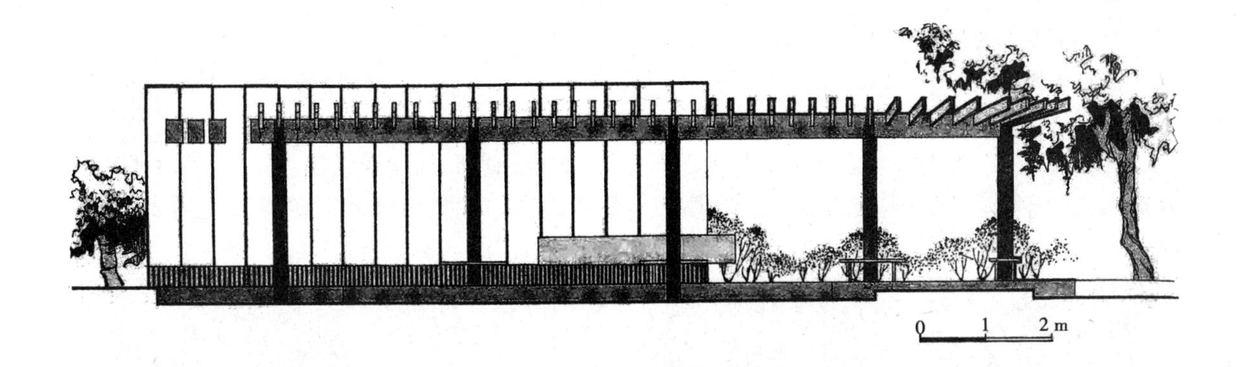

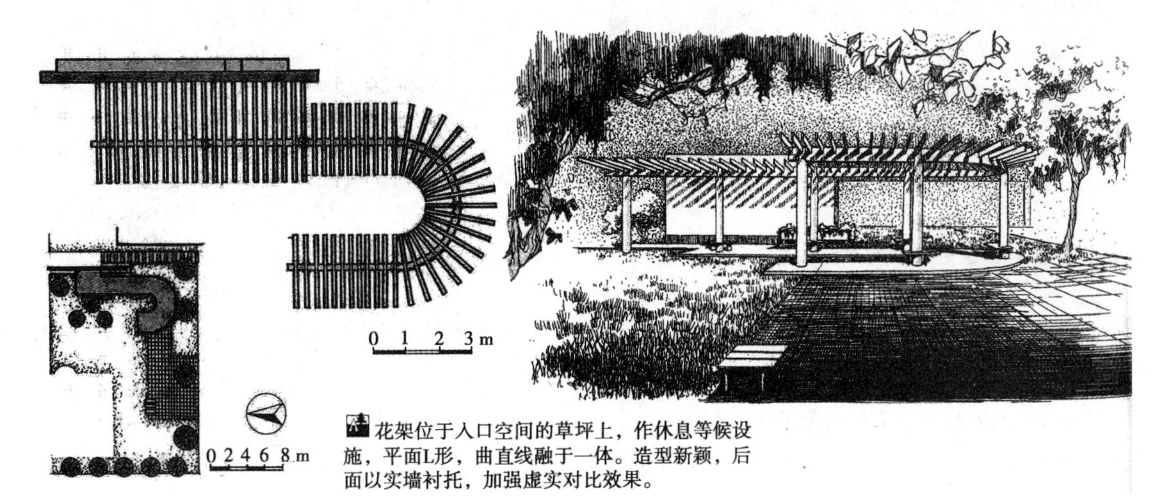

花架位于入口空间的草坪上，作休息等候设施，平面L形，曲直线融于一体。造型新颖，后面以实墙衬托，加强虚实对比效果。

图5.27 华南工学院花架

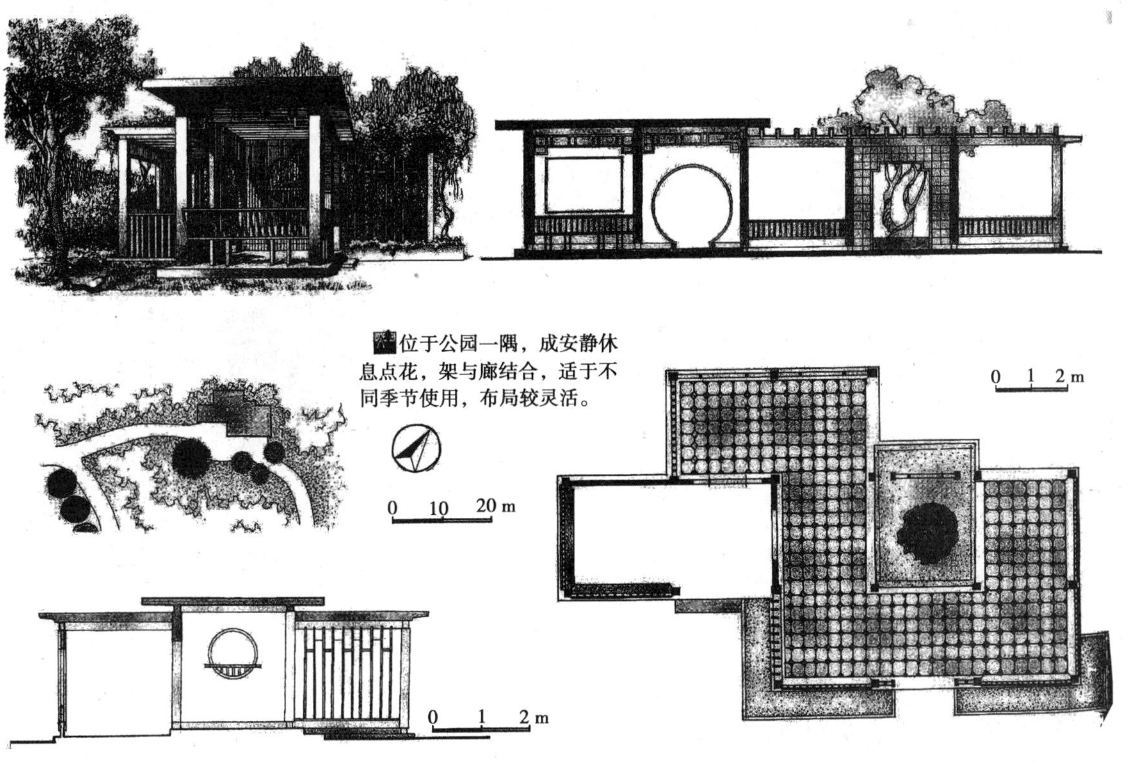

位于公园一隅，成安静休息点花，架与廊结合，适于不同季节使用，布局较灵活。

图5.28 上海复兴公园木香花架

(1)按雕塑的艺术处理形式分类

①具象雕塑:是一种以写实和再现客观对象为主的雕塑,它是一种容易被人们接受和理解的艺术形式,在园林雕塑中应用较为广泛(图5.29)。

②抽象雕塑:抽象的手法之一是对客观形体加以主观概括、简化或强化;另一种抽象手法是几何形的抽象,运用点、线、面、体块等抽象符号加以组合。抽象雕塑比具象雕塑更含蓄、更概括,它具有强烈的视觉冲击力和现代感觉(图5.30)。

图5.29 具象雕塑

图5.30 抽象雕塑

(2)按雕塑的功能作用分类　根据景观雕塑在环境中所起的不同作用,可分为纪念性雕塑、主题性雕塑、装饰性雕塑、功能实用性雕塑。

①纪念性雕塑:以雕塑的形象来纪念人物或事件,也有的以纪念碑形式来表达。纪念性雕塑是以雕塑的形象为主体,一般在环境景观中处于中心或主导的位置,起到控制和统帅全部环境的作用,因此所有的环境要素和平面布局都必须服从于雕塑的总立意(图5.31)。

②主题性雕塑:建立雕塑的目的在于揭示建筑或环境的主题,称为主题性雕塑。这类雕塑与建筑或环境结合,既充分发挥雕塑的特殊作用又补充环境的不足,使其无法表达出的思想性以雕塑的形式表达出来,使环境的主题更为鲜明突出。主题性雕塑与环境有机结合,能弥补环境缺乏表意的功能,达到表达鲜明的环境特征和主题的目的(图5.32)。

图5.31 某纪念性雕塑

图5.32 日本熊本县农业公园中以公牛的形象为主题的雕塑

③装饰性雕塑:主要是在环境空间中起装饰、美化作用。装饰性雕塑不仅要求有鲜明的主题思想,而且强调环境中的视觉美感,要求给人以美的享受和情操的陶冶并符合环境自身的特点,成为环境的一个有机组成部分,给人以视觉享受(图5.33)。

④功能性雕塑:它在具有装饰性美感的同时,又有一定的实用功能。如园林中的座椅、果皮箱、儿童玩具等都是以雕塑的表现手段,塑造出具有一定形式美感的园林小品。

2)雕塑的设计要点

(1)注意整体性　整体性主要体现在取材、布局上、造型设计上。在设计时,要先对周围环境的特征、文化传统、空间、景观等方面有较为全面的理解和把握,取材应与园林建筑环境相协调,要有统一的构思,使雕塑成为园林环境中一个有机的组成部分,恰如其分地确定雕塑的形式、材质、色彩、体量、尺度等,使其和环境协调统一。另外,园林雕塑在布局上一定要注意与周围环境的关系,展示其整体美、协调美(图5.34)。

图5.33　北京玉泉公园

图5.34　韩国景观 汉城奥林匹克公园光荣墙浮雕

基座是雕塑整体的一个组成部分,在造型上烘托主体,并渲染气氛,雕塑的表现力与基座的体型相得益彰,但基座又不能喧宾夺主。因此,不能脱离雕塑随便加上一个体块作为基座,而应从设计一开始就将其纳入总体的构想之中,除应考虑基座的形象、体量外,对其质地、粗细、轻重、亮度等均应做仔细的推敲。

(2)体现时代感　雕塑应具有时代感,要以美化环境保护生态为主题,应体现时代精神和时代的审美情趣,同时体现区域人文精神,因此雕塑的立意、取材比较重要,应注意其内容、形式要适应时代的需求。

(3)注重与配景的有机结合　雕塑应注重与其他景观小品的配合,如与绿化、水景、照明等有机的组合,以构成完整的环境景观。雕塑与灯光照明配合,可产生通透、清幽的视觉效果,增加雕塑的艺术性和趣味性;雕塑与水景相配合,可产生虚实相生、动静对比的效果;雕塑与绿化相配合,可产生质感对比和色彩的明暗对比效果,形成优美的环境景观(图5.35、图5.36)。

图5.35　比利时的移动雕塑

图5.36　罗马尼亚寓意开放的雕塑

(4)重视工程技术　园林环境中的雕塑因环境需求的不同,在体量上有较大区别,如体量较大和使用硬质材料,必然牵涉一系列工程技术问题。一件成功的雕塑作品的设计除具有独特的创意、优美的造型外,还必须考虑到现有的工程技术条件能否使设计成为现实,否则很有可能因无法加工制作而使设计变成纸上谈兵,或达不到设计的预期效果。而运用新材料和新工艺的设计,能够创造出新颖的视觉效果,比如一些现代动态雕塑,借助于现代科技的机械、电气、光学效应,突破了传统雕塑的静止状态,而产生灵活多变的特殊效果。

3)雕塑设置的要点

园林中设置雕塑,应考虑以下因素:

(1)环境因素　在园林中,环境优美、地形地貌丰富,并与花草树木等构成各种不同的环境景观,雕塑的题材应与环境协调,互相衬托,相辅相成,才能加强雕塑的感染力,切不可将雕塑变成形单影孤的个体。因此,恰当的选择环境或设计好环境,是设置园林雕塑的首要工作。

(2)视线距离　人们观察雕塑首先是观察其大轮廓及远观气势,要有一定的远观距离。进而是细查细部、质地等,故还应有近视的距离,因此在整个观察过程中应有远、中、近三种良好的距离,才能保证良好的观察效果。因此,还要考虑到三维空间的多向观察的最佳方位与距离。

(3)空间尺度　雕塑体的大小与所处的空间应有良好的比例与尺度关系,空间过于拥挤或过于空旷都会减弱其艺术效果,并要考虑观赏折减和透视消逝的关系,对形象的上下、前后应作一定的修正和调整。

(4)色彩　适宜的色彩将使雕塑形象更为鲜明、突出。雕塑的色彩与主题形象有关,应与环境及背景的色彩密切相关。如白色的雕塑与浓绿色的植物形成鲜明的对比,而古铜色的雕塑与蓝天、碧水互成美好的衬托,现代雕塑的色彩、材料均比以往大为丰富,而园林环境亦绝非仅是植物,故应认真考虑其色彩上互相衬托的关系。

雕塑在环境景观中起着特殊而重要的作用,它在丰富和美化园林空间的同时,又给人们带来了美的欣赏,反映时代精神和地域文化的特征,因此在园林景观小品的塑造中具有重要的地位。

5.2.5　门窗洞口与景窗

在园林建筑中,门窗洞口就其位置而言,大致分成两类:一类属于园墙中的门窗洞口,另一类属于分隔房屋内外的门窗洞口。其主要作用都是提供交通及采光通风。另外,在空间处理上,它可以起到分隔空间和联系空间的作用,通过门窗洞口形成园林空间的渗透及空间的流动,以达到园中有园、景外有景、步移景异的效果。门洞还能有效地组织游览路线,使人在游览过程中不断获得新鲜生动的画面。因此,园林建筑中的门窗洞口不仅是重要的观赏对象,同时还是创造庭园框景的一个重要手段。

利用门窗洞口作为景框,可以从不同的视景空间和角度,获得许多生动的风景画面。框景有两种构成方式:一种是设框取景,另一种是对景设框。

①设框取景,犹如照相,预先设有一固定的框,而后借框得景,可获得“纳千顷之汪洋,收四时之烂漫”的效果(图5.37)。在拙政园“梧竹幽居”亭,四面均设有圆洞门,犹如四幅图画,其景观正如亭中对联所写,“爽借清风明借月,动观流水静观由”;扬州的“钓鱼台”,在瘦西湖小金山之西,是一座三面临水的方亭,亭内四面墙上开门洞,临水三面为圆形,近岸处为方形,从亭内

远眺,湖上的莲性寺白塔和五亭桥分别映入两圆洞门内,构成了极空灵的一幅画面。到此游玩的人常感到奇妙无比,开门、设窗莫妙于借景,这正是借景之妙。

图5.37 透过景框看到的景致

②对景设框,则是已有较好的景致,于景之对面设框,将其收入框内。在园林中,除了对景设窗之外,还有对路设窗、门在一侧的做法。此种设置,路上游人均入窗中,好似一幅流动的人物画。立于窗前或人行窗外,均十分有趣。上述两种方式均为有景可赏,只不过是将天然景色集中、突出而成画面。观赏时不能距离太近,需离窗一定距离,则框与景连,无分彼此,宛若一幅天然图画(图5.38)。

图5.38 瘦西湖,洞门如景框,对景白塔和五亭桥

1)门窗洞口的分类

(1)门洞的形式分类 门洞一般是由墙围起来的内部空间的入口标志,而窗是为了增加墙的通透性,以利于内外空间的相互渗透而设置的,门洞由于其地位的重要性,故在设计上应加以重视。除了在功能上要满足人流和车流出入的要求外,更重要的是要注意其造型上的塑造,以起到体现内部空间性质,美化周围环境的作用。

①按造型特点分类:可分成以下3类。

a. 曲线型:曲线型是我国古典园林建筑中常用的门洞形式。如圈门(包括上下圈门)月门、汉瓶门、葫芦门、梅花门,还有形式更为自由的莲瓣门、如意门和贝叶门等(图5.39)。

b. 直线型:如方门、六方门、八方门、长八方门、执圭门,以及把曲线门程式化的各种式样(图5.40)。

苏州拙政园瓶形门洞

苏州狮子林海棠形门洞

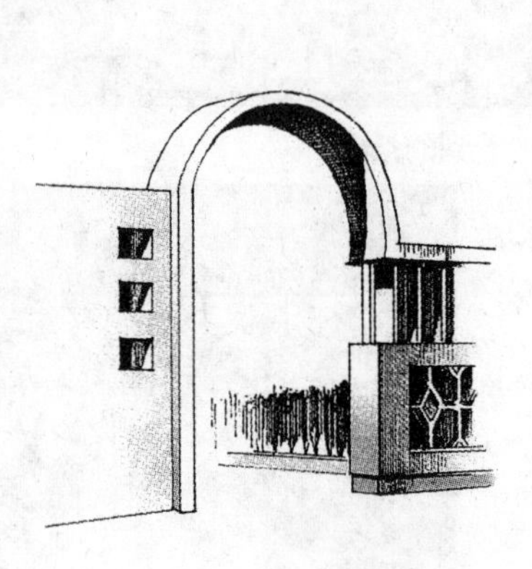

天津市清源里住宅小区园门洞

苏州拙政园门洞

图 5.39　以曲线造型的门洞

c. 混合式：混合式是以直线型为主体，在转折部位加入曲线段进行连接，或将某些直线变成曲线。

②按照形象特点分类：可分为以下两种形式。

a. 几何抽象形：圆形、横长方形、直长方形、圭形、多角形、复合形等。

b. 仿生具象形：海棠形、桃 、李、石榴水果形和葫芦、汉瓶、如意形等。

(2) 窗洞的形式分类　窗洞，除漏窗外，基本形式多与门洞相同。由于窗不受人流通过的功能限制，其形式较门洞更为灵活多变。

①空窗：园墙上不装窗扇的窗洞口称为空窗。既可供采光通风，又可作取景框并能使相邻空间互相穿插、渗透，扩大了空间效果和景深。空窗式样多设计成为横长或直长、方形等。空窗的高度多取人的视点高度，以便于游人临靠观景，同时也要兼顾与建筑本身墙面形象及四周环境的协调和在具体位置所起的作用。空窗的另一种延伸造型是在墙上连续开设各式窗洞，不设窗扇，但形状多变，有六角、方形、扇面、梅花、石榴等形状，常被称为“什锦窗”(图 5.41)。

②漏窗：漏窗又名花窗，是窗洞内有镂空图案的窗。在院墙空窗位置，用砖、瓦、木、混凝土预制小花格等构成形式多样的几何花纹图案窗，光影和墙外景色都可穿窗而进，因此称为漏窗(图 5.42)。

苏州留园八角形门洞

无锡锡惠公园长八角门洞

天津市河东区某园门洞

图5.40　以直线造型的门洞

漏窗高度一般在1.5 m左右，与人眼视线相平。透过漏窗可隐约看到窗外景物，取得空间似隔非隔、景物似隐非隐的效果。

漏窗是园林建筑中的重要装饰小品，它与窗洞不同，窗洞虽也起分隔空间的作用，但其自身不作景象，在组景中只能起到景框的作用，而漏窗自身有景，窗花玲珑剔透，窗外景色隐约可见，具有含蓄的造园效果，而且可使空间延续，景深扩展。

③景窗：在园林建筑中漏窗多指以几何图案装饰的窗洞，而把以自然形体和景象作为图案的漏窗通称为景窗，也叫主题漏窗（图5.43）。在古典园林的景窗中，多以鸟兽花卉为题材，用木片、竹筋或铁丝做骨材，用灰浆塑形；而现代园林的景窗则多用人物、故事、戏剧、小说为题材。随着现代材料的发展，景窗的内容与表现形式愈加丰富，材料多以扁铁、金属、有机玻璃、水泥等为主，更有以玻璃腐蚀画、琉璃制品、玻璃钢、不锈钢、玻璃竹布、彩色水泥塑及涤纶薄膜摇片等塑成的新材料花饰。

图5.41 颐和园长廊内形状各异的什锦窗

图5.42 漏窗

图5.43 取材花草植物形象的景窗

2)门窗洞口的设计应用

空窗、漏窗和景窗在园林建筑中是应用最为普遍的一种装修手段，运用得当会取得事半功倍的效果，除了要解决其通风采光及联系空间的功能，如何恰当选型和设定其位置是设计师应慎重考虑的问题。

在庭院中，分隔空间的隔墙以及半边封闭的步廊，一般多以安置空窗和漏窗来增加园景相互渗透的效果，或用以减轻实墙闭塞的感觉。这些空窗和漏窗可以采用同一样式，均衡排列；或洞形相同,花样各异(图5.44);也可以采用洞形花样均不相同的什锦式(图5.45)。处于厅、堂、廊、榭等园林建筑墙壁上的漏窗,要求虚实配置得当,它们既要考虑建筑物的构图要求,也要考虑园林空间的构图要求,还要注意避免把窗洞设置在不易损坏的墙体上。

图5.44 留园漏窗,均匀排列,形状相同,图案各异,于统一中求变化

图5.45 网狮园的漏窗,形状、图案均不同,但等距布置,变化中有统一

花格的艺术效果主要是以其明暗对比和光影的关系来体现的。因此空窗和漏窗一般都选择较为明快的色调,甚至在白粉墙上的窗洞,也多使其同墙面采用同一色彩。这样,在阳光照射下,外面看去黑白对比明确、醒目,由室内看出,明暗对比柔和。有时为了满足远看时造成空透的效果,近看时又有内容可以观赏,可把花格做成深色调。

景窗也即主题形漏窗的纹样设计应与建筑物的风格相适应,采用抽象性构图、灵活的布局,但要注意形象的完美性。几何纹样的漏窗可以取材于民间建筑,也可自行创造,但应注意不同材料对花格造型在构图上可能带来的影响。在一般情况下,园林建筑中使用砖瓦组成的花格其尺寸是比较适宜的,用钢筋混凝土组成的花格随大小可随意控制,但容易产生尺度过大的现象,在设计中花格的尺度一定要同所在的建筑物相关部分的尺度相协调。

门窗洞口的设置,无论采用哪种形式,都要考虑与景墙及周围山石、植物、建筑物风格的协调。为达到良好的景观效果,需考虑框景、对景、衬景和前、中、后景的结合。在我国传统园林中,门窗洞口形式的选择,多从寓意出发。如为获得"别有洞天"的效果,可选择较宽阔的门洞形式,如月门、方门等,以便多显露一些"洞天"景色,吸引观赏者视线(图5.46)。而寓意"曲径通幽"的门洞,则多选用狭长形,使景物藏多露少,使庭园空间与景色显得更为幽深莫测(图5.47)。同时,还要考虑通过门洞的人流量,以确定适宜的门洞宽度。

图5.46 艺圃,浴欧门:洞门引导进入不同的庭院,令人耳目一新,产生别有洞天的感觉

图5.47 留园洞门,寓意"曲径通幽"

门窗洞口在形式处理上虽然不需过分渲染,但却要求精巧雅致。《园冶》有云:"应当磨琢窗垣",但却"切忌雕镂门窗",意指门窗洞口的周边加工应精细,但又不必过分渲染。传统式庭园中,一般洞口内壁为满磨青砖,边缘只留厚度为一寸多的"条边",做工精细,线条流畅,格调优美秀雅。现代公共庭园中,门洞边框多用水泥粉刷,条边则用白水泥,以突出门框线条。门洞内壁也有用磨砖、水磨石、斧凿石(斩假石)、贴面砖或大理石等。门窗洞口的线脚形式有外凸和内凹两种。外凸型的洞口挺拔明快,内凹型的洞口简洁浑厚。在材料选择上,需要考虑色彩与质感同周围墙壁的对比关系,如乱石墙以采用白水泥门窗套为宜,白粉墙则可采用深色磨砖或片石料贴面。

总之,门窗洞口的选型往往对园林建筑的艺术风格有一定的影响作用,或庄重大气,或小巧玲珑,应多从园林艺术风格上的整体效果加以推敲,把建筑及环境各要素的配置考虑其中,务求形式和谐统一。

5.2.6 花池、花坛与花境

在现代园林建筑中，花坛是庭院、公园、广场中不可缺少的组景元素，甚至有的在庭园组景中成为组景的中心，对维护花木、点缀景观、突出环境意象很有作用。

在我国传统园林中，花卉植物的栽植很少采用花坛形式，多为自由栽种，采取自然山水的布局形式；庭园组景讲究诗情画意，融于自然。而在古典西洋园林中，花池多讲究几何形体，诸如圆形、方形、多边形等，并且常把花池与雕塑结合起来，或在庭园中布置有一定造型的花盆、花瓶。这些手法在欧洲现代庭园布置中仍有采用。由于西方园林艺术的渗透，带有一定几何型布局的花坛逐渐走进我国的园林环境中，如西方园林花台的“牡丹台”作法。

在现代园林艺术中，根据花坛所处地形、位置和环境的不同，可以分为很多种。按照规模和距地高度进行分类可以分为花池（单个的或组合的花池）、面积较大的花坛、狭长形的花带等；也可按花木的品种分，如单植和混植花坛；也可按其造型分，如桶形、碗形、三角形、方形、树形、星形、带形等几何形花坛以及自由形花坛；可按布局形式分为点式、线式和组团式花坛等；也可按花坛砌筑材料分类，如花岗岩贴面花坛、瓷砖贴面花坛、金属或木质材料花坛等。在此我们以影响设计造型的按照规模和距地高度的分类作为讲解重点。

1）花池

花池占地面积较大，一般是近地面栽植花草而与地坪略有高差、稍突出于地面或略低于地面的下沉式花池。花池种植的花草基本是以平面图案和肌理形式表现的，比如毛毡式、框花式、丝带式等。花池常用于城市公园、广场等人群集中的较大型开放空间环境中（图 5.48）。

2）花坛

花坛可以泛指各种观展花草的场地设施，也可以指稍高于地面、高度在 40 cm 左右、人工砌筑不明显的台地和坡地。花坛在花卉造景设计中的应用最为广泛，或作为局部空间构图的一个主景独立设置，或由多个独立花坛按一定的对称关系组合成为一个大型花坛（图 5.49）。

图 5.48 圆形花池

图 5.49 大型组合式花坛

所选花卉植物或以表现群体色彩美的草花植物为主，或以观花叶的草本植物和常绿小灌木为主，通过修剪、组合形成一定造型和图案纹样的花坛。花坛的建造施工及管理比较简便，与观赏者最为接近，而且在环境中设计选型也较随机。花坛内花草不宜繁杂，组合应疏密有致，远看丛化一片，近赏主次分明。除花坛的绿景植物之外，其侧壁或边沿材料是表现特征的主要方面。侧壁可采用块材叠砌，树桩或金属或木材板条围合；在边沿处理方面，还可以附加木板和木条垫层供人坐靠，或与休息坐椅结合。

若按体积大小来分，还有一种小型种植容器，被称为箱式花坛。它的最大特点是体积小，可以随时移动和更换，一般多用于商业街休息广场、庭院、建筑入口、道路以及节日和展览会会场布置，等等。可以根据场所性质及服务对象的不同而改变植栽的内容。它除了有装饰美化空间环境的作用外，还可起到限定空间、引导暗示、视觉聚焦的作用。种植容器作为一种点状空间表现元素，无论独立设置还是排列成行或聚散组合，均需考虑到人在地面行走以及仰视或空中俯视的感受。容器造型是多样的，容器尺寸应适合所栽种植物的生长特性，应利于根茎的发育，一般可按以下标准选择：花草类盆深 20 cm 以上，灌木类盆深 40 cm 以上，中木类盆深 45 cm 以上。种植容器的用材，应选择材质细腻、具备有一定的吸水保温能力、不会引起盆内过热和干燥的材料，比如混凝土、塑料、玻璃钢、陶瓷、陶土、木板、金属材料等，或者选择具有自然情趣的掏空树干、石块以及便于更换的藤条作为种植容器，抑或选用反映当地地域文化的材料，这也是烘托园林意境的常用手法。植容器所用栽培土，应具有保湿性、渗水性和蓄肥性，其上部可铺撒树皮屑作覆盖层，起到保湿装饰作用。

图 5.50 花坛结合座椅设计

花坛既能种花植草，也可以配置树木；既能独立而设，也可以与喷泉、水池、雕塑、休息坐椅等景观、设施结合设计图(5.50)。因此，良好的花坛设计具有改善环境质量及创造多功能环境景观的双重意义。

3) 花台

在花卉造景小品中还有一类是花台。它突出于地面，高度一般在 40 ~ 100cm，可为一层台面，也可以是多层跌落式台面的叠合，以空心式台座填土或培养基来种植花草。花台一般面积较小，适合近距离观赏，以表现花卉的色彩、形态以及花台的造型等综合美。花台的平面多是规则几何形，亦有自然形。规则型花台的台座形状为规则几何形体，如圆柱形、棱柱形等。可单独设置为独立花台，也可由多个台座组合设计成组合花台。其空间造型和组合形式是立体的，为便于游人观赏并有适宜尺度感，单层台面高度应在 1 m 左右。某些倾斜或阶梯（也叫金字塔形）状的台面，应以保证观看视角来确定总高度。规则形花台是花坛系列中的制高点和视觉焦点，具有较强的地标和导向作用，常用于公园、广场等通道节点的中心或旁侧。自然形花台台座外形轮廓为不规则的自然形状，多采用自然山石叠砌而成。我国古典庭院中的花台绝大多数为自然形花台，设计时可自由灵活，高低错落，变化有致，易与环境中的自然风景协调统一（图 5.51）。

图 5.51 门前花台设计

4）花镜

花境是以多年生草花为主，结合观叶植物和一二年生草花，沿花园边界或路缘设计布置而成的一种园林植物景观。花境外形轮廓较为规整，内部花卉的布置较为自由多变，成丛或成片，多位宿根、球根花卉，亦可点缀种植花灌木、山石、器物等。

图5.52　五彩缤纷的花镜

花境是介于规则式与自然式之间的一种带状花卉景观设计形式，也是草花与木本植物结合设计的景观类型，广泛用于各类绿地，通常沿建筑物基础墙边、道路两侧、台阶两旁、挡土墙边、斜坡地、林缘、水畔池边、草坪边以及与植篱、花架、游廊等结合布置（图5.52）。

花境植床与周围地面基本相平，中央可稍稍突起，坡度5%左右，以利排水。有围边时，植床可略高于周围地面。植床长度依环境而定，但宽度一般不宜超过6 m。花境植物种植，既要体现花卉植物自然组合的群体美，又要注意表现植株个体的自然美，尤其是多年生花卉与花灌木的运用，要选择花、叶、形、香等观赏价值较高的种类，并注意高低层次的搭配关系。双向观赏的花境，花灌木多部植于花境中央，其周围布置较高的宿根花卉，最外缘布置低矮花卉，边缘可用矮生球根、宿根花卉或绿篱植物设计嵌边，提高美化装饰效果。单向观赏花境种植设计前高后低，由背景衬托的花境则还要注意色彩对比等。

5.2.7　栏杆和边沿设计

1）栏杆设计

栏杆在园林建筑中，具有分隔空间、安全防护的作用，除此功能性作用外，其本身的造型也是园林中的一种重要组景小品构件，可在一定程度上点缀装饰环境，丰富空间景致。园林中各种活动范围，功能区分，常以栏杆为界。因此，园林栏杆常作为组织、疏导人流的交通设施。园林栏杆还具有为游人提供就座休憩之所，尤其在风景优美、有景可赏之处，设以栏杆代替坐凳，既有维护作用，又可就座赏景。园林中的坐凳栏杆、美人靠凳均为此例。

在栏杆的设计中，对于栏杆与主体建筑的关系，栏杆与所在环境的关系，栏杆的尺度控制，栏杆的韵律与动静感，栏杆的虚实、黑白关系的处理等问题都是十分重要的，设计者要根据栏杆所属的特定环境和其自身的主要功能来确定其选形、尺度、材料等。

①要保证其造型形象与园林环境总体风格协调一致，以其优美的形态来衬托环境，加强气氛及静止态的表现力。如北京颐和园为皇家园林，采用石望柱栏杆，其持重的体量、粗壮的构件，构成稳重、端庄的气氛（图5.53）。而自然风景区的栏杆，常采用自然本色材料，尽量少留人的痕迹，造型上则力求简洁、朴素以使其与自然环境融成一体（图5.54）。

栏杆的造型一般以简洁、通透、明快为特点，切忌繁琐。具体形式和虚实搭配还要视其所在的环境和组景需要来决定。如靠近水面应多设空栏，可使视线避免过多的阻碍，以便观赏波光倒影、水面景色（图5.55）；而高台之上多构筑实心栏板，游人登临远眺时，实栏可给人以较大的

图5.53　颐和园的栏杆设计

图5.54　某景区栏杆

安全感，由于此种栏杆作近距离观赏的机会少，可只作简洁的处理；在以自然山水为主的风景点，盘山道上若需设防护性栏杆，一般亦多设置透空栏，有的甚至只用简单的几根扶手，连以链条或金属管而已。为保证自然景色的完整性，不破坏山势山形及风景层次，山道旁的栏杆务求空透，如云南石林、安徽黄山、辽宁千山、陕西华山及朝鲜金刚山等风景地所采用的栏杆皆属此例（图5.56）。

图5.55　耦园，桥上的空栏

②园林栏杆要有合理的尺度，宜人的尺度会使游人倍感亲切，宜于环境的尺度可使景致协调，更便于功能的发挥。如在开阔空旷的大空间中适当设置栏杆，人们可凭栏赏景，给人以依附和安全性，在空旷中获得亲切和踏实之感。特别在庭园的小空间中栏杆与组景的关系显得更为密切。在小空间的庭园中若配以适当小尺度的栏杆，通过对比的作用可以使人感到空间的扩大（图5.57），虽处斗室，而无局促狭迫之感。此种对比衬托的设计手法在现代空间设计中也能得到以小衬大的效果。

图5.56　景区登山道栏杆取天然木材，空透造型

图5.57　小尺度的栏杆符合游园的小空间特点

有时为了保证安全，栏杆必须要有一定的高度，为了不致使这一尺度破坏整个庭园空间的比例，我国传统庭园中多采用把栏杆与坐凳结合成美人靠，栏杆从水平方向横分为二，再加上色彩的区别，一黑一白，一虚一实从而使一大变为二小，亦达到了尺度控制的目的。

栏杆的高度因功能的需要而有所不同，围护性栏杆高度一般以 90～120 cm 为宜，超过人的重心，以起到防护围挡作用，行人也不易跨越；分隔性栏杆高度一般为 60～80 cm 为宜，花坛、草坪的镶边栏杆高度则以 20～40 cm 为宜，主要起到装饰环境的作用，也用于场地空间领域的划分。

③栏杆要求坚固。栏杆最基本的使用功能为安全围护，若栏杆本身不坚固，就失去实用的意义，而且更增加隐患。栏杆的立柱要保证有足够的深埋基础和坚实的地基，立柱间距离不可过大，一般为 2～3 m，具体尺寸应视材料情况而定（图 5.58）。

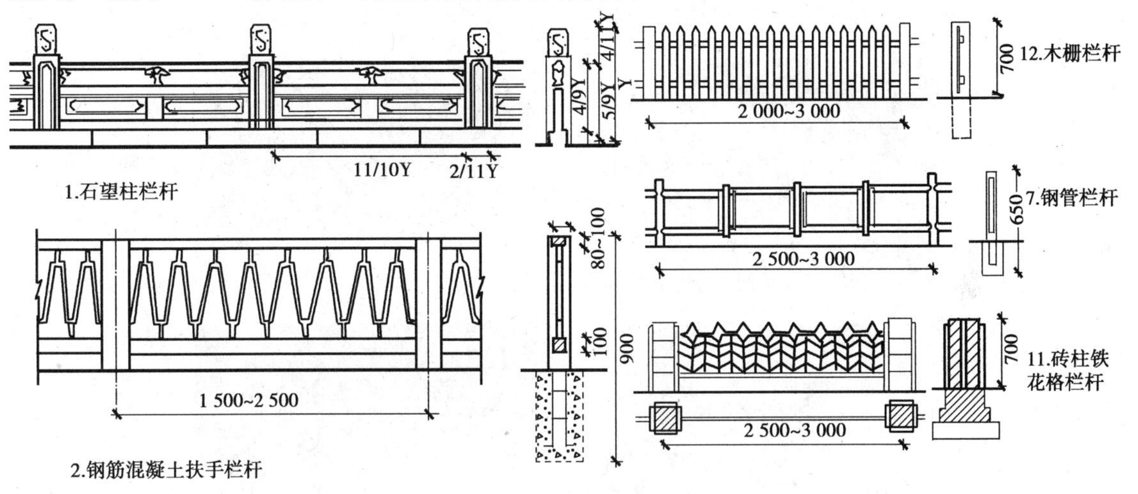

图 5.58　各种不同形式栏杆的结构示例

④栏杆选择材料，宜就地取材，体现不同风格特色。如石材、竹材、钢筋混凝土、木材、金属材料等，皆可选用，不同的材料，由于其质地、纹理、色彩和加工工艺等因素的不同，形成各种不同造型特色和风格的栏杆，从而保证了与环境的和谐统一。

2）边沿设计

在园林环境中，边沿的概念从广义上讲，多指为划分空间领域和区分不同的空间处理手法而进行的边界施工。具体到不同的环境中，其称谓多种多样，如镶边、路缘石、挡墙，等等。

（1）镶边　所谓的镶边是指在功能上为保护铺装的断面和基础以及被其他材料所覆盖的表面相区分的境界。同时，它可将相结合的两个部分在功能上加以分离，在视觉上将两者明确区分和围绕起来，以强调方向性和流动性（图 5.59）。

（2）路缘石　路缘石是在步行道和车行道出现地面高差时，为了区分二者并防止汽车侵入人行道而设计的。如果沿路条件良好，则可用桩式路阻来代替路缘石进行对车的阻挡，而没有必要设计路面的高差。路缘石除了能确保行人安全，进行交通引导外，还可利用它的稍高于地面的特点来维护花池，保持水土，保护种植。除了与车道面垂直形成高地差外，也可将二者倾斜连接以表现连续柔和的效果，破除其在人们心中传统老式的印象（图 5.60）。

路缘石可采用预制混凝土、砖、石料和合成树脂材料，高度为 100～150 mm 为宜。区分路面的路缘，要求铺设高度整齐统一，局部可采用与路面材料相搭配的花砖或石料；绿地与混凝土路面、花砖路面、石路面交界处也可不设路缘；但与沥青路面交界处应设路缘。常见路缘石几构造做法见图 5.61、图 5.62、图 5.63。

图5.59　卵石和石块镶嵌的边沿各有特色

图5.60　斜坡式路缘石，改变了以往的传统做法，令人耳目一新

花岗岩路缘

小块石路缘

下脚石路缘

六方石路缘

图5.61　不同材料的路缘石

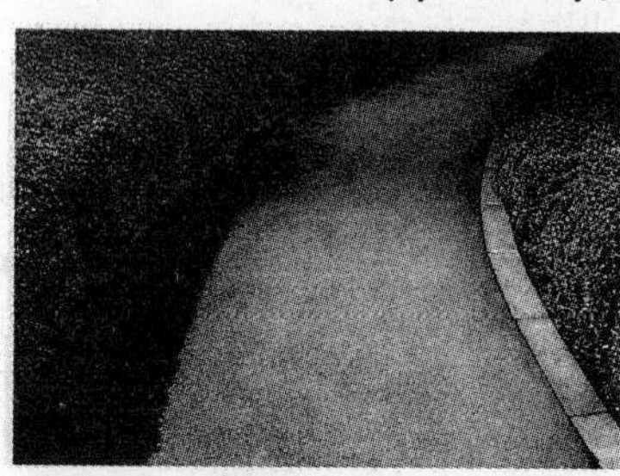

地界道牙砖

步行道、车道分界道牙砖

砖路缘

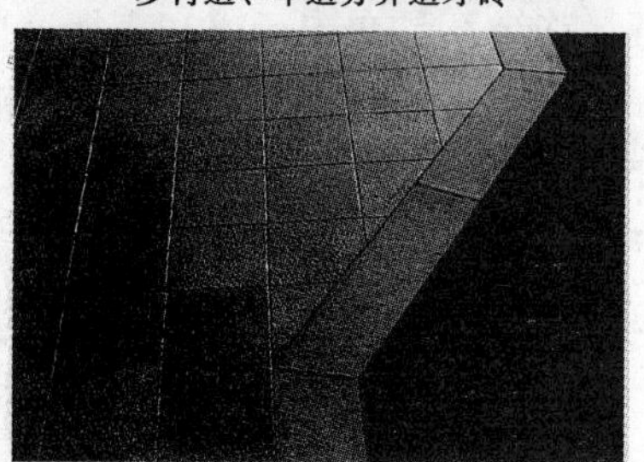

花岗岩路缘

图5.62　不同样式的路缘石

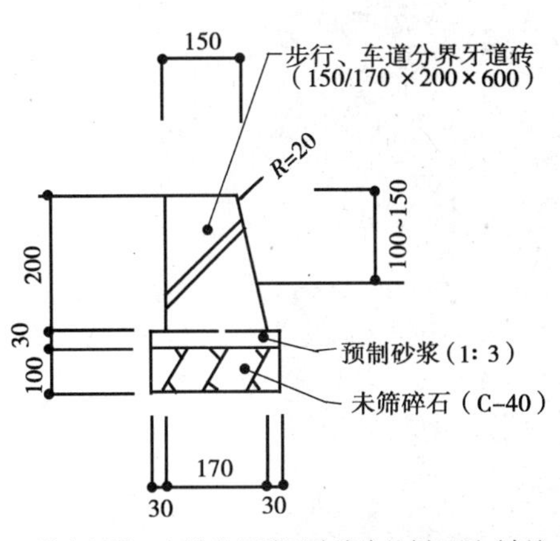

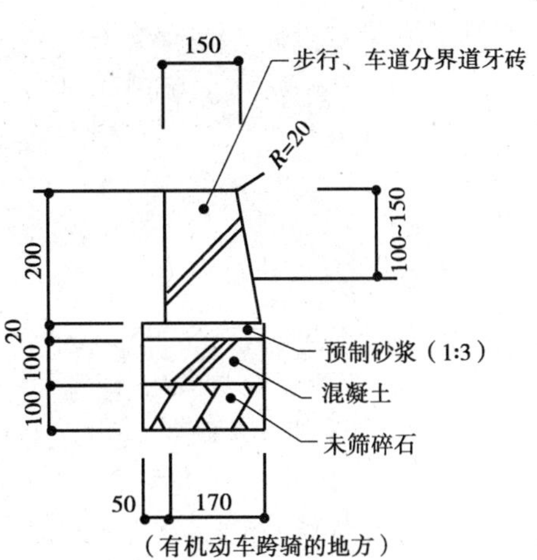

①步行道、车道分界道牙砖路缘的剖面图（例）

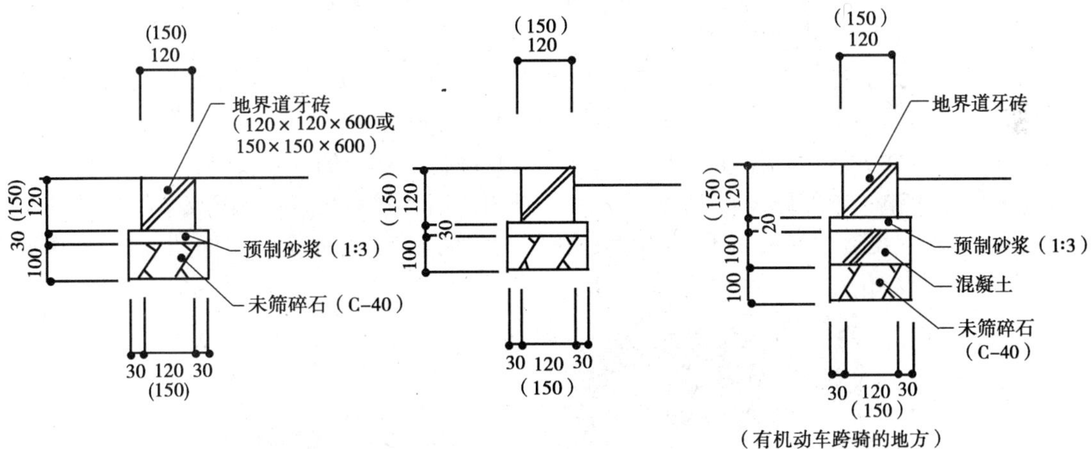

②地界道牙砖路缘剖面详图（例）

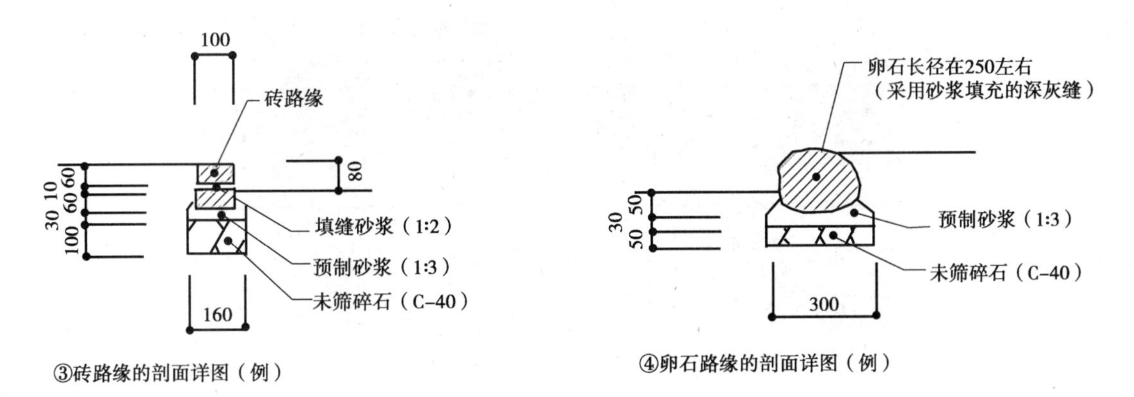

③砖路缘的剖面详图（例）

④卵石路缘的剖面详图（例）

图 5.63　几种路缘石构造做法

(3)挡墙　挡土墙是防止土坡坍塌、承受侧向压力的构筑物，它在园林建筑工程中被广泛用于房屋地基、堤岸、码头、河池岸壁、路堑边坡、桥梁台座等工程之中。挡土墙常用砖石、混凝土、钢筋混凝土等材料筑成，墙面可根据需要进行必要的表面处理，或突出其肌理质感，使纹路有凹凸、深浅等变化，或进行简单的壁饰设计(图 5.64)。

图 5.64　挡墙分层设置,平台处栽植绿化

挡墙的基本设计手法如下。

①宜低不宜高:若高差为 1 m 以内的台地,完全可以处理成斜坡台阶而没有必要做成挡墙,斜坡之上种植绿化植物;当高差过大致使放坡有一定难度时,也可在其下部设台阶式挡墙,上部仍用斜坡过渡。这样既保证了土坡稳定,同时也降低了挡墙的高度,节省了工程造价。

②宜零不宜整:当台地落差较大时,不可只图施工上的简单方便而作成单层的整体挡土墙,为解决这种大挡墙的庞大笨重感,应遵循化整为零的原则,分成多阶层的挡墙修筑,中间跌落处设平台进行绿化装饰(图 5.65)。

图 5.65　两段式挡墙,坡度平缓

③宜缓不宜陡:落差较大的台地若设成普通的垂直整体挡墙还有一缺陷,就是由于人的视角所限,较高的挡墙可产生强烈的压抑感,而且挡墙顶部的绿化空间往往超越人的视点而不可见,若在地形条件许可的情况下将其做成有一定倾斜角度的斜面挡墙,则可使视野内的景物增加,空间因而更开敞更明快(图 5.66)。

④宜曲(折)不宜直:在某些空间环境中,曲线造型比直线造型更能吸引人的视线,展现一

种柔和舒美的感觉。如露天剧场、音乐池座、室外活动场等，其挡墙便可化直为曲或折线形，形成折板、拱形或弧形挡墙台阶，以其动感、流畅的态势迎合特定的环境(图5.67)。

图5.66 圆形凹院空间以折线形挡墙和台阶构成

图5.67 挡墙与花坛结合布置

挡墙设计除以上述4点作为设计基本原则外，还应注意与其他园林小品结合布局统一设计。另外，挡墙还要为垂直绿化提供条件。如当挡墙分层设置时，可在各层平台处设置种植穴，栽植适宜的绿化植物，即可发挥其以植物丰富空间意象的优势，又可通过绿化植物的色、形、味来渲染气氛，突出季相。

5.2.8 台阶与蹬道

1) 台阶

台阶或梯级是园路的一种特殊形式，在园林建筑中主要作为垂直方向的联系手段用来解决园林地形变化及地平高差的问题。除具使用功能外，台阶还具有增加竖向变化，打破水平构图的单调感，增强节奏感，丰富空间层次感及引导视线的作用，尤其是高差较大的台阶还会形成不同的近景和远景的效果，是园林设计中必不可少的点景之物。

(1) 台阶种类　台阶种类繁多，按材料不同大致可以分为天然石材台阶、混凝土台阶、塑石台阶、竹木台阶、草皮台阶等。若按台阶的造型特点来分，则有如下3种类型。

①园林型：其最大特点为简单、朴实，以解决基本功能为目的，所选材料多为就地取材，可以用砂石、树桩、竹根、石板、砖瓦、混凝土等做成，看上去非常自然，融合在园景地形之中。

②挡墙型：对于地形起伏不大，高差在500 cm以内的地坪台地，在竖向地形处理上，常采用此型作为高差的过渡(图5.68)。平面布局上可曲折变化，立面上可设置壁龛种植穴栽植小型花草，以增添情趣。

③立体式花台型：多在地段标高发生变化、功能性质转换时采用，并可突出绿化配景的效果。

图5.68 砖砌台阶

图5.69 花岗岩台阶

花台可用石块干砌，台阶可就地取材，踏面踢面分别用石条和砖等不同材料砌成，也便日后植物小草能钻缝隙而出。切不可施用水泥砂浆灌缝，以免适得其反(图5.69)。

(2)台阶设计应注意的几个问题

①台阶尺寸：每级踏步的尺寸必须适合人的步履。过高容易使人产生疲劳，过低容易被忽视而将人绊倒，过宽、过窄，行走均会感到不适。一般室外踏步高度设计为12～16 cm，踏步宽度30～35 cm，低于10 cm的高差，不宜设置台阶，可以考虑做成坡道。台阶的级数宜在8～11级，最多不超过19级。台阶长度超过3 m或需改变攀登方向的地方，应在中间设置休息平台，宜设宽度1～3 m的平台，供人中途休息歇步，同时也可以使台阶形式具有一定的节奏韵律。实践表明，台阶的尺寸以150 mm×350 mm为佳，至少不应小于120 mm×300 mm。台阶坡度一般控制为1/7～1/4，踏面应做防滑处理，并保持1%的排水坡度。

②为了方便晚间人们行走，台阶附近应设照明装置，人员集中的场所可在台阶踏步上安装地灯。

③过水台阶和跌流台阶的阶高可依据水流效果确定，同时也要考虑儿童进入时的防滑处理。

④在室外空间中，当台级超过6级的时候，要注意设置扶手，并且改变梯蹬的高宽比，以减少上下视觉的陡峭感。

⑤应充分结合地形，使台阶随地形起伏、曲折自如，适当与假山、花坛、栏杆等配景结合，可使园林景观大大增色。

⑥为了减轻人们攀登时的单调和吃力感，吸引行人按设计意图行进，除在踏步的平面组织上做文章外，也可以将瀑布流水、花池花坛及路灯等装饰性设施与踏步及休息平台结合起来，以增加攀登的趣味。

⑦为保证台阶的稳固和安全，在选择施工工艺时需注意其构造做法(图5.70)。

2)蹬道

在传统园林中，除以梯级和台阶来组织室外竖向交通外，还有一种形式——蹬道的使用也较为广泛。尤其在路程较长的攀爬过程中，单调枯燥的台阶容易使人望而生畏，挫损游人登攀的兴致，因此在我国传统园林中多把石级和堆山叠石结合起来，形成随地势起伏的蹬道(图5.71)或爬山廊，使其与园林环境，建筑物的布局及其他园林配景有机地融合在一起，使游人在观赏中不知不觉地攀登到高一处的景点，这样的处理，既解决了交通的联系又丰富了组景的内容，是现代园林建筑设计中值得借鉴与推广的好办法。

在现代游园或自然风景区多采用蹬道的手法来代替某些石级，天然石蹬道、仿树桩蹬道、仿木板蹬道等形式均饶有山林野趣，增加了路途中的攀爬兴趣。常有依山就势自然凿出的蹬道，处理时则应与地形地貌相协调，不可使用过于现代的材料和造型，以保持自然的情趣(图5.72)。

在园林建筑中，必要时即使是普通的石级也应进行小品化的处理：如平面组合的变化，材料

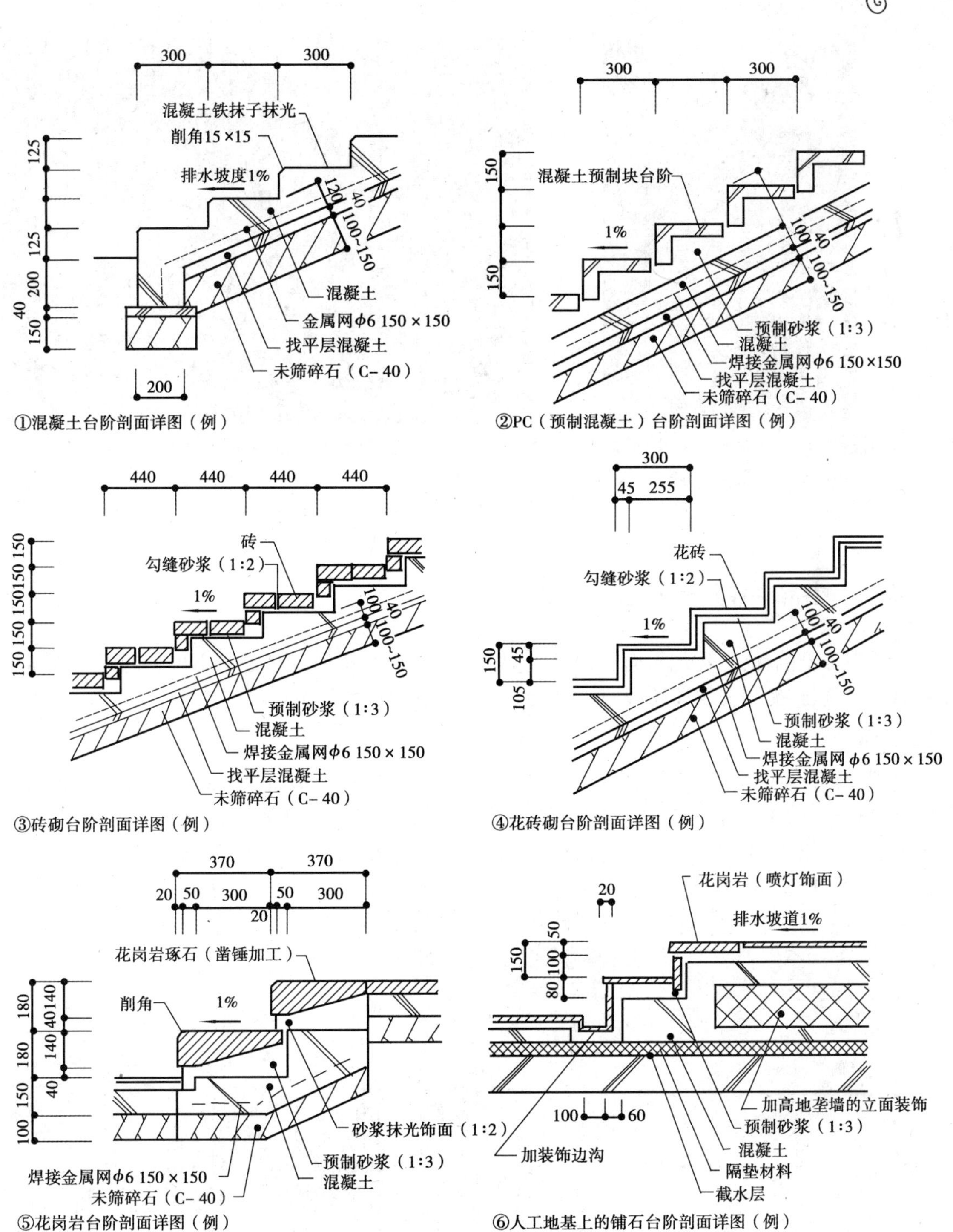

图 5.70 台阶构造做法

特色的发挥，表面质感的加工，等等。总之，要着眼于组景的效果，提高其观赏性，给人以美观和谐的感受，不致因草率处理而产生破坏园林组景的结果。

图 5.71 拥翠山庄——蹬道,可登山越岭,通达不同的景区、景点

图 5.72 龙泉寺——山道

5.2.9 小桥与汀步

我国传统园林,以处理水面见长,在组织水面风景中,桥和汀步是必不可少的组景要素,具有联系景点,组织引导游览路线,点缀景色,增加风景层次的作用。

1)小桥

桥的架设应取决于水面的形式和周围的环境特点,如:小型水面架桥,其造型应轻快质朴,通常为平桥或微拱桥(图 5.73、图 5.74);水面宽广或水势急湍者应设高桥并带栏杆(图 5.75);水面平缓者,可不设栏杆,或一边设栏杆,架桥低临水面,以增加亲近水面的机会(图 5.76);宽广或狭长的水面,应巧妙利用桥的倒影或建构曲折的桥身,利用桥体造型增添水面景色(图5.77);若大片平坦湖泊,应使桥体造型多变,并保证多种风格的桥式和谐统一,过渡巧妙自然……

图 5.73 平桥

图 5.74 微拱桥

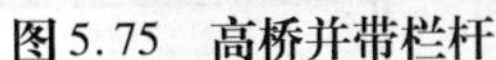

图5.75 高桥并带栏杆

图5.76 增加亲水机会

图5.77 利用桥体造型增添水面景色

(1)平桥　造型简单,能给人以轻快的感觉。有的平桥用天然石块稍加整理作为桥板架于溪上,不设栏杆,只在桥端两侧置天然景石隐喻桥头,简朴雅致。

(2)曲折平桥　多用于较宽阔的水面而水流平静者。为了打破一跨直线平桥过长的单调感,可架设曲折桥式。曲折桥有两折、三折、多折等。它为游客提供了各种不同角度的观赏点,桥本身又为水面增添了景致。

(3)拱券桥　多置于大水面,是将桥面抬高,做成玉带的形式。这种造型优美的曲线,圆润而富有动感。既丰富了水面的立体景观,又便于桥下通船。而用于庭园中的拱券桥则多以小巧取胜(图5.78)。网师园石拱桥以其较小的尺度、低矮的栏杆及朴素的造型与周围的山石树木配合得体见称。

2)汀步

在园林中,水景的布置及水面的联系除桥外也常用汀步。汀步是一种较为活泼、简洁、生动的“桥”。在浅水河滩,平静水池,或大小水面收腰或变头落差处可在水中设置汀石,散点成线借以代桥,通向对岸。由于它自然、活泼,因此常成为溪流、水面的小景。在现代景园设计中汀步的运用也较为常见,成为景园环境中丰富水面景致的有效手段。

汀步设计的要点:

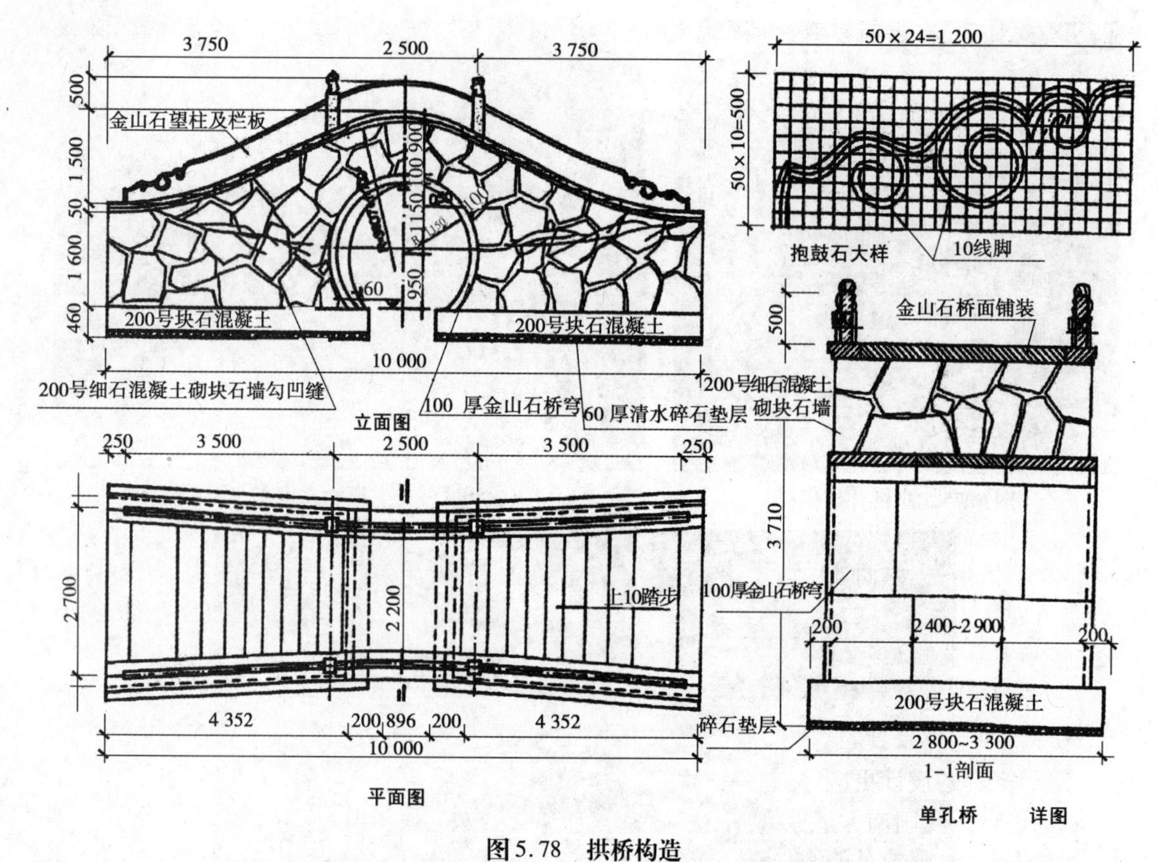

图5.78 拱桥构造

①基础要坚实、平稳，面石要坚硬，耐磨。多采用天然的岩块，如凝灰岩、花岗岩等，也可以使用各种美丽的人工石。砂岩则不宜使用(图5.79)。

图5.79 汀步设计

②石块的形状，表面要平，为防滑忌做成龟甲形。不可在石块表面雕饰凹槽，以防止积水及结冰。

③汀石布置的间距应考虑人的步幅，中国人成人步幅为 56 ~ 60 cm，石块的间距可为 8 ~ 15 cm。石块不宜过小，一般应在 40 cm × 40 cm 以上。汀步石面应高出水面 6 ~ 10 cm 为好。

④安置汀步石块时，长边应与前进的方向相垂直，这样可以给人一种稳定的感觉。

⑤汀步置石需能表现出韵律的变化，使作品具有生机和活跃感，富有音乐律动的美。

⑥设计者应充分考虑其周围环境特点，创造出与地形、地貌组合和谐的、具有个性的汀步。

5.2.10 室外家具

室外家具在园林环境中扮演着重要的角色，作为基本的服务设施存在于各种园林环境中，为人们提供多种便利和公益性服务。这些室外家具主要包括：提供休息的坐具；提供通讯联系的音箱和电话亭；提供商业销售的售货亭；保证公共卫生的垃圾箱；以及饮水器、自行车架等便利设施。这些室外家具的共同特点是占地少、体量小、分布广、数量多，此外还有造型别致、色彩鲜明、便于识别等。

任何环境设施都是个别和一般、个性和共性的统一体，安全、舒适、易于识别、和谐、文化感是园林环境中室外家具的共性。但由于环境、地域、文化、使用人群、功能、技术、材料等因素的不同，室外家具的设计更应体现多样化的个性。例如，不同地域之间气候的差异性就会影响服务设施的设计。我国南方地区气候炎热、多雨，室外家具不宜采用金属材料，可以多用木材以增加亲切感和舒适感；另外北方常年下雪，考虑到一年中很长时间的灰白背景，设施不宜采用浅色，而应该多采用色彩较鲜艳的玻璃钢材质；此外，可以更多地采用当地的特色材料，比如在江南可多采用竹子一类的传统材料运用到现代环境设施中，而不是一味只追求具有科技含量的现代材料。各地不同的自然资源都可以成为设计师构思利用的理想对象，源于自然的设计更能体现与众不同的个性化特征。所以室外家具在设计中既要考虑到实用性，又要反映所在的环境特征；另外在布置时考虑与场所空间、行人交通的关系，既能便于寻找、易于识别、方便使用，又能提高景观和环境效益。

1）座椅

座椅在园林环境中是最常见、最基本的“家具”，作为供游人休息的设施，设置座椅是十分必要的，座椅除具有实用功能外，还有组景点景的作用。在庭园树林中设置一组石桌凳往往能将自然无序的空间变为有一定中心意境的庭园景色，使设置座椅的地方，很自然成为吸引人前往、逗留、聚会的场所。座椅设置的位置多为园林中有特色的地段，如池边、岸沿、岩旁、台前、林下、花间，或草坪道路转折处等，既可作为休憩家具，又可成为小区域环境中的一个景致（图 5.80）。有时在大范围组景中也可以运用座椅来分割空间（图 5.81），座椅利用自身的造型特点，在与环境取得协调的同时足以产生各种不同的情趣。

图 5.80 林间路旁的石桌凳既提供了休息区，又形成一景致

观赏、休息、谈话是座椅同时兼具的服务内容。座椅的设计应考虑人在室外环境中休息时的心理习惯和活动规律，结合所在环境的特点和人的使用要求，来决定它的安设位置、座位数量和造型特点。其中，满足休憩及人的观赏需求是随机性最强的内容，无论是开放性空间还是私密性环境，座椅的设置一般应面向风景、视线良好及人的活动区域，以便为观赏提供最佳条件；而作为休闲园林环境中的休息设施，座椅的设置应安排在人行道附近，以方便使用者，并尽量形成相对安静的角落和提供观赏的条件；供人长时间休憩的座椅，应注意设置的私密性，座椅以1~2人为宜，造型应小巧简单；而人流量较多供人短暂休息的座椅，则应考虑其利用率，座椅大小一般以满足1~3人为宜；典型的休息场所座椅应较为集中，可利用环境中的台阶、叠石、矮墙、栏杆、花坛等结合进行整体设计，使之兼有坐凳的功能，座椅附近应配置烟灰皿、卫生箱、饮水器等服务设施(图5.82)。在城市公园或公共绿地所选座椅款式，宜典雅、亲切(图5.83)；在几何状草坪旁边的，宜精巧规整；而在自然风景区和野生公园则以就地取材富有自然气息为宜(图5.84)。

图5.81　利用座椅分割空间

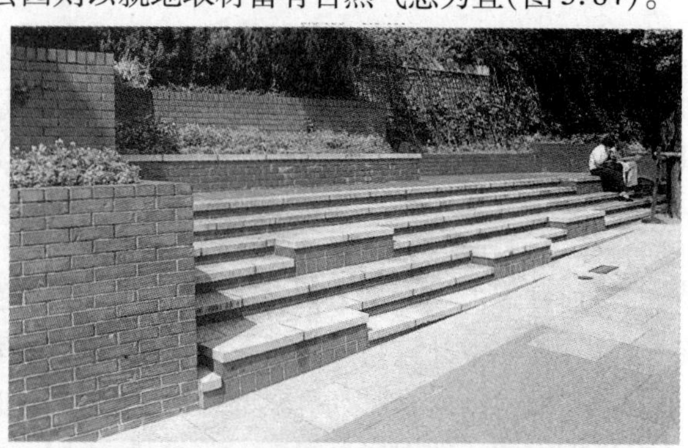

图5.82　台阶式的休息座可满足大量游人的需要

图5.83　造型典雅别致的休息座

图5.84　自然景区内的原木座位

室外座椅的设计应满足人体舒适度要求，普通座面高38~40 cm，座面宽40~45 cm，标准长度：单人椅60 cm左右，双人椅120 cm左右，3人椅180 cm左右，靠背座椅的靠背倾角为100°~110°为宜。座椅的细节设计在很大程度上体现了人性化关怀的细致与否，其实在现代设计中"人性化设计"的理念体现在方方面面，室外座椅的尺度往往影响使用者的使用舒适度，所以在设计中要严格控制。在法国巴黎街头的一种高靠椅充分体现出对"人性"细腻的关注与关照，它是一种介于栏杆和座椅之间的高靠椅，既起了围栏规限作用又可让人暂时停靠，在人流匆匆的交通集散地，特别适合双肩背包客或不便落座的过客临时停靠。

座椅的制作材料很广泛，可采用木材、石材、混凝土、陶瓷、金属、塑料等。座椅材料的选择除与环境特点(环境性质、背景和铺地形式)相关外(图5.85)，还要考虑使用频率(一人一次占有时间)，频率低者(占用时间短、使用人少)可选用水泥石材，频率高者应选用木材，木材应作防腐处理，座椅转角处应作磨边倒角处理。另外，座椅色彩和造型在同一环境中宜统一协调、符合环境特点、富有个性(图5.86)。

图5.85　板条椅的布局具有很强的韵律感

图5.86　符合环境特征的室外休息座

2）音箱

音箱常见于广场、公园等露天公共活动场所，以及大型公共建筑中。它们种类多，造型各异，或做成环境中的装饰物或隐藏于草坪和设施之中，为人提供背景音乐，烘托环境气氛。

3）电话亭

作为现代通信的基本设施，电话亭在公园、广场、风景游览区等公共环境中是必不可少的，越来越广泛地渗透到现代生活之中，同时公共电话亭作为环境景观的重要组成部分，其千姿百态的造型，也丰富了园林空间环境，成为园林景观小品的一个组成部分。

公共电话亭按其外形可分为封闭式、遮体式等。封闭式电话亭一般高2～2.4 m，长×宽为0.8 m×0.8 m～1.4 m×1.4 m，材料采用铝、钢框架嵌钢化玻璃、有机玻璃等透明材料。遮体式电话亭外形小巧、使用便捷，但遮蔽顶棚小，隔音防护较差，用材一般为钢、金属板及有机玻璃，高度2 m左右，深0.5～0.9 m。

电话亭的设计，首先在造型上要使听筒的高度及话机的位置符合人体尺度；其次，要有一定的隔音效果，以保证通话的私密性和免受外界噪声干扰，并对风雨有防护能力(图5.87、图5.88)。

图5.87　私密性保护

图5.88　遮风挡雨的电话亭

在园林环境中,电话亭并无组织景点的作用,因此作为景观的从属物,在造型和配置方面要与环境特点取得协调,既易于被使用者发现,又不过分夸张夺目。造型一般应简洁大方、通透明了。另外,不宜把电话亭放在道路交叉口或紧靠建筑、园门入口的等主要地段,否则易造成人流交通拥挤、混乱甚至阻塞的现象。

4)饮水器

饮水器是公共活动场所中为人提供饮水的设备。随着人们生活水平的提高,假日郊游及室外活动不断增多,在公园、广场等环境场所中为游人提供方便的饮水条件已成为必不可少的一项服务设施。

根据使用者的数量,分为独立式和集中式(多组龙头)两种。对于饮水器的设计,应考虑以下原则:

图5.89 常见饮水器造型

①要以人体工学为参照来确定使用人的高度:通常成人饮水的高度为80 cm左右,而儿童则要65 cm左右,同时还要设置一级台阶。

②尽量使用自动水龙头,以节省用水。

③因饮水器的水盆和龙头一般采用定型产品,造型设计则侧重于支座的处理。在设计时要注意支座与地面的接触面尽量小,以减少设备本身的水污和便于使用者靠近。

④地面铺装材料要求渗水性能好,设泄水口的地表有一定坡度,以避免形成洼水。

⑤饮水器的结构和高度要考虑轮椅使用者的方便;造型可以与环境中的其他服务设施统筹考虑以求得形式上的统一,也可以采用标准设备,这些要根据场所和使用人的情况来定(图5.89)。

饮水器一般设置在休息场地、出入口、食品销售亭点附近,以便于人们发现和使用,绝不能安放在公厕附近,并且要偏离人流交叉区。

5)垃圾箱

垃圾箱是园林环境中的卫生设施,不仅为保持环境卫生所需,也反映园林环境和景观特点。主要设置于休息观光通道两侧、候车、贩卖等行人停留时间较长且易于产生丢弃物的场所。

垃圾箱的形式主要有固定型、移动型、依托型等。要求美观与功能兼备、坚固耐用,不易倾倒。在空间特性明确的场所(如街道等),可设置固定型垃圾箱;在人流变化大、空间利用较多的场所(如广场、公园、商业街等),可设置移动型垃圾箱;而依托型垃圾箱则固定于墙壁、栏杆之上,适宜在人流较多、空间狭小的场所使用。

垃圾箱的制作材料有不锈钢、木材、石材、混凝土、GRC、陶瓷材料、塑料等。在材质运用方面,可选择反映所处园林环境特点的材料,以体现环境特色为目标并力求与周围景观和环境协调统一。如非标制成品材料的使用,复合材料的使用,玻璃、荧光漆、PVC特殊材料的运用,实木、竹子、藤的运用(图5.90、图5.91)。

图 5.90 木制垃圾箱

图 5.91 不锈钢垃圾箱

因为在环境中垃圾箱只担任陪演的角色,所以在造型处理、安放位置上不可过分突出夺目,要给人以洁净和美的感觉。设计中还要考虑使用维护的方便易行,提高人的可操作性,如投口高度一般设为 0.6 ~ 0.9 m,以方便人们丢弃废物。为提高资源回收率,可同时设置可回收物垃圾箱与不可回收物垃圾箱。在布局上,垃圾箱设置间距一般为 30 ~ 50 m,也可根据人流量来设定,可回收物垃圾箱与不可回收物垃圾箱应并列放置,并尽量靠近休息座位、贩卖亭点和步行道路,以提高人的可接近性与分类投放废弃物品的自觉性,达到真正保护环境的功能。

5.2.11 园林灯饰

园林灯饰在园林建筑中是一种引人注目的景观小品。白天可利用不同造型的灯具点缀庭园、组织景色,夜间则可利用灯光提供安全的照明环境,指示和引导游人安全顺畅地到达目的地,并且各种装饰性的照明效果,亦可丰富庭园的夜色。园林灯饰还可作为典型的装饰要素来突出组景重点,展开有层次的组景序列,塑造园林环境的空间序列感。

1)园林照明的主要类型和主要灯具

在风景园林环境中,根据灯具的使用位置和在环境中的不同用途,可分为行路照明、作业照明、防卫照明、建筑照明、装饰照明等多种类型,根据照明功能的重要性我们重点介绍行路照明和装饰照明两类。

(1)行路照明　在园林环境中的行路照明主要是指提供一定照度和亮度的路灯照明,以方便游人在夜间能看清园路,并起到引导及提示游人的作用。在布置时要注意两灯之间应保持一定的连续性和呼应效果。行路照明的灯具主要有以下几种:

①低位置路灯:也称草坪灯,灯具位置在人眼的高度之下,即高0.3~1 m的路灯。它一般设置于宅院、庭园、散步道等较为有限的步行空间环境(图5.92)。此类灯具可独立设置也可与护柱结合而用,它表现一种亲切温馨的气氛,安置距离为5~10 m,为人们行走的路径照明。埋设于园林地面和踏步中的脚灯,嵌设于建筑人口踏步和墙裙中的灯具也属此类路灯的特例,其间距以3~5 m为宜。

②步行和散步道路灯:灯杆的高度为2.5~4 m,灯具造型有筒灯、横向展开面灯、球灯和方向可控式罩灯等。较低的路灯称为庭院灯或园林灯,这种路灯一般以10~20 m间距设置于道路的一侧,可等距排列,也可自由布置。灯具和灯杆造型应有其个性,并注重细部处理,使之符合该环境的特点(图5.93)。

图5.92　草坪灯

图5.93　符合环境特点的园林灯

(2)装饰照明　装饰照明在现代风景园林中已经成为越来越重要的内容。它不但是重要的装饰组景要素,而且还可通过灯光效果衬托景物、装点环境、渲染气氛。如在较大面积的庭园、花坛,广场和水池间设置各式庭园用灯来勾画庭园的轮廓,使庭园空间在夜间仍然不失其风貌,甚至增加另一种情趣和气氛。

根据装饰照明灯具的不同设置方式和照明目的,可将其分成两类。

①隐蔽照明:这类照明中的光源(或灯具)多被埋设和遮挡起来,只求照亮、衬托景物的形体和内容。比如园林树丛草坪中的埋设灯具(埋地灯)和某些低位置灯具,应尽力避免突出自身的造型和光源所在位置,只需勾画衬托出景物的轮廓即可。隐蔽照明还广泛用于其他景观小品中,如喷泉水池、壁饰(图5.94)、雕塑、踏步(图5.95)、护栏等。

②表露照明:这类灯具主要为突出装饰效果与渲染气氛,或独立放置或群体列置,照明目的不在乎有多高的照度和亮度,而在于创造某种特定的气氛,形成夜晚独特的灯光景观,如园林中的石灯(图5.96)、水池中的浮灯都是利用其自身的特殊造型来形成灯光景点的;在园林围墙或高大植物上悬挂的串联挂灯,以及在凉亭(图5.97)或花架上使用的光带都可形成轮廓照明,另外如节日悬挂的灯笼(图5.98)、激光束,以及灯光喷泉等都属表露照明中常用的照明形式。环境中的单体表露照明,除要突出表现灯光气氛外,还应注意灯具及支撑体造型设计的艺术性;如果是群体安置,则以整体造型和色彩组织为主。

图5.94　突出壁饰造型的隐藏式照明

图5.95　隐蔽于踏步的照明

图5.96　夜间的石灯灯光效果

图5.97　串联挂灯勾画出凉亭轮廓

图5.98　江南小镇节日悬挂的灯笼

不同空间、不同环境的灯具形式与布局各不相同,灯具设计应在满足照明需要的前提下,对其体量、高度、尺度、形式、材料、色彩等进行统一设计,以烘托不同的环境氛围,造型宜简洁质朴,尽量避免过分繁琐的纹饰。同一庭园中除作重点装饰的庭灯外,其他灯的风格类型应基本协调一致。造型还应符合户外灯具使用的基本要求,如防御风雨,便于安装修理。

近几年,随着景观设计的发展和能源的充足,新的装饰照明灯具应运而生,如光纤维、导光管、三基色灯等,最新灯具"全光谱数位灯光"可以变幻出 1 670 万种颜色、彩度、饱和度和色温,这些层出不穷的新灯具、新光源大大丰富了园林环境的感官效果,使夜间的景色别有一番情趣和意境。

2)园林照明方法

对于夜晚的室外景观照明,不同的照明对象所采用的照明方法是不同的,比如树木与建筑、雕像与水体,因其体量、造型、材质的差异,采取的照明形式是完全不同的。要通过不同的照明方法实现不同的灯光效果,以达到突出景物特色的意图。较为常见的园林景观照明方法有以下几种:

(1)下射照明　下射照明所产生的光线区域为伞形,光线也较为柔和,适用于人们进行室外活动的区域,如庭院。若在建筑上采用下射照明,则可突出其墙面特征,而且能提供必要的安全照明和外观照明,还能与采用上射照明的其他特征形成对比。下射照明尤其适合于盛开的花朵,因为绝大多数花朵都是向上开放的,生长的态势与光线的方向形成动感上的对峙而别有特色。安装在花架、墙面和乔木上的下射灯均可满足这一要求(图 5.99)。

(2)上射照明　上射照明是指灯具将光线向上投射而照亮物体,其中根据光线投射的方向和角度的不同又可分为掠射、漫射和重点照明,多用于强调景物的效果,如乔木、雕像、建筑的正面或墙面的照明,尤其适合表现树木的雕塑质感。灯具可固定在地面上或安装在地面下,一些埋在地面中使用的灯具,如埋地灯,由于维修和调整的不便,通常用来对长成的树木进行照明;而那些安装在地面上的定向照明灯具,则可以用来对小树照明,因为它们可以随着小树的成长而灵活调整。光源的隐蔽性也要加以考虑,灯具要设置在隐蔽的地方或者加装隐蔽设施,以免产生的眩光分散人的注意力,影响照明对象的观赏效果(图 5.100)。

图 5.99　下射照明

图 5.100　上射照明

对于质感突出的景物或表面,在附近用与之成锐角的光束进行照射,可以产生强烈的阴影,具有突出表面质感的效果,此为"掠射"。"掠射"照明主要适用于石墙或砖墙,在墙基附近设置灯具,光线成一定角度照射到墙面突出的部分,可使墙上的突起和沟缝产生很强的浮雕效果(图 5.101)。

将灯光均匀地照射到墙面上称为“漫射”，或“墙面漫射”，这种照明方式适用于许多场合。在现代庭院中，墙面一般都是经过粉刷的，没有质感，采用漫射照明则可突出墙面的色彩，或者将墙面的颜色反射到周围的空间，营造一种亲切祥和的气氛（图5.102）。较大规格的地面泛光灯可用于建筑正面墙的照明，但要注意灯光的投射角度，以避免从窗户向外观望或从门口走过时产生的眩光。

图5.101　用上射灯掠射砖墙表面，强调砖墙质感

图5.102　墙面漫射照明将球型灌木的轮廓勾勒出来

重点照明是用定向灯光强调个体植物、焦点景物或其他景观，使它们突出于周围环境，如黑暗背景或光线较暗的绿篱、墙面或植被的一种照明技术。任何照明技术（下射照明、上射照明或侧光照明）和安装位置（树上、水下、地面或建筑）都可用于重点照明，只需用亮度相对较大的光束集中照射到照明对象上就可获得重点照明效果。

(3)轮廓照明　轮廓照明比较适用于落叶树的照明，也就是使树木处于黑暗中，而将树后的墙照亮，从而形成一种强烈的对比效果。

(4)月光照明　月光照明，是室外空间照明中最自然的一种手法，它是利用灯具的巧妙布置来实现月光照明的效果。将灯具安装在树上合适的位置，一部分向下照射，将下部树枝和树叶的影子投到地面上，以产生斑驳的照明效果；另一部分向上照射，将树叶照亮。这样，就会产生一种月影斑驳的效果，好像满月的照明一样（图5.103）。

图5.103　月光照明

3)园林灯饰的设计要点

园林灯饰的设计要同时注意园林环境景观装饰与使用功能的双重要求，造型美观与合理的光照度是我们追求的目标，同时还要考虑以下关键问题：

(1)避免眩光　通常情况下，不管是室内灯光照明还是室外环境照明都需要特别注意眩光现象的产生，灯具造型固然可以提高景观小品的装饰性，但是在进行园林灯光设计时，很多情况下强调的是灯光的视觉效果，而不是灯具本身。所以在设计灯具时要考虑灯光的散射效果，安置灯具时也是越隐蔽越好,而不能让人感觉到无遮蔽光源产生的眩光。

(2)保留透视线　当将夜晚的景色分成远景、中景、近景时,如何才能使它们和谐自然地呈现在游客眼前,关键的一点就是要处理好前景照明。为了能使视野更开阔,前景照明绝不可过亮,但是若缺少照明也会导致透视变形,因为这样会使远处的景物看上去比实际要近。一般来讲要对前景的物体采取柔和、低度的照明,使它们与景物形成框景,保持较好的透视效果,这一点对于距离适中的远景尤为重要。另外,灯光设计要注意保持景观的完整性,不可出现非常突兀的明亮区域,而要使各种景点照明都融合在整体环境中(图5.104)。

图5.104　恰如其分的前景照明

(3)强调景深　通常在园林灯光设计时都强调景深,并且要使视野范围内的景物过渡自然。在需要考虑景物的透视效果时,这一点显得更为重要。比如当远景处的一座雕像被照得很亮时,会使它显得离观赏者较近,而灯光变暗则会使它显得较远。所以,在较亮的焦点景物与较暗的中景之间要有一定的照明过渡,使它们自然融合为一个整体,可在草坪上投射少量灯光或对两侧的灌木花境给予一定照明。对两侧灌木花境的照明能够在视觉上延长庭院的外围,具有扩大空间的效果,从而避免出现只有一个照明焦点的狭长视野。

近年来,园林灯饰在园林建筑环境中的地位越加重要,随着设计观念的提高和经济的发展,室外景观的夜景照明效果有了不同程度的长进,但是其中也存在不少问题,如片面追求数量、追求光亮度、刻意加强局部效果等。为使夜晚的景观照明质量逐步趋向完美,应在电光源、灯具、照明设计和总体环境设计上综合考虑,逐步解决光污染、能源浪费等问题,创造出具有一定环境主题,与环境风格相协调,并具有一定寓意的园林灯饰小品和灯光夜景照明。

5.2.12　水景设计

1)概述

古今中外之造园,水体是不可缺少的一个要素。在环境空间艺术创作中,水景设计是难点,但也常是点睛之笔。水能赋园林以生命,自身又独具柔美和韵味,它可艺术地再现自然中的园林之魂,并用概括、抽象、暗示和象征来启发人们的联想,从而产生特殊的艺术感染力。

水的形态多种多样,或平缓或跌宕、或喧闹或静谧,凭借水可构成多种风格的园林景观。用水造景,动静相补,虚实相映,层次丰富,形影相依,比起植物栽植或其他园艺小品,其点景力强,易于突出造园的效果。“水又有大小之分:大则为衬托背景,得水而媚,组成景点的脉络;水长则是自然溪流的艺术再现……水小则成为视线的焦点或景点观赏的引导。园内有水,亦可引水出园;无水时,则可引水入园,成为有源之水……”也可利用地下水构成池、塘、泉、溪、涧。若无自然条件,则可人工造泉,如涌泉、喷泉,总之水景的存在使得园林更增添迷人的魅力。除此造景作用之外,水景还可用来调节空气温度和遏制噪声的传播,不失为改良环境的有效措施。

在我国古典园林中,对水的营造通常借意“一勺如江湖万里”,园景可以没有像西方园林那样大片草坪,但不能无水。古人云“重形象,更重意象”,确切地表达了我国造园的传统风格,即将内在含义用一定的景物造型和空间环境表现出来。利用水与花木、山石、建筑等的结合布局,使自然景色融入人工创造,使人产生无限的遐想,局部景观溢出空间的局限,扩大了所需景域,增强了主题衬托,丰富了景象层次,从而使意境深远,达到人工与自然的高度和谐(图5.105)。

图5.105 绍兴东湖——自然界湖海的类型

近代以来,随着东西方文化的交往,西方的喷泉和几何形体规划的园林一起传入我国。早在明清时期的皇家园林和私家园林就都出现过西式喷泉,如圆明园西洋楼部分的“海晏堂”“大水法”“远瀛观”等大型喷泉即属之。在现代风景园林规划中,水景小品的形式越加丰富多彩,不管是中式水体还是西式水景都广为景观设计师所采用,并在园林环境中发挥着越来越重要的作用。

2)水的4种基本形式

(1)流水　流水有急缓、深浅之分,也有流量、流速、幅度大小之分,蜿蜒的小溪、淙淙的流水,使环境更富有个性,也更具诗情画意。

流水又分自然式的溪流和人工塑成的水道。自然式的溪流取其自然天成、随意洒脱的形态,而人工水道则以线型的细长水流为主,根据不同的环境和水景设计的总体构想,来确定水道的形式、线型、水深、宽度、流量、流速、池底和护岸材料等。值得注意的是水的深度,一般控制在水深30 cm以下,以防儿童在进入时的安全性;池底选材要考虑防滑、防扎;另外,对池底和护壁均作防水层,以免渗漏(图5.106)。

(2)落水　在水景设计中的落水一般系指人造的立体落水,也就是瀑布。水源因蓄水和地形条件之影响而有落差溅潭。当水由高处下落时,其表现形式有散落、线落、布落、挂落、条落、多级跌落、层落、片落、云雨雾落、壁落、向心陷落、滑落,等等,加之水量、流速、水切的角度、落差、组合的方式的不同和构成落坡的材质等综合作用,使瀑布产生各种微妙的变化,时而潺潺细雨,时而奔腾磅礴、呼啸而下,使瀑布蕴含了丰富的性格和表情,传达给人不同的感受。

进行瀑布设计须注意以下几点,并结合不同瀑布形式选择相应的构造做法(图5.107):

①要考量和确定瀑布的形式和效果,根据实际情况确定瀑布的落水厚度,如沿墙面滑落的瀑布水厚为3~5 cm,大型瀑布水厚为20 cm以上,通常瀑布厚度取中。

②为保证水流的平稳滑落,须对落水开口处做形状处理。

③为强调透明水花的下落过程,在平滑壁面上做连续横向纹理(厚1~3 cm)处理(图5.108)。

④对壁面石板应采用密封勾缝,以免墙面出现渗白现象。

⑤将喷泉和瀑布相结合的最简单的通常做法是水盘,可以形成层层跌落的水景。

除了设计要点之外,要注意控制瀑布的规模、高度,并把握设置地点。瀑布的规模和尺度应根据基地环境的空间大小和空间性格来确定,切忌片面追求气势磅礴和规模宏大而造成的基地

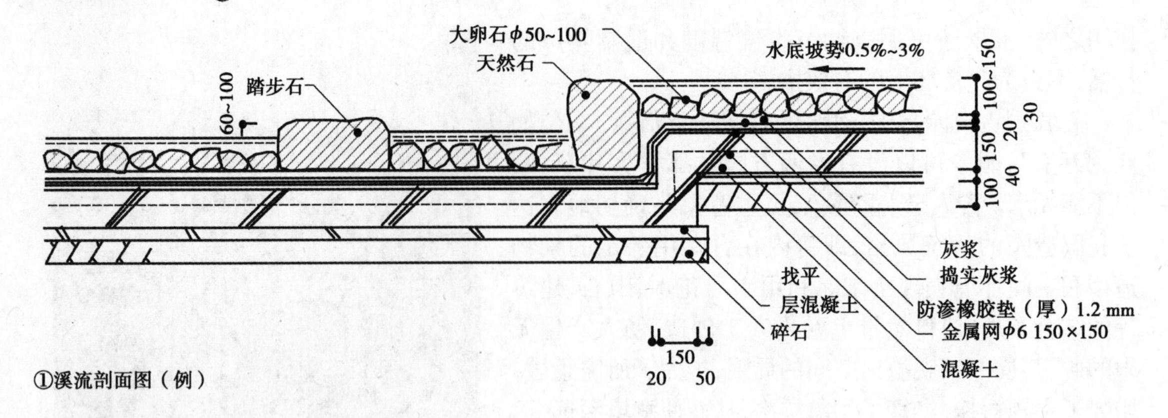

①溪流剖面图（例）

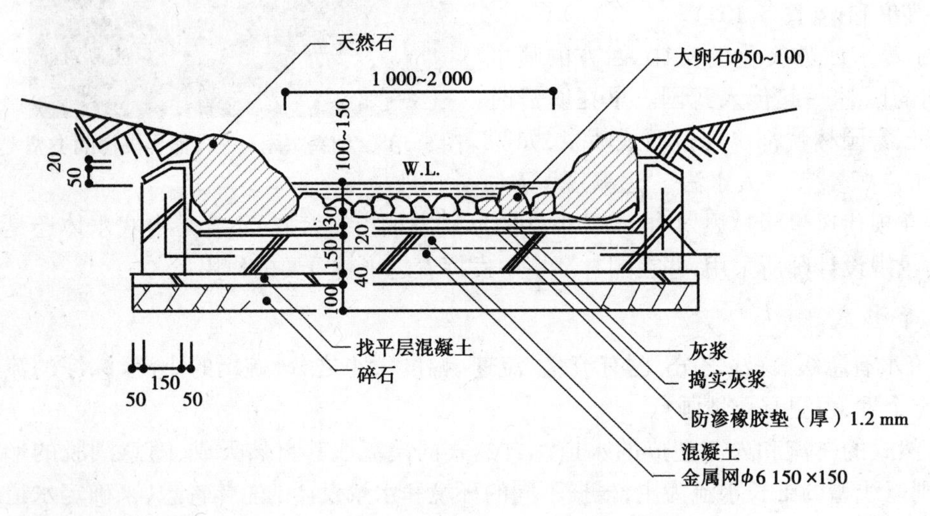

②溪流剖面图（例）

图5.106　溪流剖面图

空间尺度的夸张。在空间有限的场地环境中，不宜设置较大规模瀑布，尤其落差较大的瀑布。这不单是因为面积所限，还因其落水的抛物线和风吹作用都需要设置更大的瀑潭，其实现的可能性更小。

(3)静水　园林净水，辽阔者一至数亩，精巧者一席见方，取其色、波、影的不同形态，以静水为面，池石逶迤为岸，亭榭掩映，静栽遥呼，草花相饰，构筑空间层次丰富的水与景，呈现素秀的水貌(图5.109)。此乃中国古典园林的治水之道。

静水，顾名思义，意旨为不动水，且多为人工造水(图5.110)。以池水、底面和驳岸三部分组成水池，具体构造做法见图5.111、图5.112。其附属设施有点步石(汀步)、水边梯蹬、池岛、池桥、池内装饰、绿景等。水池设计的基本要素为材料、色彩、平面选型、其他水景组合、池底与地面竖向关系等。

在现代风景园林环境中，水池的形态种类众多。基本分为水池规则严谨的几何式和自由活泼的自然式；也有浅盆式与深水式之别；更有运用节奏韵律的变化而分的错位式、飘浮式、跌落式、池中池、多边形组和式、圆形组和式、多格式、复合池式、和拼盘式，等等。水池选形的原则大致是，构图要求严谨、气氛肃穆庄重的多选用规则方整形，甚至多个池子对称布置；为调节空间气氛的活跃，突显水的变化，则选用自由布局、复合跌落参差之池。

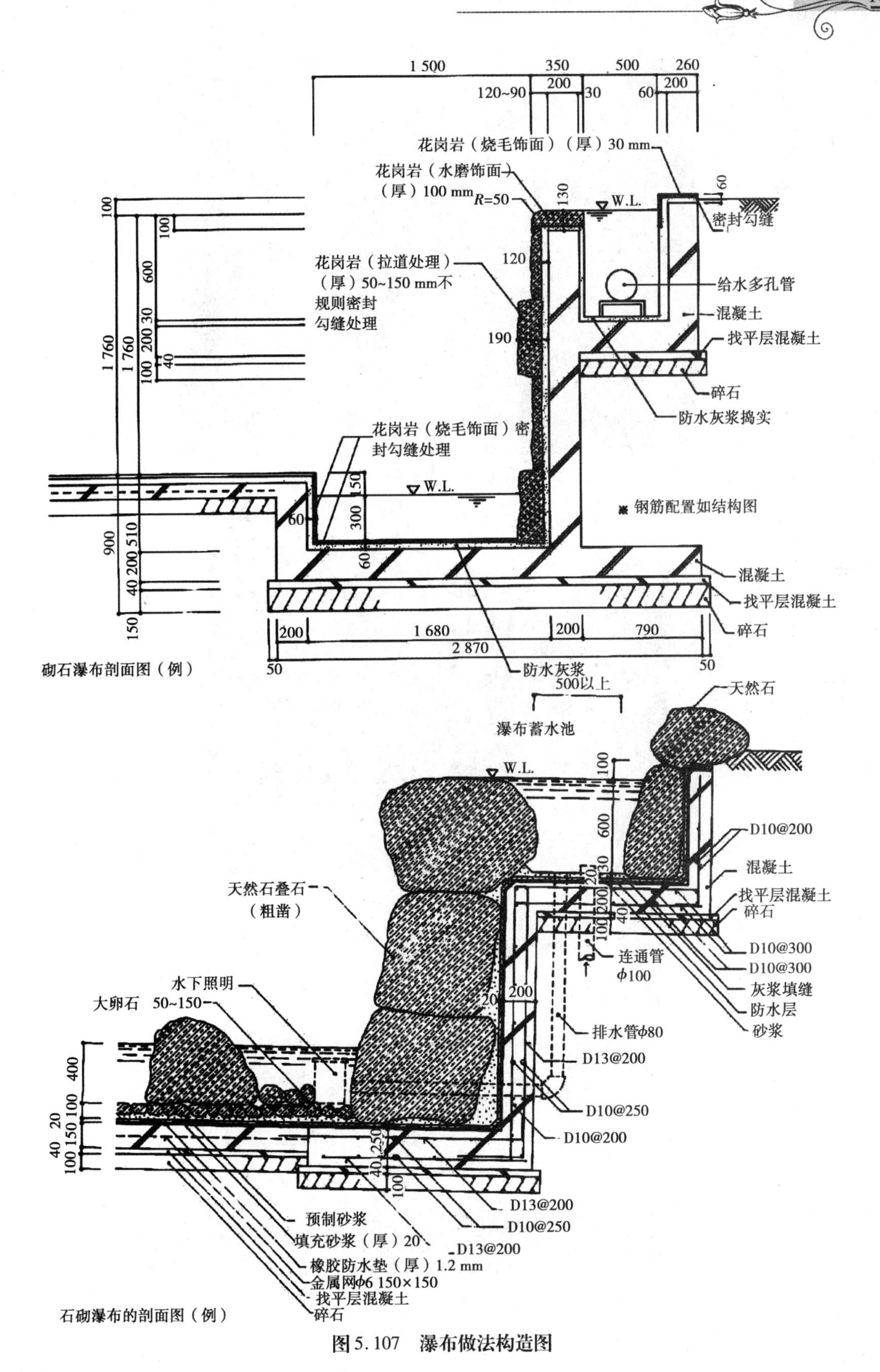

图5.107　瀑布做法构造图

图5.108　增加落水水花的壁面处理方法

图5.109　颐和园后湖

图5.110　静水水池

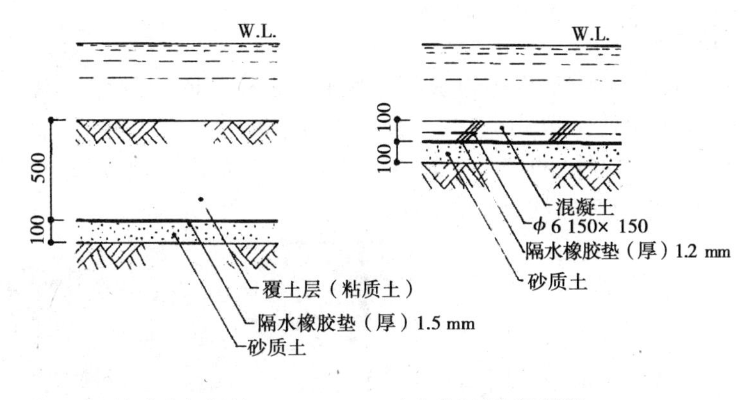

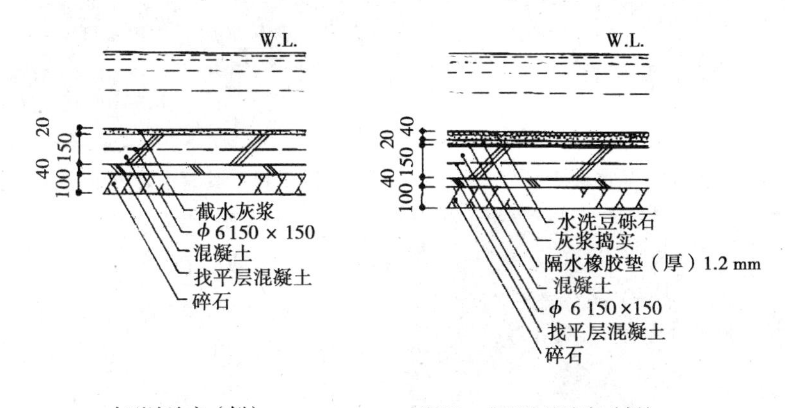

池底剖面图（例）

图5.111 水池构造做法(一)

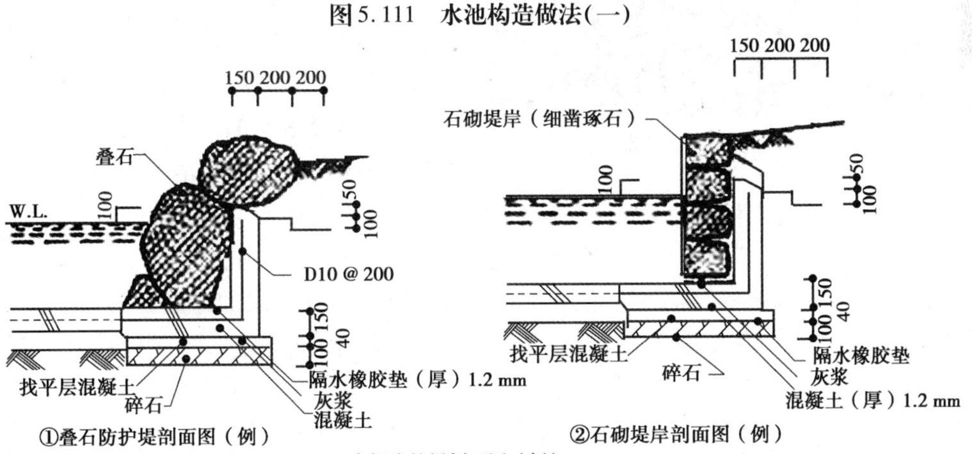

水解防护堤剖面图（例）

图5.112 水池构造做法(二)

作为几何式的布置方式，水池以其形态的不同主要分为点式、线式和面式。

①点式：指最小规模的水池和水面，如露盘、饮用和洗手的水池、小型喷泉和瀑布的各阶池面等。它在室内、庭园、广场、街道中以空间的层台和地面的点景等形式出现。尽管它的面积有限，但它在人工环境中所起的画龙点睛作用，往往使人感到自然环境的存在，联想到清静浩渺的

广阔水面(图5.113)。

②线式:指比较细长的水池,也称为水道或水渠。它在空间中具有很强的分划作用或绵延不断之感。在线式水池中通常采用流水,以加强其线型的动势。水道还将各种水面(水池、喷泉和瀑布)联结起来,形成有机的统一整体。它可以围绕面式水池构筑,也可以置于广场、阶梯、庭院之中,处理成直线型、曲线型、折线型等各种造型(图5.114)。

图5.113 虽小犹精的点式水池

图5.114 具有引导性的折线式水道

图5.115 层层叠加的面式水池

③面式:指规模较大,在空间中起到相当控制作用的水池。面式水池可以单一的池体出现,也可是多个水池的组合;若干水池可在同一平面展开,也可由竖向叠加而成(图5.115)。其平面造型主要取决于所在空间环境的性质、形态、功用(观赏、戏水等)及其内容。

总的来说,规则的设计选型要比不规则的几何形或自然形容易取得效果。为了衬托出水的欢快清澈以及周边瀑布和喷泉的造型,池底面通常选择较艳丽的色彩或装饰图案,池的外沿则处理成容纳外附的水沟。

(4)压力水　压力水俗称为喷泉,有人工与自然之分。自然喷泉是大自然的奇观,属珍贵的风景资源。在中国传统风景名胜中就有不少是以泉而闻名,如北京的“玉泉”,无锡的“二泉”,镇江的“冷泉”,杭州的“虎跑”“龙井”,济南的“趵突泉”等。泉的造景样式很多,一般手法着重自然,如就山势作飞泉、岩壁泉、滴泉;于名山古刹则多作泉池、泉井,或任其自然趵突不加裁剪;也有在泉旁立碑题咏,点出泉景的意境。

人工喷泉起源于西方庭园,后来随着东西方的文化交流而传入我国。中国古代最早的喷泉曾设于圆明园的“海晏堂”和“远瀛观”,今天我们仍可从其遗址中想见其当年宏大的规模。西方早期人工喷泉或利用自然高差造成喷泉奇观,或使流水通过人力(或畜力)驱动的水泵和专门设计的喷嘴涌射出来,并常常饰以人物、动物或者以神话故事为题材的雕塑,成为美化城市广场、公共绿地和公园的常见造景手法(图5.116)。随着科学技术的发展,出现了由机械控制的人工喷泉后,为园林组成大面积的水庭,提供了有利的条件。喷泉的设计日益考究,在水花造型、喷发强度和综合形象等方面都有了较多的可能性。

喷泉利用其水、声、波、影,除了起到饰景作用外,还以其立体和动态的形象在城市广场、公园、街道、高速公路、庭园等环境中兼具引人注目的地标和轴点作用,它所创造的丰富语义是烘托和调解整体环境氛围的要素。此外,喷泉还有较强的增氧功能,可以促进池水水质的净化和空气的清新湿润,提高环境的生态质量。因环境性质、空间形态、地理和自然特点、使用者的行为和心理要求的不同,喷泉在造型、高度、水量和布局上都有所区别,以配合和强调空间的性格。它可以有一个独立的喷点,或以多点排成水阵或水列(图5.117),这些水阵和水列依照地形地势造就磅礴壮观的水景空间,而各点的喷射方向与强度也可按照设计意图达到相互映衬、协同表演的目的(如跑泉)。根据喷嘴的构造、方向、水压及与水面的关系,还可得到喷雾状、扇形、菌形、钟形、柱形、弧线形、泡涌、蒲公英等多种喷射效果。如果说喷泉组群表现了整体特征,那么喷泉的个体造型则从另一方面表现了水景的精致与丰富。

图5.116 典型早期西方的喷泉喷嘴形象

图5.117 多个喷点形成的水列状喷泉

喷泉的设计需要注意这样几点:

①要考量喷水的效果,如果是多种类喷泉的集中表现,则应注意喷水形式、水量、水流、水柱高低的区别,在相互比较映衬中发挥各种喷泉的作用和情趣,展现主水景作用。

②对靠近步道的喷泉,应控制水量和高度,以免在风吹时影响水的喷射方向而溅到游人身上。

③喷嘴和水下照明灯,要尽量安装在接水池内,上设水箅以免被戏水儿童误踩,并保持水面景观的洁净感觉。

喷泉作为水体景观的一种往往是与其他水景结合布置的,比如,它与瀑布、水池本来就是一个整体,这是最常见的结合方式。除此之外,喷泉还可与雕塑、段墙、阶梯、灯柱等许多环境设施结合设置。

近年来,随着喷泉在园林环境中的广泛应用和各项技术的不断提高,喷泉其综合表现已经发展到较高的水平,各类程控喷泉、声控喷泉已相当普及,诸如音乐喷泉、激光喷泉也不再让人们感到新奇,相信在不远的将来还会有更多的喷泉景观出现在我们的视野中,为城市环境和风景园林增色添彩。

5.2.13 展示、导向牌

图 5.118 招贴栏

在园林空间环境中信息传播设施一直担任重要的角色，在提供路线、识别、规定等重要资讯的同时，也为周围环境增添了丰富的光彩，传达了环境的各种特质——或传统、或现代、或新奇、或友善、或有一定的异国情调，等等。信息传播设施根据其功能的不同、服务内容的不同基本分为两大类：信息展示类和标示导向类。

信息展示类包括各种告示板和宣传栏，如报栏(亭)、招贴栏、布告板、展示台、展示说明板等各种形式(图5.118)。标示导向类主要是指在公共环境中引导方向、指示行为、揭示场所性质的方向指示牌、作业性标示物、规定性标示物、园林导游图、园林布局图、路名简介牌等(图5.119)。

图 5.119 珠江公园导游图

1)信息展示类

信息展示板在园林环境中的分布范围很广，所提供信息的内容也各有不同，但是在形式设计上有着共同的要求：

①其造型设计应具有区域环境中的统一共性及区别于其他区域的个性，这包括展示板的造型、选材、色彩及设置方式等内容。

②为便于展示内容的更换及照明、维护的方便，并防止雨水侵入，在设计时需注意构造方式及其密封性能，常见展览栏的构造方式如图 5.120、图 5.121 所示。

③信息展示板的设计尺度和安放位置要易于被人们发现，但在环境中不宜过于醒目。尤其是在风景游览区和古旧建筑保护区，信息展示板的高度、面幅要有一定的限制。一般小型展面

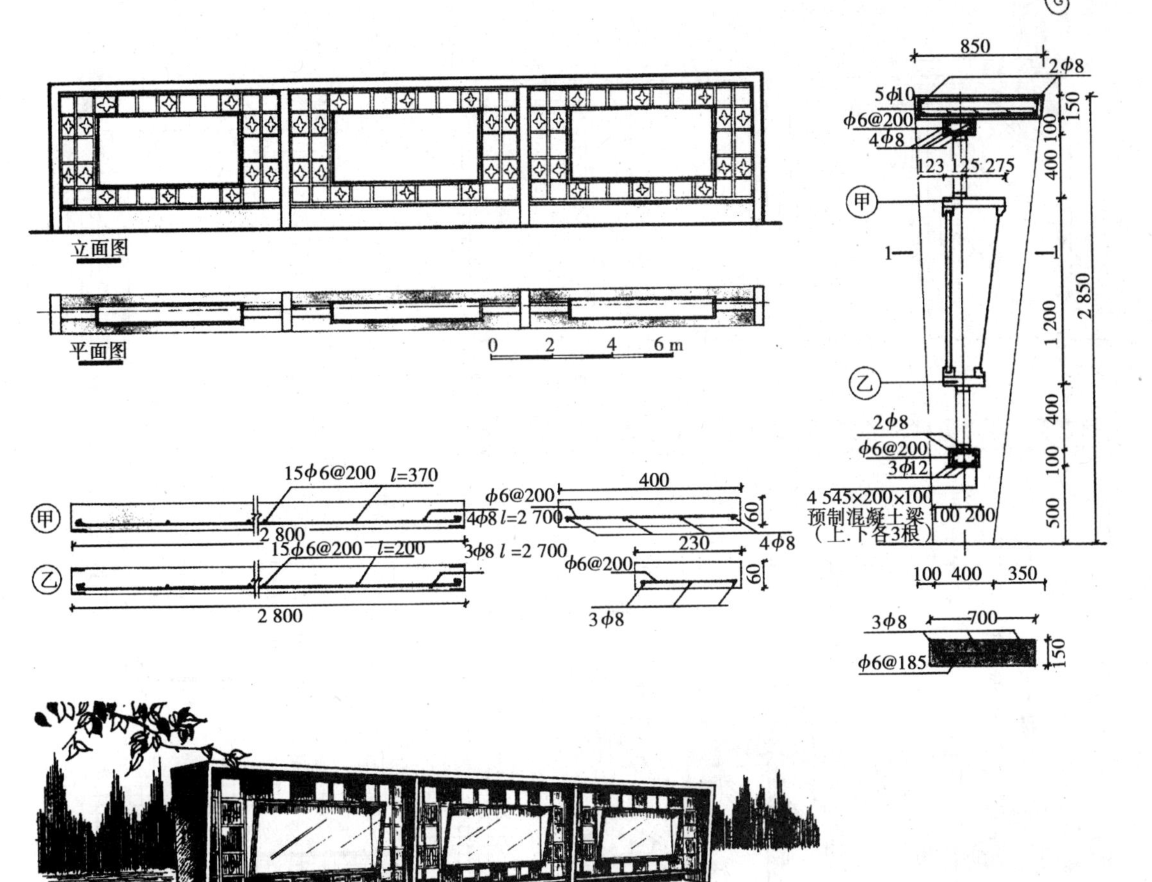

图5.120 展览栏做法

的画面中心离地面高度为1.4～1.5 m。

④创造良好的视觉观展条件是获取信息的重要保证。

⑤室外光线充足适于观展，但应避免阳光直射展面。环境亮度、地面亮度与展览栏相差不可过大，以免造成玻璃面的反光，影响观展效果。巧妙利用绿化可改善不利的光照条件。

信息展示板的设置方式有3种：

①可以移动或灵活布置的，如台式、座式、隔断式等。

②独立于地面的固定告示，如台式、碑式、架构式和亭廊式等。

③悬挂、出挑、嵌入建筑中和设施上的揭示板、告示窗等。

2）标示导向类

标示设计的一个特点：公众对其识别性与形象认同的感觉往往好坏各半，尤其是成组的标示物或整体标志系统（也就是如果对其中某一个产生好感则一切都好，否则相反）。因此，不管是字体、颜色、形状和材质，都要精心选择和结合，才能营造出真正符合该园林特色的标示形象，达成被公众认同的目的。

标示物具有易识易记和自明的特点。信息提示往往通过文字、绘图、记号、图示等形式予以表达。要求做到文字标志规范、准确；绘图记号直接、易于理解；图示表示如方位导游图，采用平面图、照片加以简单文字构成，可引导人们认识陌生环境，明确所在方位。

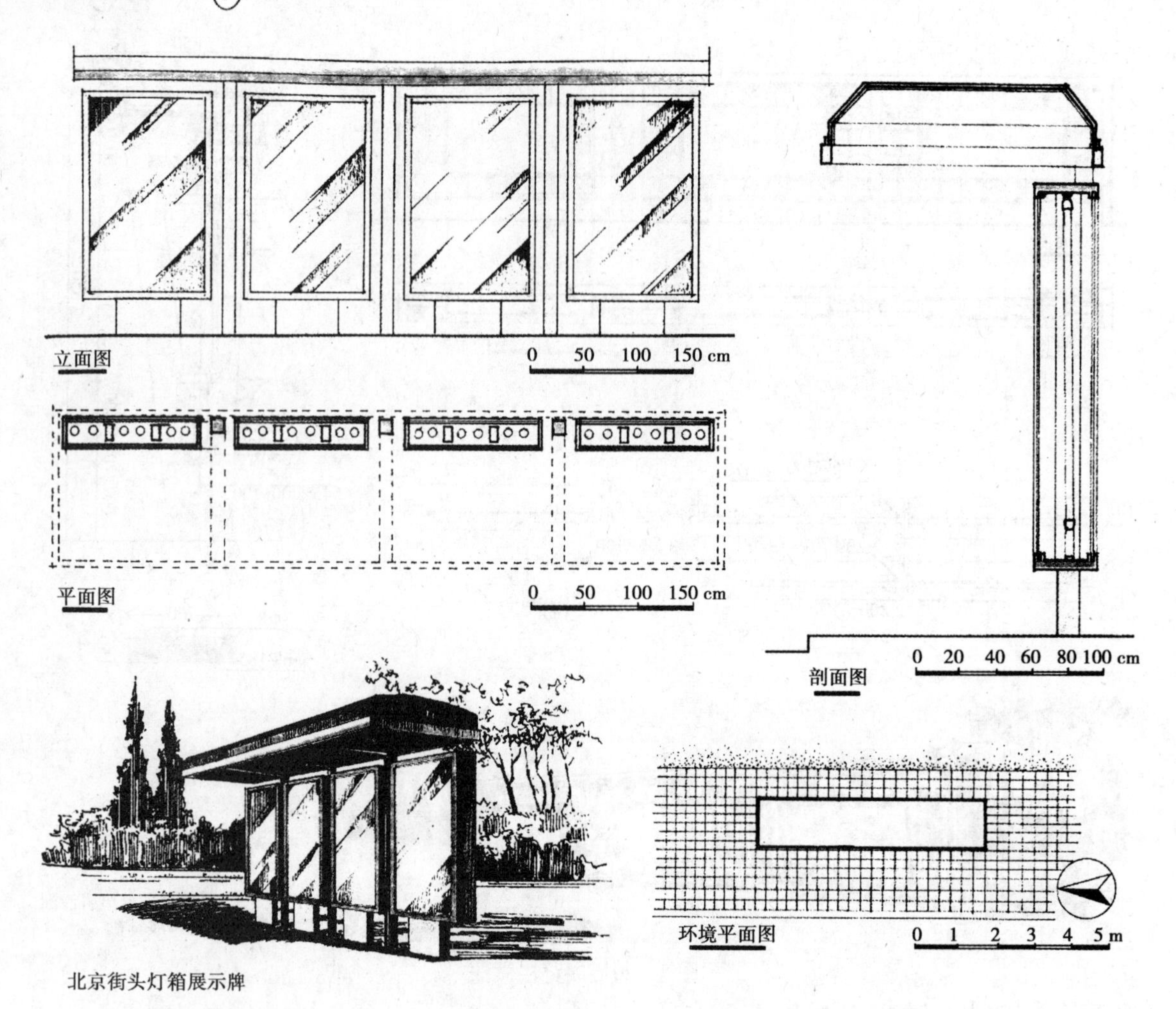

图 5.121 灯箱类展示牌做法

在设计时要注意在标示物的外形、符号、图案、文字和色彩等几方面予以关注。

(1)外形 利用人们对某些几何形状固有含义的认识来传达信息。比如,圆形意指警告,禁止某种行为的实施;三角形意指规限,限定某种行为的实施;方形或矩形意指信息,说明和引导告示的简要内容。

(2)符号 一种特定的图形,作为具体的说明。比如,箭头(↑)意指行进方向,可以表述上、下、左、右等方向,常用于通道和建筑入口等处;三角符号或圈号加斜线意指警告和禁止,比如不准吸烟,禁止通行等;方框(□)意指告示、公布信息或指明上述符号以外的事故。

符号可根据不同的使用目的与外形结合设计。

(3)图案 以抽象或简明图形代表其一事物的内容和语义。图案可与外形、符号结合、综合表述一种较为明确的意义。

(4)文字 以一个或若干文字表明语义,它与外形、符号和图案结合,或与其他标识结合,对标识的信息进行更为明确和详细的表述。

(5)色彩 对标识信息的色彩进行搭配,以强调其独特性和自明性。在标识系统中,各主要语义都有其确定的色彩,比如红色意指禁止和警告,绿色意指紧急情况,黄色意指小心、注意。这些色彩有时可能配合使用,但是要有控制性的主色,以说明其主要用意,并防止因色彩混乱而引起视觉效应的降低。

不管是外形、符号,还是图案、色彩都是在进行标示物设计时应考虑的最基本要素,它们是形成最终形象的几个基本途径,在不同的环境中进行标示物的设计时应遵循以下两个原则:

①根据环境的特色,设计与之风格相统一的标示物。

在标示物的设计过程中,应充分考虑整体景观设计的风格理念,分析设计中自然环境与历史文脉对标示系统的影响,在统一的设计风格中寻求变化,产生独具魅力的文化个性。

②拟定故事情节,设计与故事情节所处年代及背景相吻合的标示物。

在某些历史风景名胜区和主题游园中,当地的历史传统或风土人情往往蕴含有大量特殊而有意义的故事,将这些耳熟能详的故事情节转化编排成平面化的设计语言,贯穿于整体标示物的设计,置身其中,历史与现实的时空变换往往会产生意想不到的效果。

在进行标示物的设计与布局时,强调注意以下几方面:

①标示物的设置要以层次清晰、醒目明确和少而精为原则。能集中设计则尽量集中,避免因过于铺排而产生繁杂混乱的结果。一般说来,标识牌的设置高度应在人站立时眼睛高度之上、平视视线范围之内,从而提供视觉的舒适感和最佳能见度。

②造型美观及与园林环境协调统一。艺术化、多样化的标示物,成为环境的点睛之笔。标示物的造型设计应简洁大方,色彩鲜明,以创造简明易懂的视觉效果,充分发挥标志的信息传播媒介的作用。

当标示物进入环境空间后,就与原有环境产生对话和交流,在标示物周围营造了一种场地效应,成为环境空间的一个重要组成部分。所以,标示物与周围环境应相互协调,在造型、色彩、材料等方面要注意相互间的关系,不可各行其是。

③布局合理。标示物在室内外环境中的位置十分关键,其识别性、醒目度将直接关系到标识设计的成败。布局时应在对整个环境调查、分析的基础上,确定其位置。要考虑游人停留、人流通行、就座休息等必要的空间尺度要求,以及其他景物、小品设置的要求,如在路旁的展牌,标牌等一定要退出过往人流的用地,以免互相干扰。为使坏境生动活泼,标示物还可结合园椅、园灯、山石、花木等统一布局,并利用背景的布置来衬托或使之融为一体。

思考练习

1. 简述园林建筑小品在园林建筑中的地位及作用。
2. 简述园林小品的各个组成部分、材料的运用及作用。

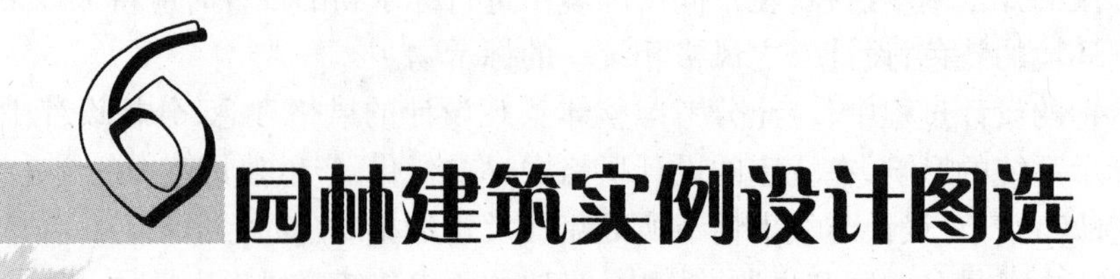

6.1 中国传统园林建筑营造法式选录

6.1.1 宋式营造法式

宋《营造法式》刊行于宋崇宁二年(1103年),是北宋官方颁布的一部建筑设计、施工的规范书,是中国古籍中最完整的一部建筑技术专书。

《营造法式》是宋将作监奉敕编修的。北宋建国以后百余年间,大兴土木,宫殿、衙署、庙宇、园囿的建造此起彼伏,造型豪华精美铺张,负责工程的大小官吏贪污成风,致使国库无法应付浩大的开支。因而,建筑的各种设计标准、规范和有关材料、施工定额、指标急待制定,以明确房屋建筑的等级制度、建筑的艺术形式及严格的料例功限以杜防贪污盗窃被提到议事日程。哲宗元祐六年(1091年),将作监第一次编成《营造法式》,由皇帝下诏颁行,此书史曰《元祐法式》。

因该书缺乏用材制度,工料太宽,不能防止工程中的各种弊端,所以北宋绍圣四年(1097年)又诏李诫重新编修。李诫以他个人十余年来修建工程之丰富经验为基础,参阅大量文献和旧有的规章制度,收集工匠讲述的各工种操作规程、技术要领及各种建筑物构件的形制、加工方法,终于编成流传至今的这本《营造法式》,于崇宁二年(1103年)刊行全国。

《营造法式》分为5个主要部分,即释名、制度、功限、料例和图样共34卷,前面还有“看样”和目录各1卷:VWL]Y

第1、2卷是《总释》和《总例》,考证了每一个建筑术语在古代文献中的不同名称和当时的通用名称以及书中所用正式名称。总例是全书通用的定例,并包括测定方向、水平、垂直的法则,求方、圆及各种正多边形的实用数据,广、厚、长等常用词的含义,有关计算工料的原则等。第3~15卷是壕寨、石作、大木作、小木作、雕作、旋作、锯作、竹作、瓦作、泥作、彩画作、砖作、窑作这13个工种的制度,详述建筑物各个部分的设计规范,各种构件的权衡、比例的标准数据、施工方法和工序,用料的规格和配合成分,砖、瓦、琉璃的烧制方法。第16~25卷按照各种制度的内容,规定了各工种的构件劳动定额和计算方法,各工种所需辅助工数量,以及舟、车、人力等运输所需装卸、架放、牵拽等工额。最可贵的是记录下了当时测定各种材料的容重。第26~28卷规定各工种的用料定额,是为“料例”,其中或以材料为准,如列举当时木料规格,注明适用于何种构件;或以工程项目为准,如粉刷墙面(红色),每一方丈干后厚1.3 cm,需用石灰、赤土、土朱各若干千克。卷28之末附有“诸作等第”一篇,将各项工程按其性质要求,制作难易,各分上、中、下三等,以便施工调配适合工匠。第29~34卷是图样,包括当时的测量工具、石作、大木作、小木作、雕木作和彩画作的平面图、断面图、构件详图及各种雕饰与彩画图案。“看详”的内容是各工种制度中若干规定的理论和历史传统根据的阐释,如屋顶坡度曲线的画法,计算材料所用各种几何形的比例,定垂直和水平的方法,按不同季节定劳动日的标准等的依据。

纵观《营造法式》,其内容有几大特点:

①制定和采用模数制。书中详细说明了"材份制","材"的高度分为15"分",而以10"分"为其厚。斗拱的两层拱之间的高度定为6"分",为"栔",大木作的一切构件均以"材"、"分"、"栔"来确定。这是中国建筑历史上第一次明确模数制的文字记载。

②设计的灵活性。各种制度虽都有严格规定,但未规定组群建筑的布局和单体建筑的平面尺寸,各种制度的条文下亦往往附有"随宜加减"的小注,因此设计人可按具体条件,在总原则下,对构件的比例尺度发挥自己的创造性。

③总结了大量技术经验。如根据传统的木构架结构,规定凡立柱都有"侧角"及柱"升起",这样使整个构架向内倾斜,增加构架的稳定性;在横梁与立柱交接处,用斗拱承托以减少梁端的剪力;叙述了砖、瓦、琉璃的配料和烧制方法以及各种彩画颜料的配色方法。

④装饰与结构的统一。该书对石作、砖作、小木作、彩画作等都有详细的条文和图样,柱、梁、斗拱等构件在规定它们在结构上所需要的大小、构造方法的同时,也规定了它们的艺术加工方法。如梁、柱、斗拱、椽头等构件的轮廓和曲线,就是用"卷杀"的方法制作的。该手法充分利用结构构件加以适当的艺术加工,发挥其装饰作用,成为中国古典建筑的特征之一。

《营造法式》在北宋刊行的最现实的意义是严格的工料限定。该书是王安石执政期间制订的各种财政、经济的有关条例之一,以杜绝腐败的贪污现象。因此书中以大量篇幅叙述工限和料例。例如对计算劳动定额,首先按四季日的长短分中工(春、秋)、长工(夏)和短工(冬)。工值以中工为准,长短工各减和增10%,军工和雇工亦有不同定额。其次,对每一工种的构件,按照等级、大小和质量要求,如运输远近距离、水流的顺流或逆流、加工的木材的软硬等,都规定了工值的计算方法。料例部分对于各种材料的消耗都有详尽而具体的定额。这些规定为编造预算和施工组织订出严格的标准,既便于生产,也便于检查,有效地杜绝了土木工程中贪污盗窃之现象。

《营造法式》的现代意义在于它揭示了北宋统治者的宫殿、寺庙、官署、府第等木构建筑所使用的方法,使我们能在实物遗存较少的情况下,对当时的建筑有非常详细的了解,填补了中国古代建筑发展过程中的重要环节。通过书中的记述,我们还知道现存建筑所不曾保留的、今已不使用的一些建筑设备和装饰,如檐下铺竹网防鸟雀,室内地面铺编织的花纹竹席,椽头用雕刻纹样的圆盘,梁栿用雕刻花纹的木板包裹等。

《营造法式》的崇宁二年刊行本已失传,南宋绍兴十五年(1145年)曾重刊,但亦未传世。南宋后期平江府曾重刊,但仅留残本且经元代修补,现在常用的版本有1919年朱启钤先生在南京江南图书馆(今南京图书馆)发现的丁氏抄本《营造法式》(后称"丁本"),完整无缺,据以缩小影印,是为石印小本,次年由商务印书馆按原大本影印,是为石印大本。ClId1925年陶湘以丁本与《四库全书》文渊、文溯、文津各本校勘后,按宋残叶版式和大小刻版印行,是为陶本。后由商务印书馆据陶本缩小影印成《万有文库》本,1954年重印为普及本。

《营造法式》总共记录了3 555条建筑规定和制度。其中最有成就的是规定了建筑和结构设计中的模数制,当时称为"材分制"。该项规定使得建筑的设计效率大大提高。只要提出所要建筑的规模大小,就可方便地确定使用的材料的尺寸规格,使一项复杂的工程在短时间内完成。《营造法式》中规定的梁截面高宽比3:2,这个比例正是从圆形木材中截锯出抗弯强度最大的矩形用材的最佳比例。这些规定和制度充分表现出了我国工匠的智慧,也反映出了我国12世纪前后在建筑科学方面所取得的成就(图6.1~图6.7)。

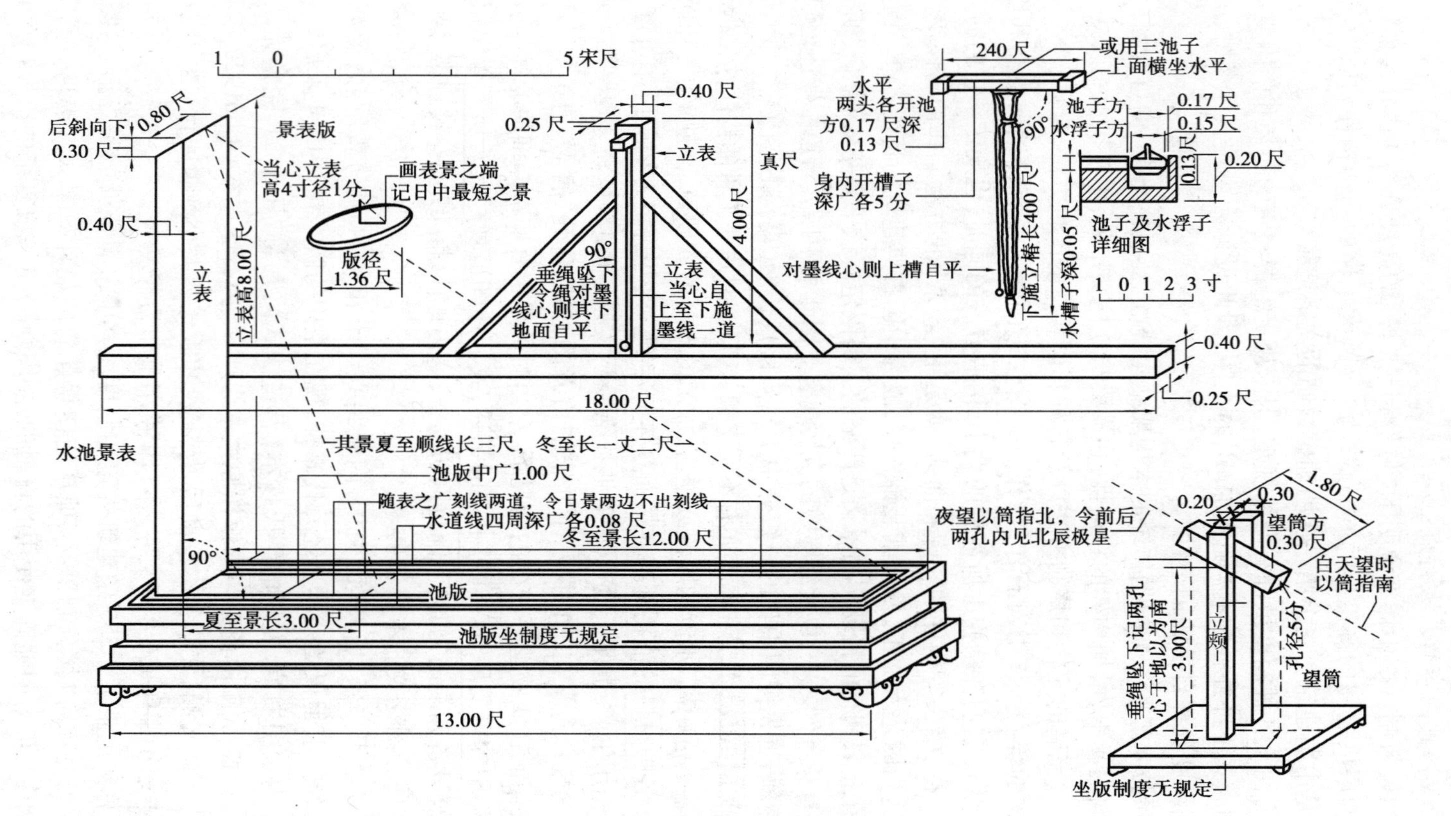
1 0 5宋尺
后斜向下0.80尺
0.30尺
景表版
当心立表
高4寸径1分
画表景之端
记日中最短之景
0.40尺
立表
立表高8.00尺
版径
1.36尺
0.40尺
0.25尺
立表
真尺
90°
垂绳坠下
令绳对墨
线心则其下
地面自平
立表
当心自
上至下施
墨线一道
4.00尺
18.00尺
0.40尺
0.25尺
水池景表
其景夏至顺线长三尺，冬至长一丈二尺
池版中广1.00尺
随表之广刻线两道，令日景两边不出刻线
水道线四周深广各0.08尺
冬至景长12.00尺
90°
池版
夏至景长3.00尺
池版坐制度无规定
13.00尺
240尺
或用三池子
上面横坐水平
水平
两头各开池
方0.17尺深
0.13尺
身内开槽子
深广各5分
90°
下施立椿长400尺
对墨线心则上槽自平
池子方0.17尺
水浮子方0.15尺
0.13
0.20尺
水槽子深0.05尺
池子及水浮子
详细图
1 0 1 2 3寸
1.80尺
0.20
0.30
望筒方
0.30尺
夜望以筒指北，令前后
两孔内见北辰极星
白天望时
以筒指南
垂绳坠下记两孔
心于地以为南
3.00尺
立颊
孔径5分
望筒
坐版制度无规定
图6.1 宋代测量仪器

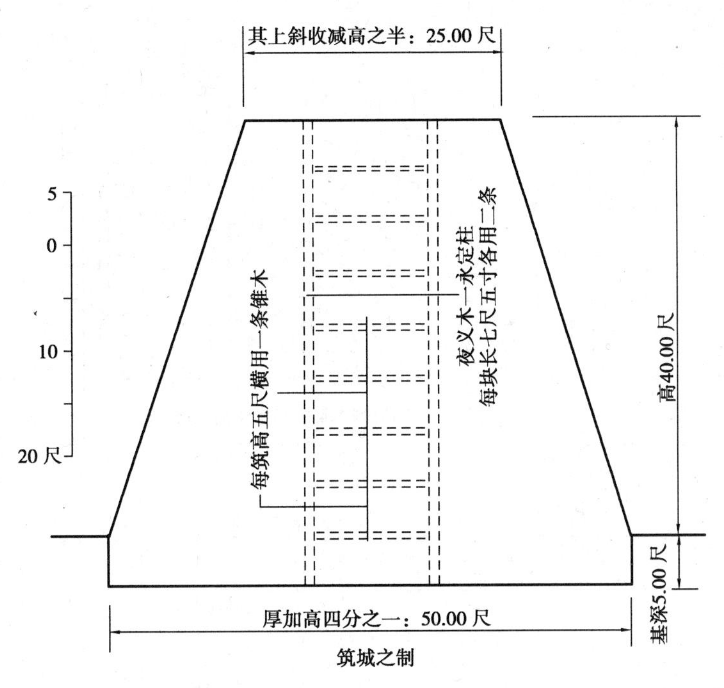

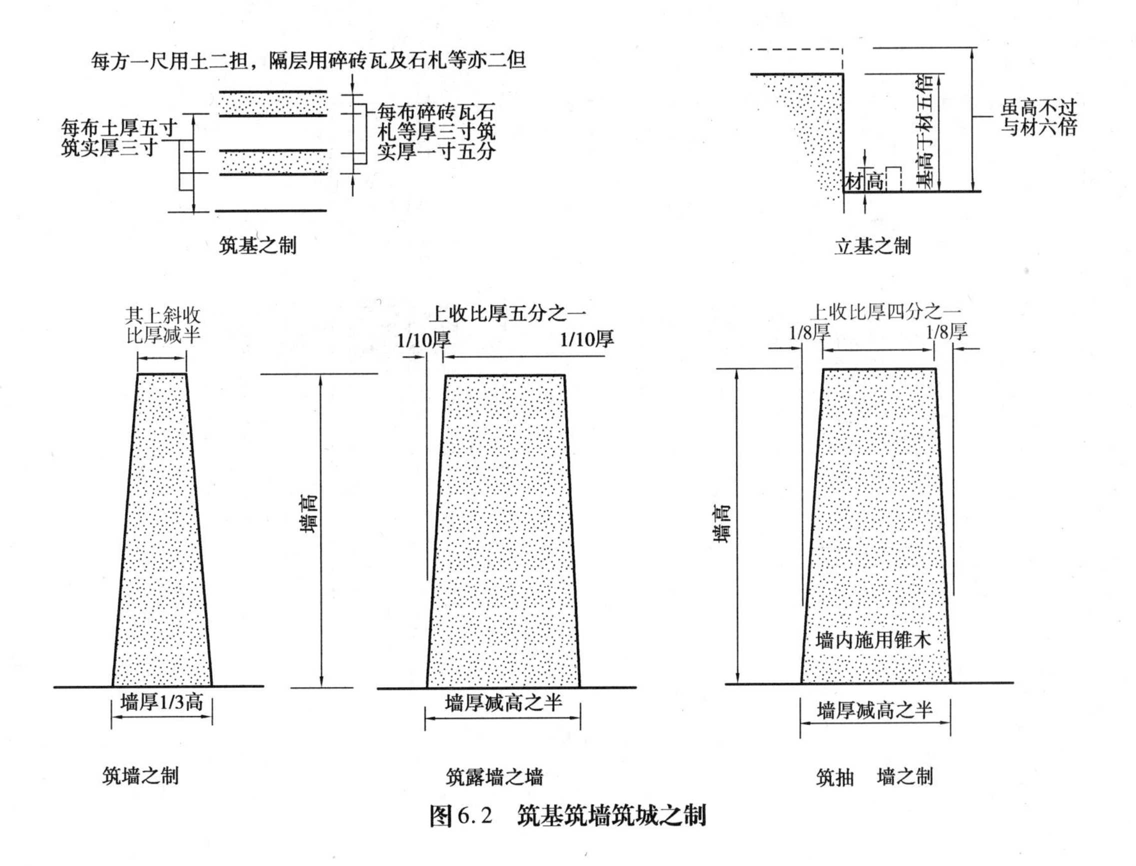

图 6.2　筑基筑墙筑城之制

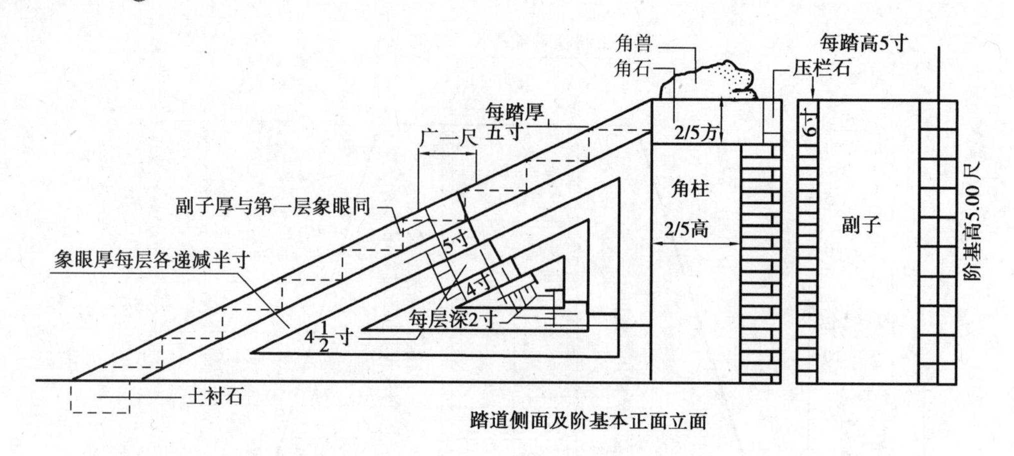

踏道侧面及阶基本正面立面

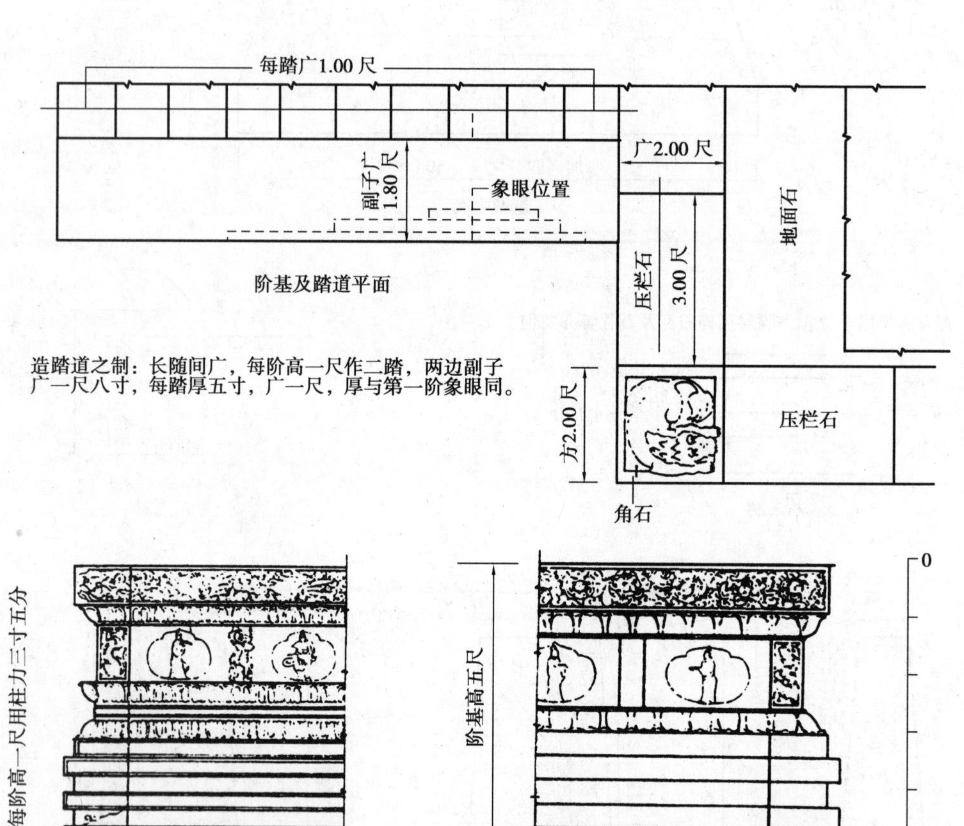

阶基及踏道平面

造踏道之制：长随间广，每阶高一尺作二踏，两边副子广一尺八寸，每踏厚五寸，广一尺，厚与第一阶象眼同。

叠涩坐殿阶基

法式三殿阶基条制不详，法式三十九有阶基叠涩坐图两种。兹按原图，并参照砖作须弥坐之制，制图如上。

图 6.3　宋石作制度

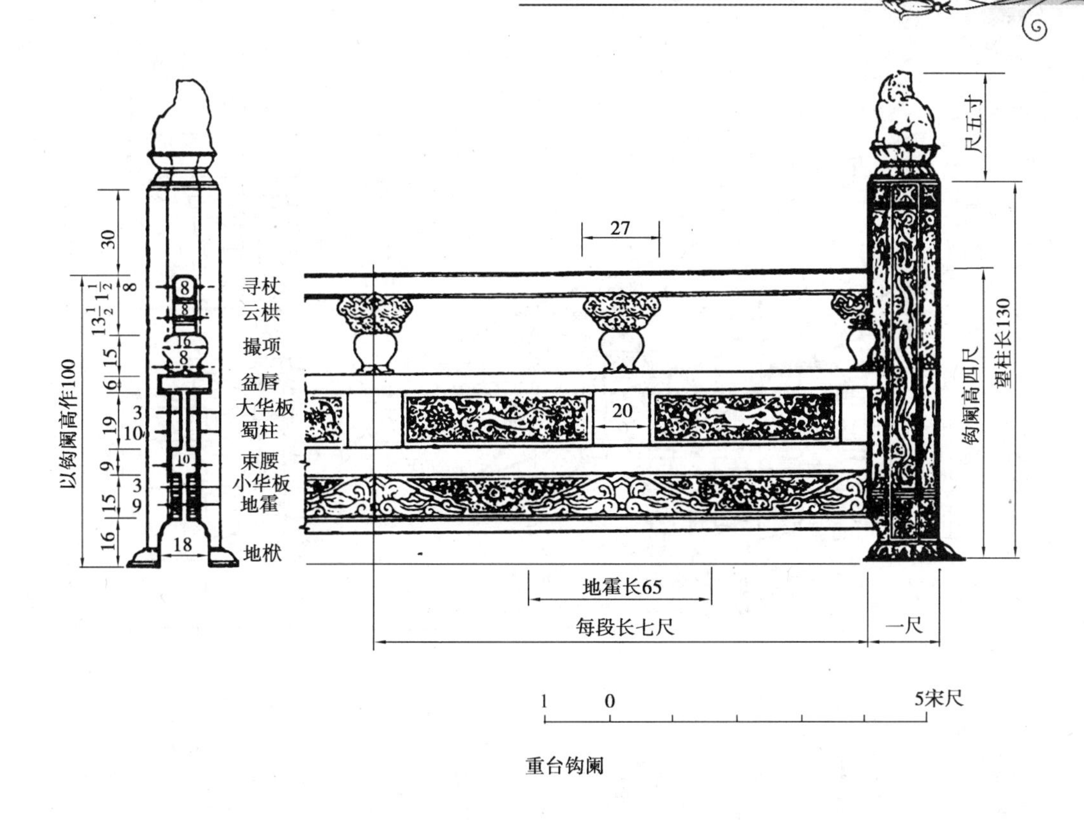

重台钩阑

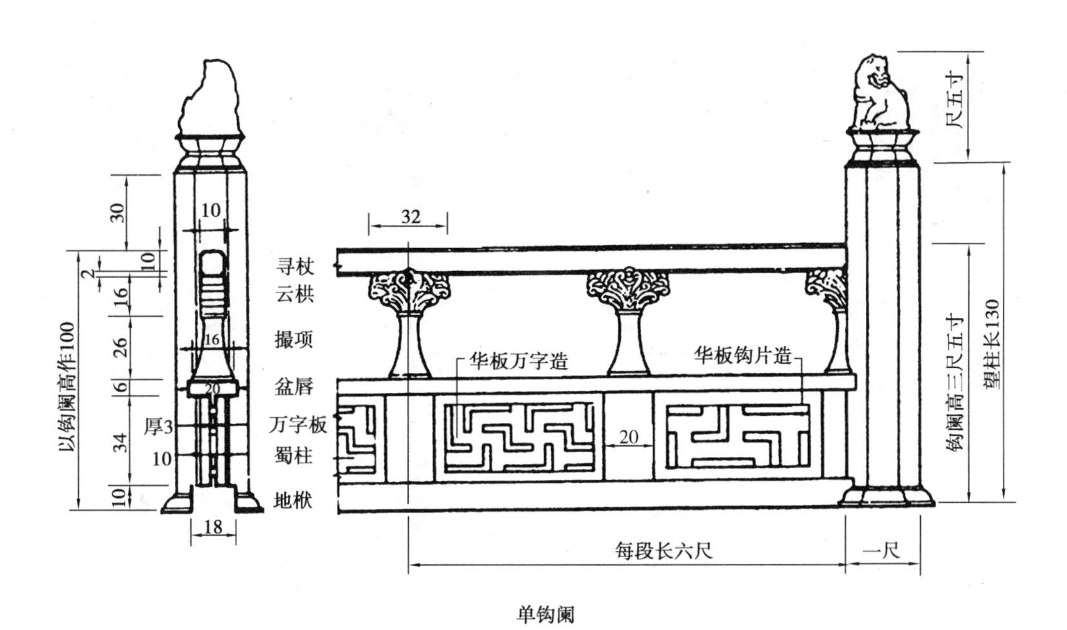

单钩阑

图6.4 钩阑

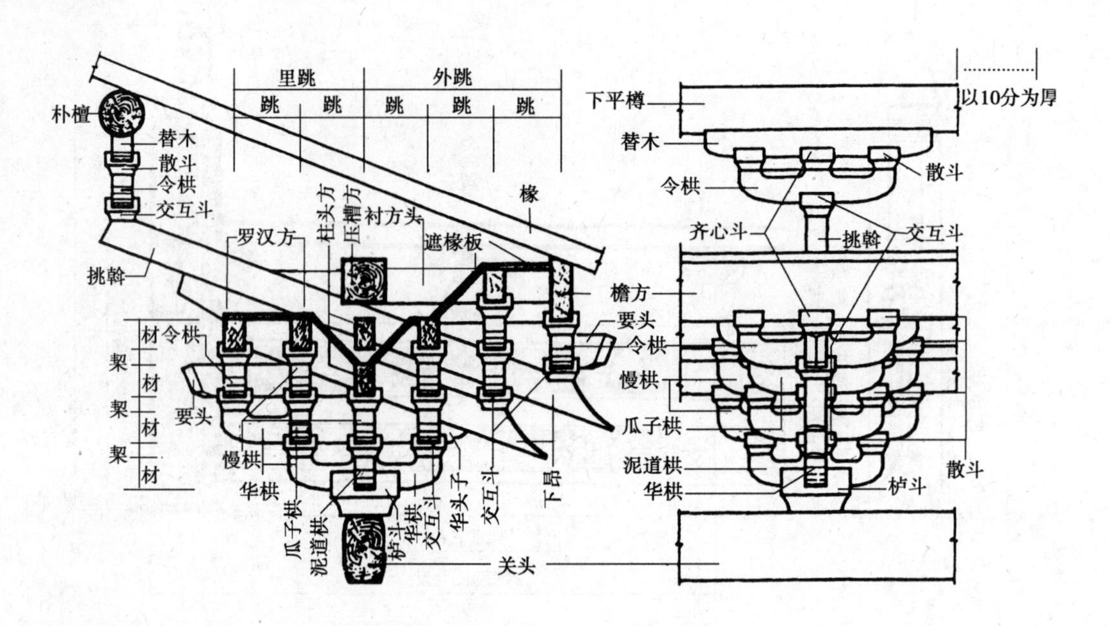

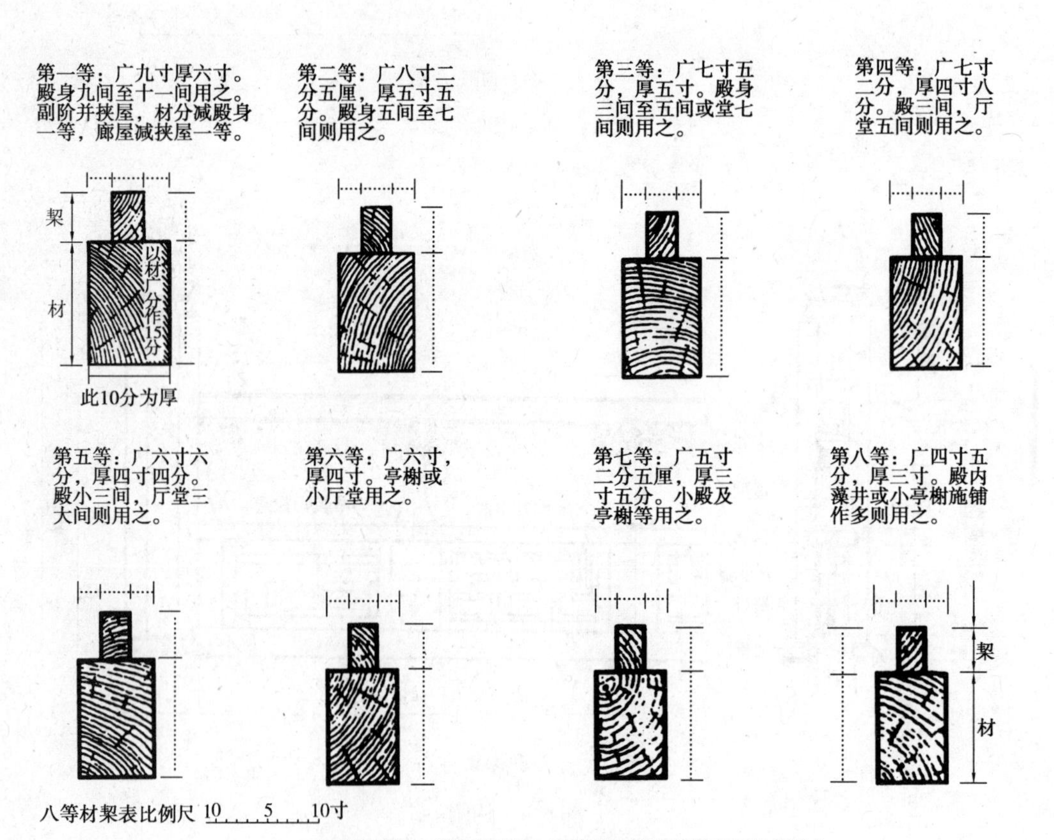

六铺作重栱出单抄双下昂 · 裹转朴五铺作重栱出两抄并计心

图6.5 斗拱部分名称

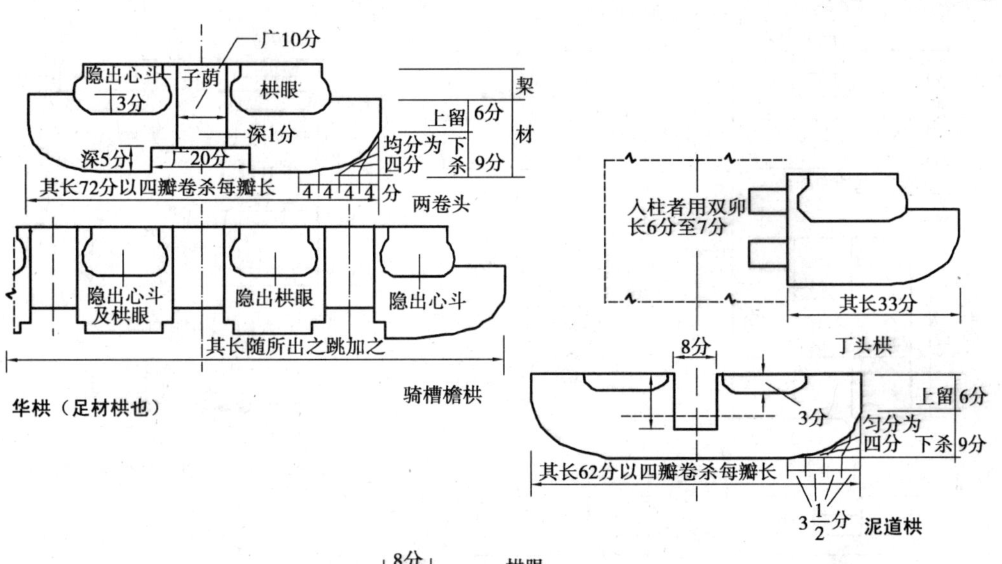
广10分
隐出心斗
3分
子荫
栱眼
栔
上留 6分
材
深1分
均分为四分 下杀 9分
深5分
广20分
其长72分以四瓣卷杀每瓣长 4 4 4 4 分
两卷头
隐出心斗及栱眼
隐出栱眼
隐出心斗
其长随所出之跳加之
华栱（足材栱也）
骑槽檐栱
入柱者用双卯长6分至7分
其长33分
丁头栱
8分
3分
上留 6分
匀分为四分 下杀 9分
其长62分以四瓣卷杀每瓣长
3 1/2 分
泥道栱

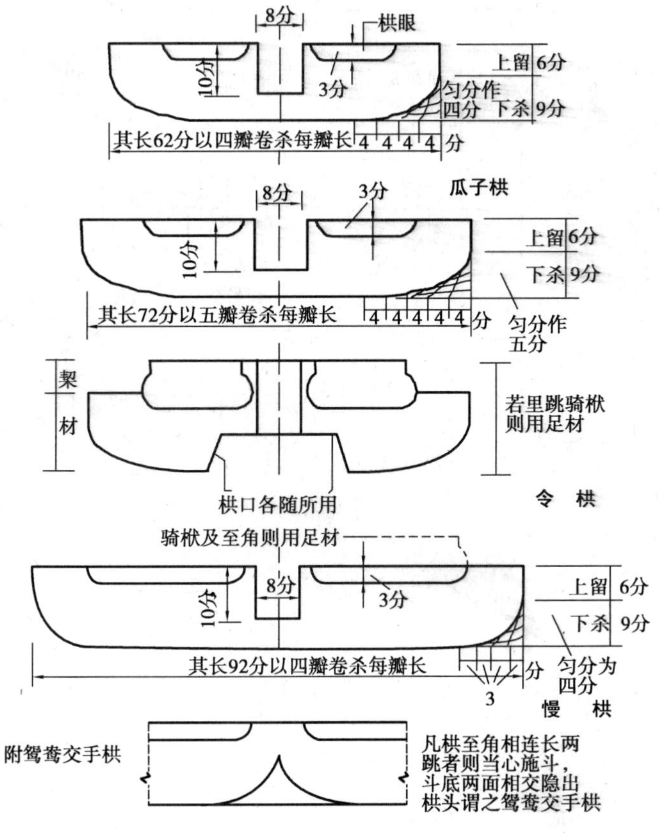
8分
栱眼
10分
3分
上留 6分
匀分作四分 下杀 9分
其长62分以四瓣卷杀每瓣长 4 4 4 4 分
瓜子栱
8分
3分
10分
上留 6分
下杀 9分
其长72分以五瓣卷杀每瓣长 4 4 4 4 4 分
匀分作五分
栔
材
若里跳骑栿则用足材
栱口各随所用
令 栱
骑栿及至角则用足材
10分
8分
3分
上留 6分
下杀 9分
其长92分以四瓣卷杀每瓣长
分
3
匀分为四分
慢 栱
附鸳鸯交手栱
凡栱至角相连长两跳者则当心施斗，斗底两面相交隐出栱头谓之鸳鸯交手栱

图6.6 造拱之制

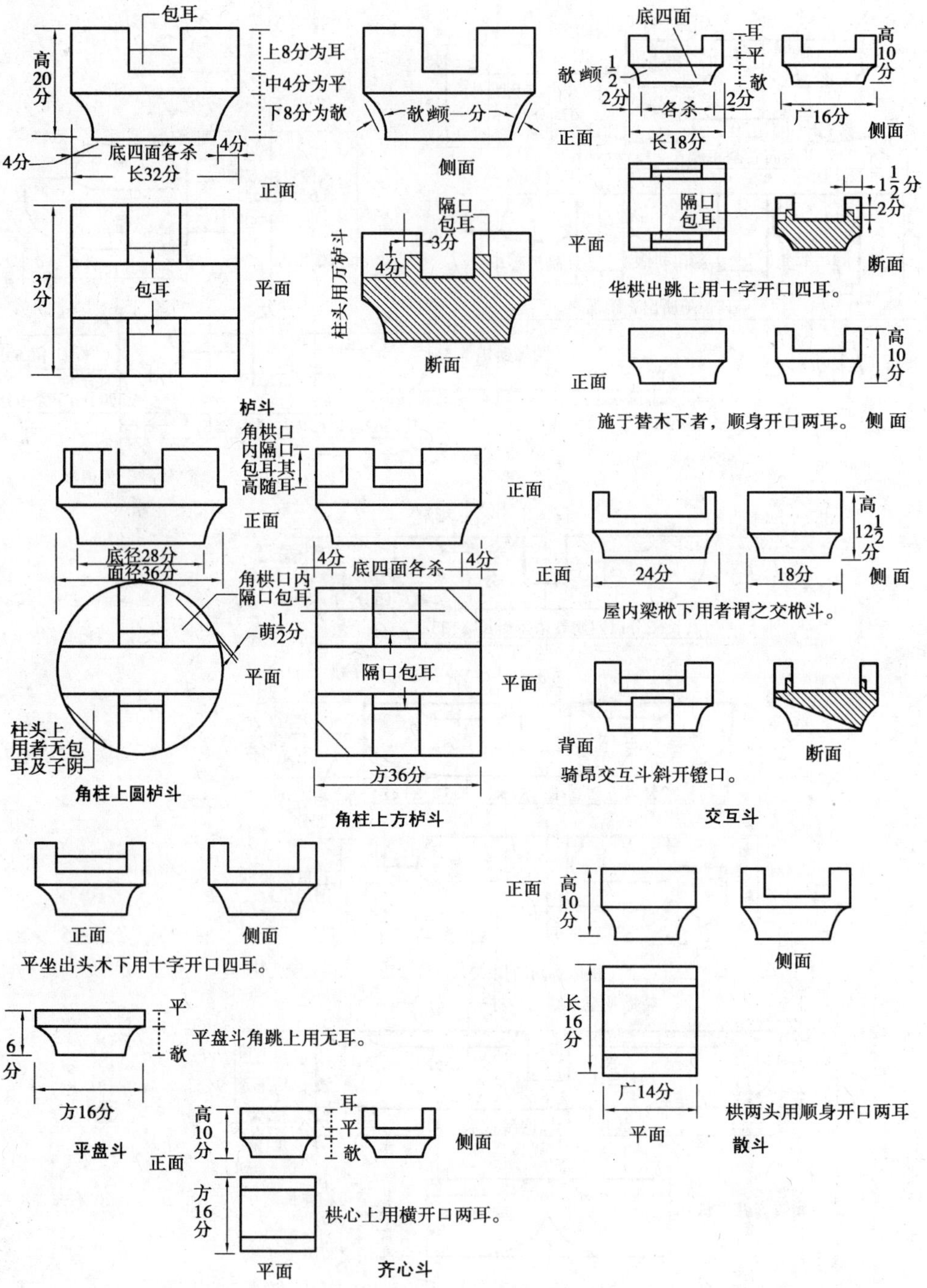

图6.7 造斗之制

6.1.2 清式营造法式

《工程做法则例》于雍正十二年(公元1734 年)由清工部颁布。全书74 卷,前27 卷为27 种不同之建筑物:大殿、厅堂、箭楼、角楼、仓库、凉亭等每件之结构,依构材之实在尺寸叙述。就著

书体裁论，虽以此二十七种实在尺寸，可以类推其余，但与《营造法式》先说明原则与方式相比，则不免见拙。自卷二十八至卷四十为斗拱之做法；安装法及尺寸。其尺寸自斗口一寸起，每等加五分，至斗口六寸止，共计十一等，较之宋式多三个等级。自卷四十一至四十七为门窗隔扇，石作、瓦作、土作等做法。关于设计样式者止于此。以下二十四卷则为各作工料之估计。此书之长在二十七种建筑物各件尺寸之准确，而此亦即其短处，因其未归纳规定尺寸为原则，伴可大小适应可用也。此外如拱头昂嘴等细节之卷杀或斫割法，以及彩画制度，为建筑样式所最富于时代特征者，皆未叙述，是其缺憾。幸现存实物甚多。研究匪难，可以实物之研究，补此遗漏。在图样方面，则仅有前二十七卷每种建筑物之横断面图二十七帧，各部详图及彩画图均付缺如（图 6.8 ~ 图 6.17）。

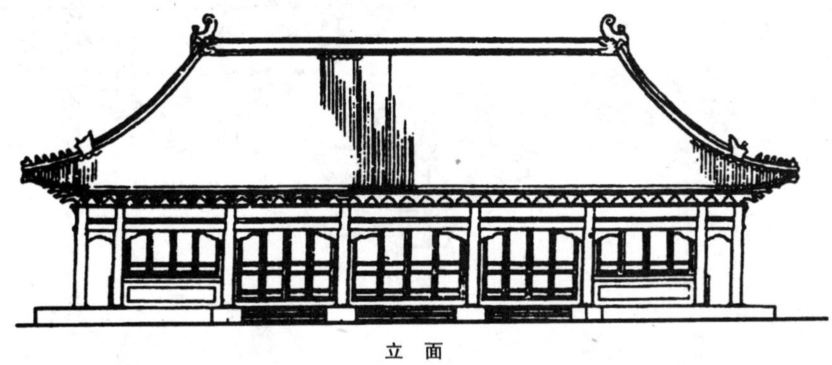

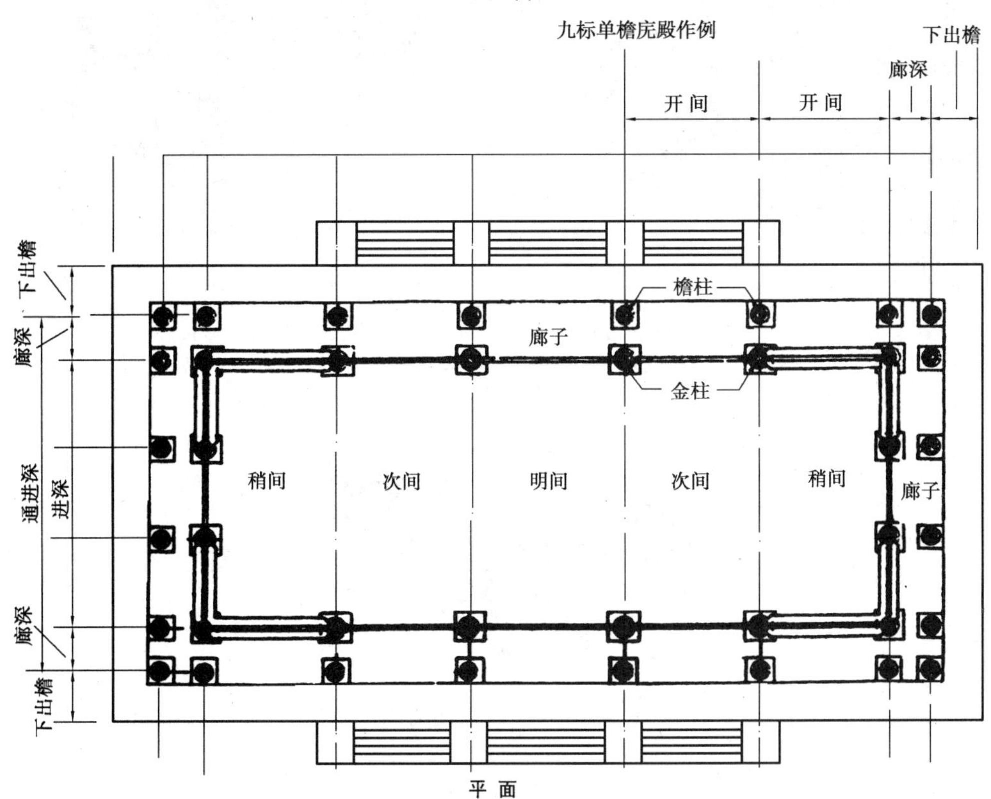

图 6.8 面阔、进深图

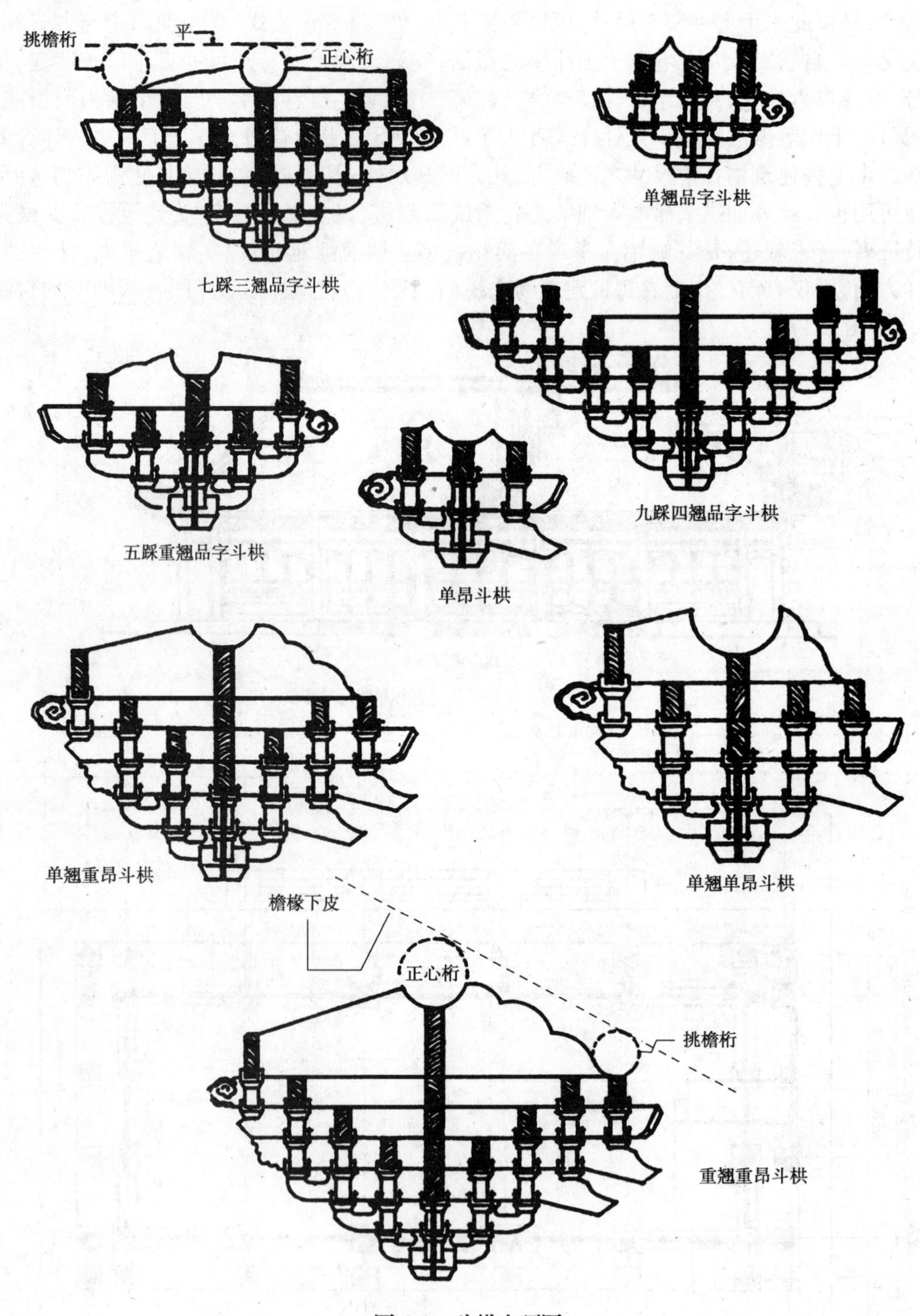
挑檐桁
平
正心桁
七踩三翘品字斗栱
单翘品字斗栱
五踩重翘品字斗栱
单昂斗栱
九踩四翘品字斗栱
单翘重昂斗栱
单翘单昂斗栱
檐椽下皮
正心桁
挑檐桁
重翘重昂斗栱

图6.9 斗拱出硒图

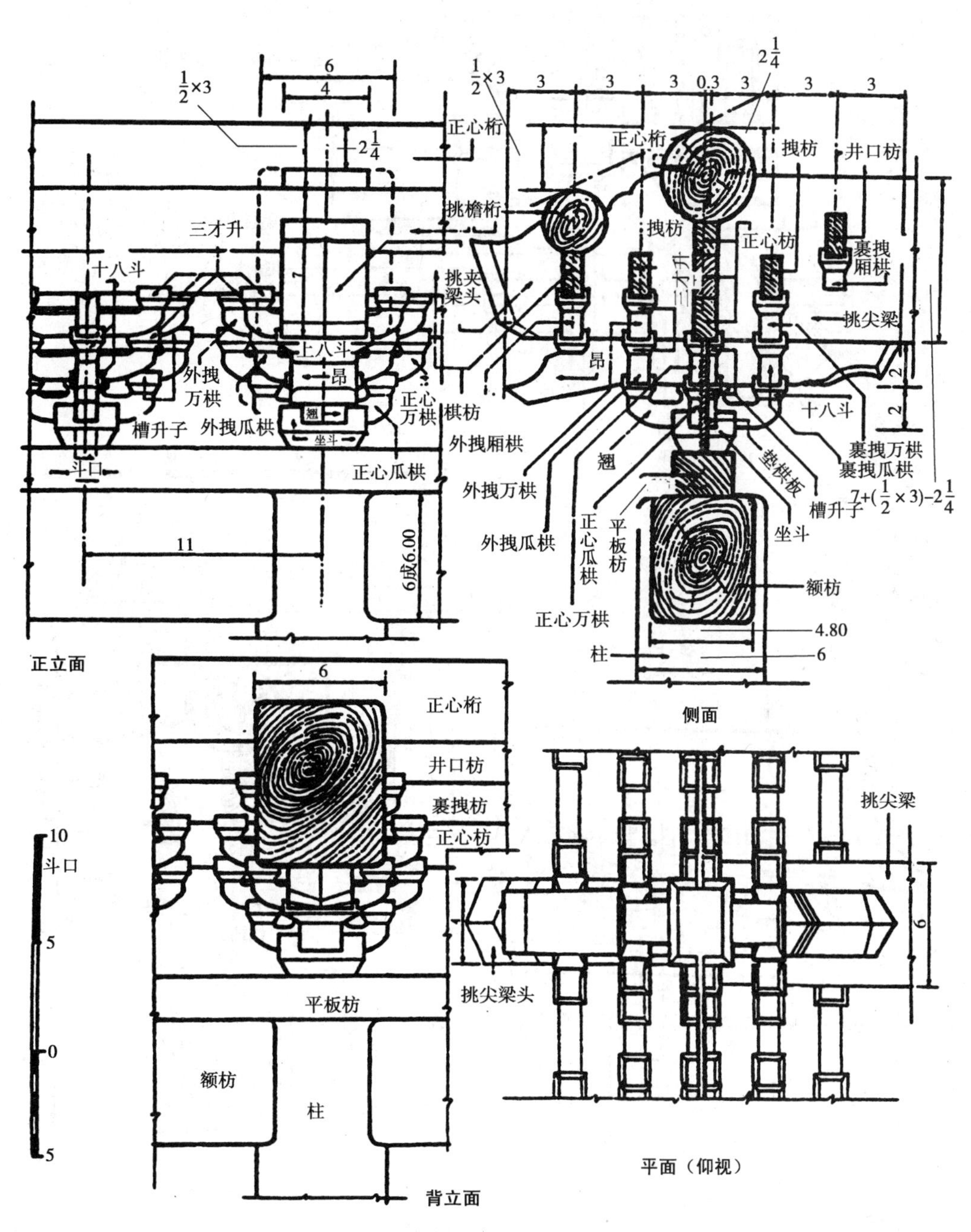
正立面
侧面
背立面
平面（仰视）
正心桁
挑檐桁
三才升
十八斗
上八斗
昂
翘
坐斗
外拽万栱
外拽瓜栱
槽升子
正心万栱
正心瓜栱
栱枋
外拽厢栱
斗口
挑夹梁头
拽枋
井口枋
正心枋
裹拽厢栱
挑尖梁
裹拽万栱
裹拽瓜栱
垫栱板
平板枋
额枋
柱
裹拽枋
挑尖梁头
斗口

图 6.10　斗拱柱头

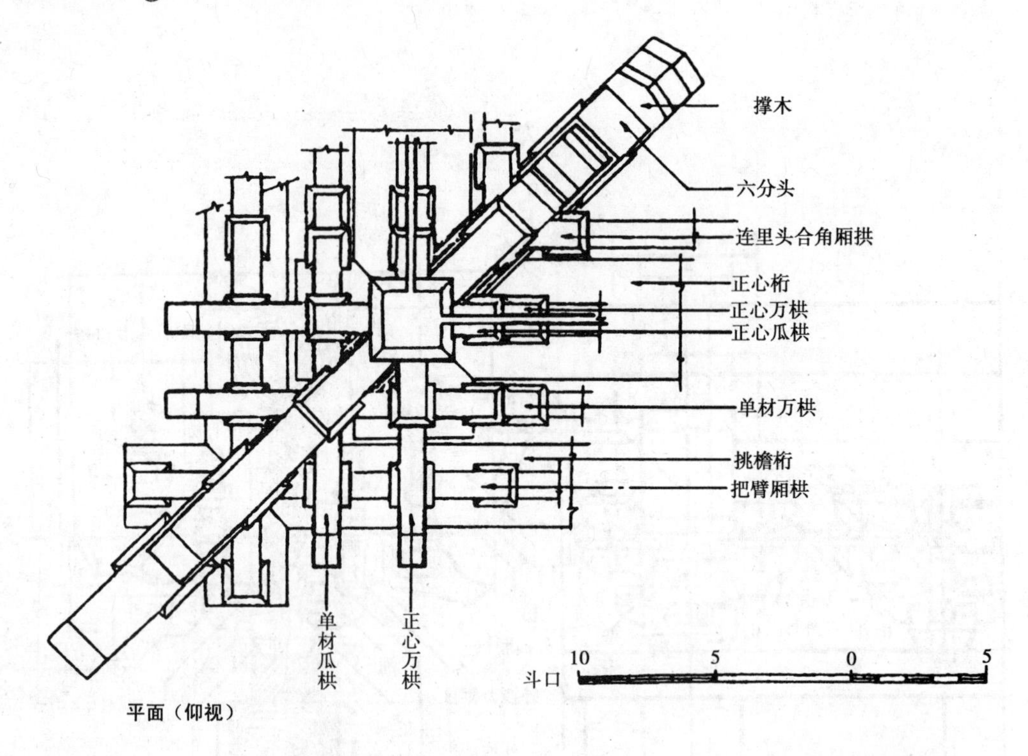
撑木
六分头
连里头合角厢拱
正心桁
正心万栱
正心瓜栱
单材万栱
挑檐桁
把臂厢栱
单材瓜栱
正心万栱
10
5
0
5
斗口
平面（仰视）

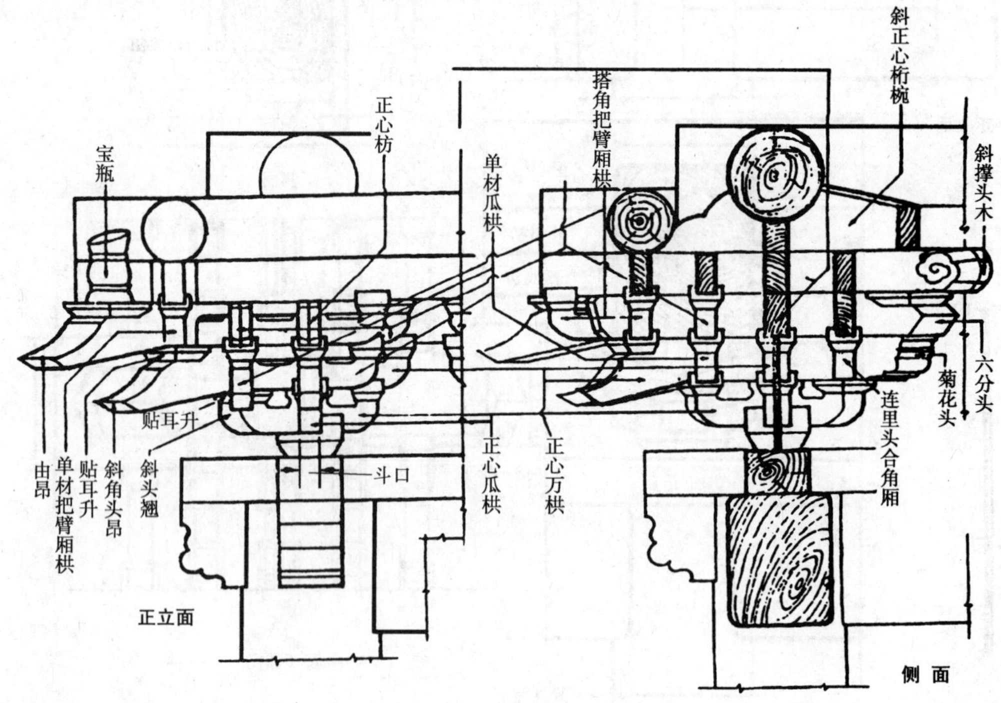
正心枋
宝瓶
单材瓜栱
搭角把臂厢栱
斜正心桁椀
斜撑头木
六分头
菊花头
连里头合角厢
贴耳升
由昂
单材把臂厢栱
贴耳升
斜角头昂
斜头翘
斗口
正心瓜栱
正心万栱
正立面
侧 面

图6.11　斗拱角头

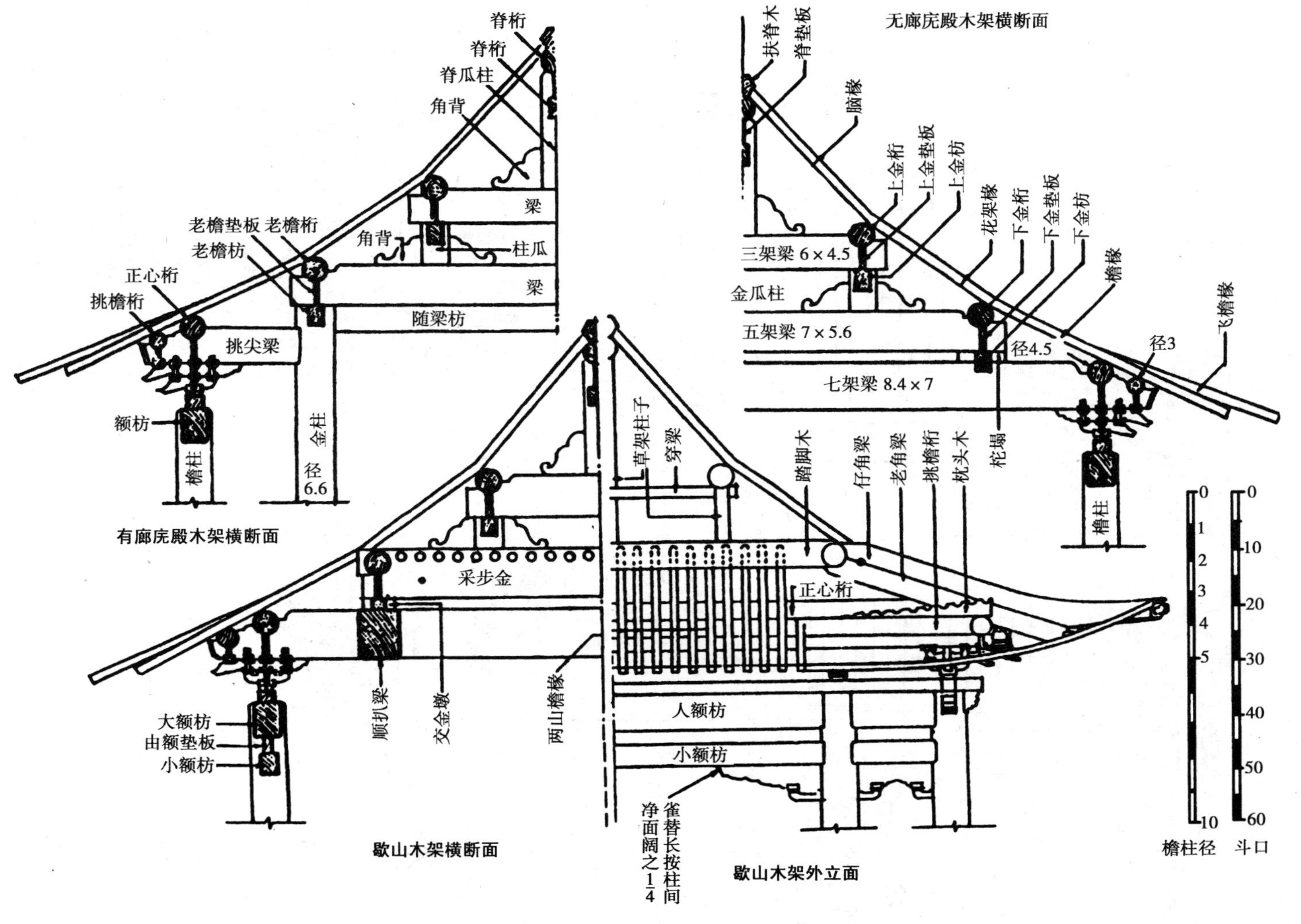

图6.12 有廊庑殿、无廊庑殿及歇山木架

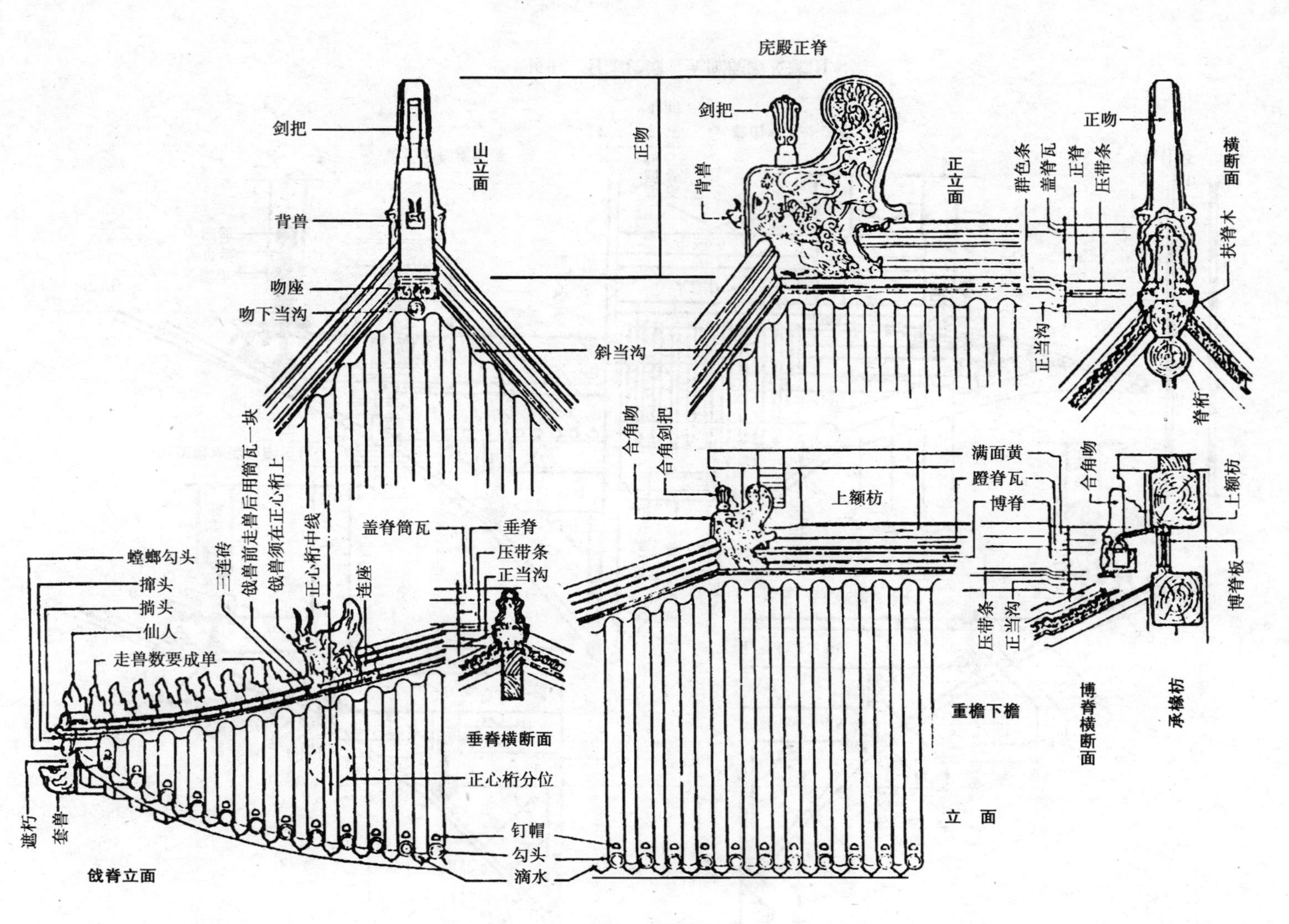
庑殿正脊
剑把
背兽
吻座
吻下当沟
山立面
正吻
斜当沟
正立面
群色条
盖脊瓦
正脊
压带条
正当沟
正吻
横断面
扶脊木
脊桁
合角吻
合角剑把
上额枋
满面黄
蹬脊瓦
博脊
合角吻
上额枋
博脊板
压带条
正当沟
重檐下檐
博脊横断面
承椽枋
立面
螳螂勾头
撺头
捎头
仙人
走兽数要成单
三连砖
戗兽前走兽后用筒瓦一块
戗兽须在正心桁上
正心桁中线
连座
盖脊筒瓦
垂脊
压带条
正当沟
垂脊横断面
正心桁分位
钉帽
勾头
滴水
遮朽
套兽
戗脊立面

图6.13 戗脊立面

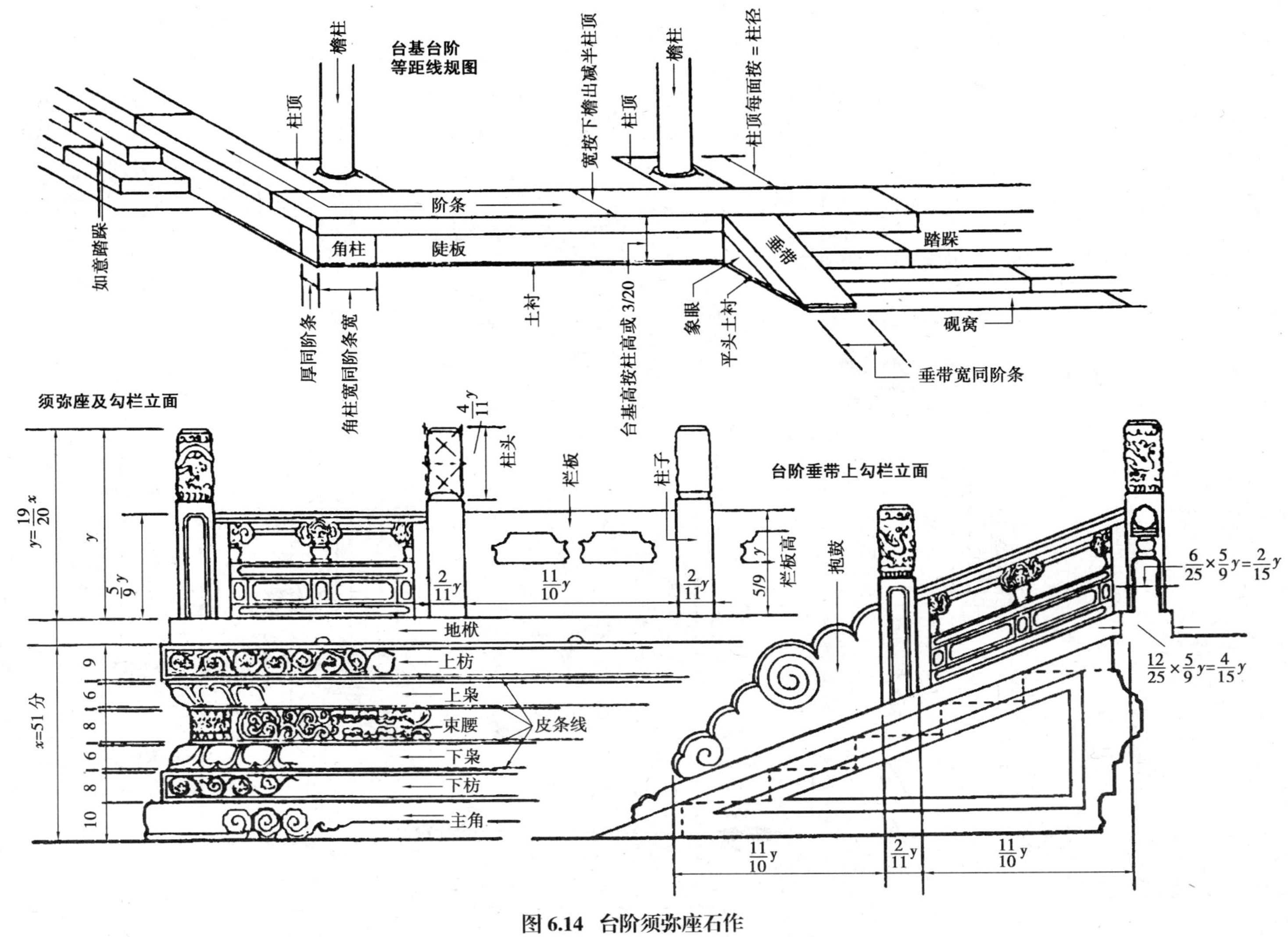

图 6.14 台阶须弥座石作

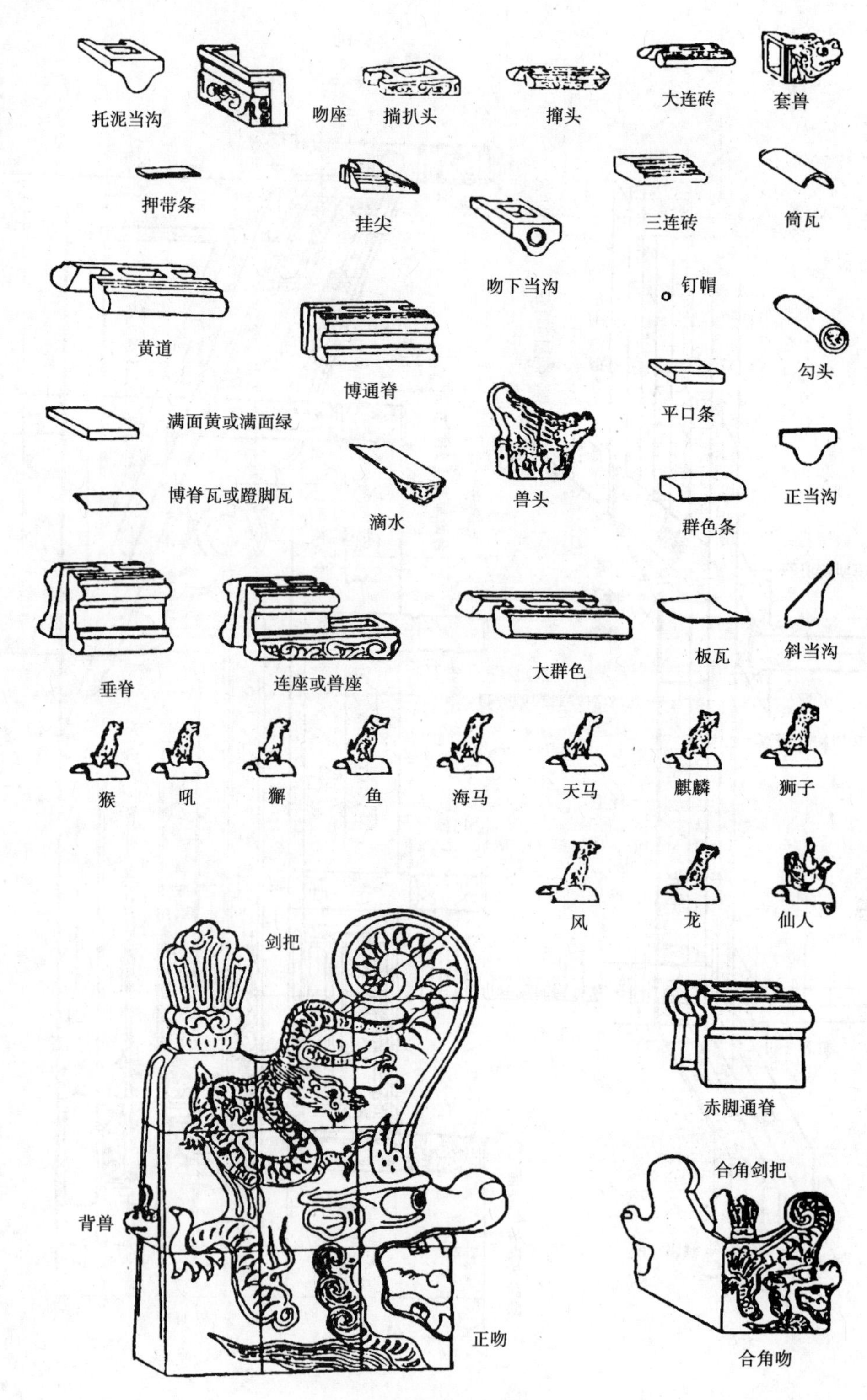
托泥当沟
吻座
揣扒头
撺头
大连砖
套兽
押带条
挂尖
三连砖
筒瓦
吻下当沟
钉帽
黄道
勾头
博通脊
平口条
满面黄或满面绿
兽头
正当沟
博脊瓦或蹬脚瓦
滴水
群色条
垂脊
连座或兽座
大群色
板瓦
斜当沟
猴
吼
獬
鱼
海马
天马
麒麟
狮子
风
龙
仙人
剑把
赤脚通脊
合角剑把
背兽
正吻
合角吻

图 6.15　琉璃瓦分件图

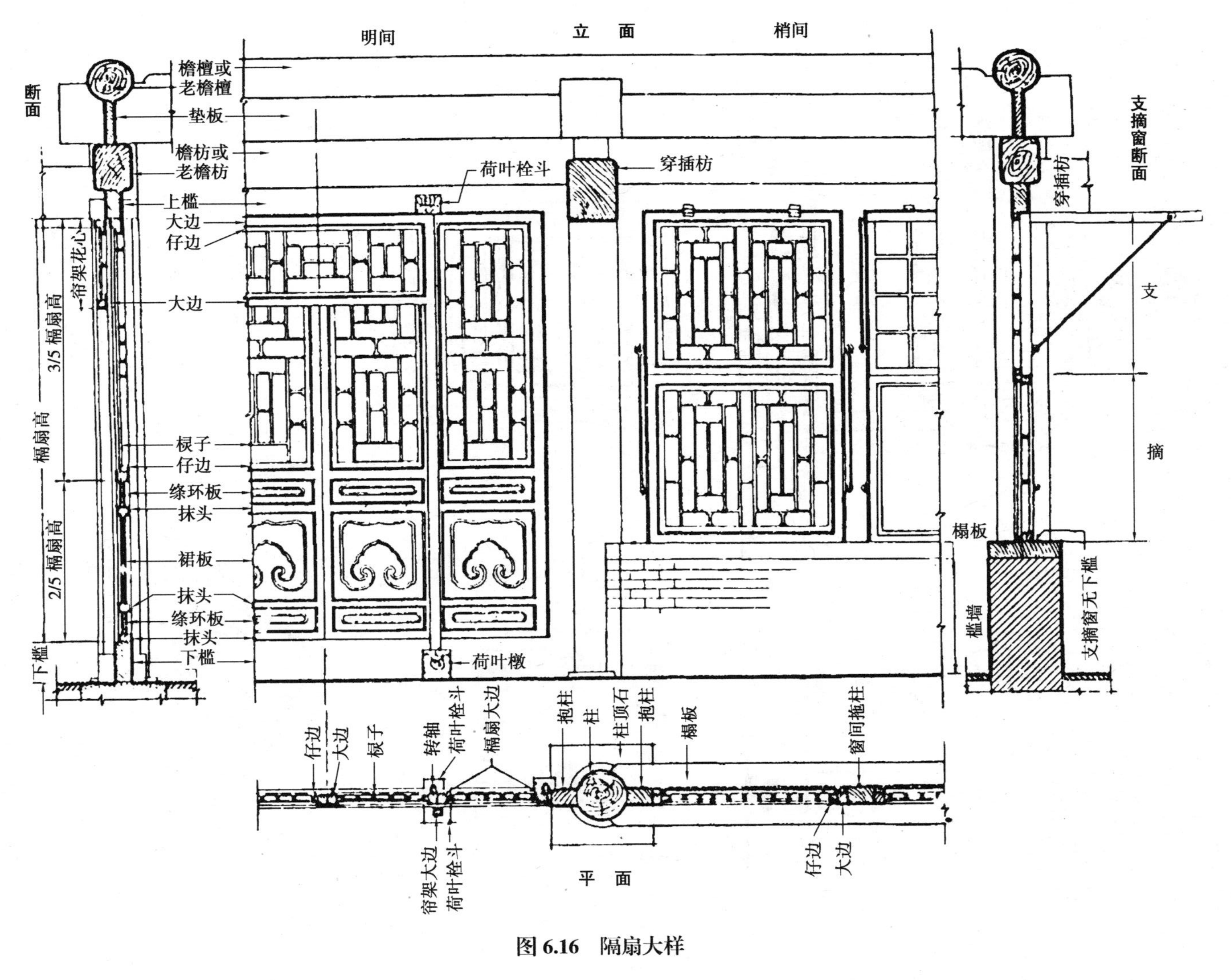

明间
立面
梢间
断面
檐檩或
老檐檩
垫板
檐枋或
老檐枋
上槛
大边
仔边
帘架花心
大边
3/5 槅扇高
槅扇高
2/5 槅扇高
棂子
仔边
绦环板
抹头
裙板
抹头
绦环板
抹头
下槛
下槛
荷叶栓斗
穿插枋
荷叶墩
支摘窗断面
穿插枋
支
摘
榻板
槛墙
支摘窗无下槛
仔边
大边
棂子
转轴
荷叶栓斗
槅扇大边
抱柱
柱
柱顶石
抱柱
榻板
窗间抱柱
帘架大边
荷叶栓斗
仔边
大边
平面

图 6.16 隔扇大样

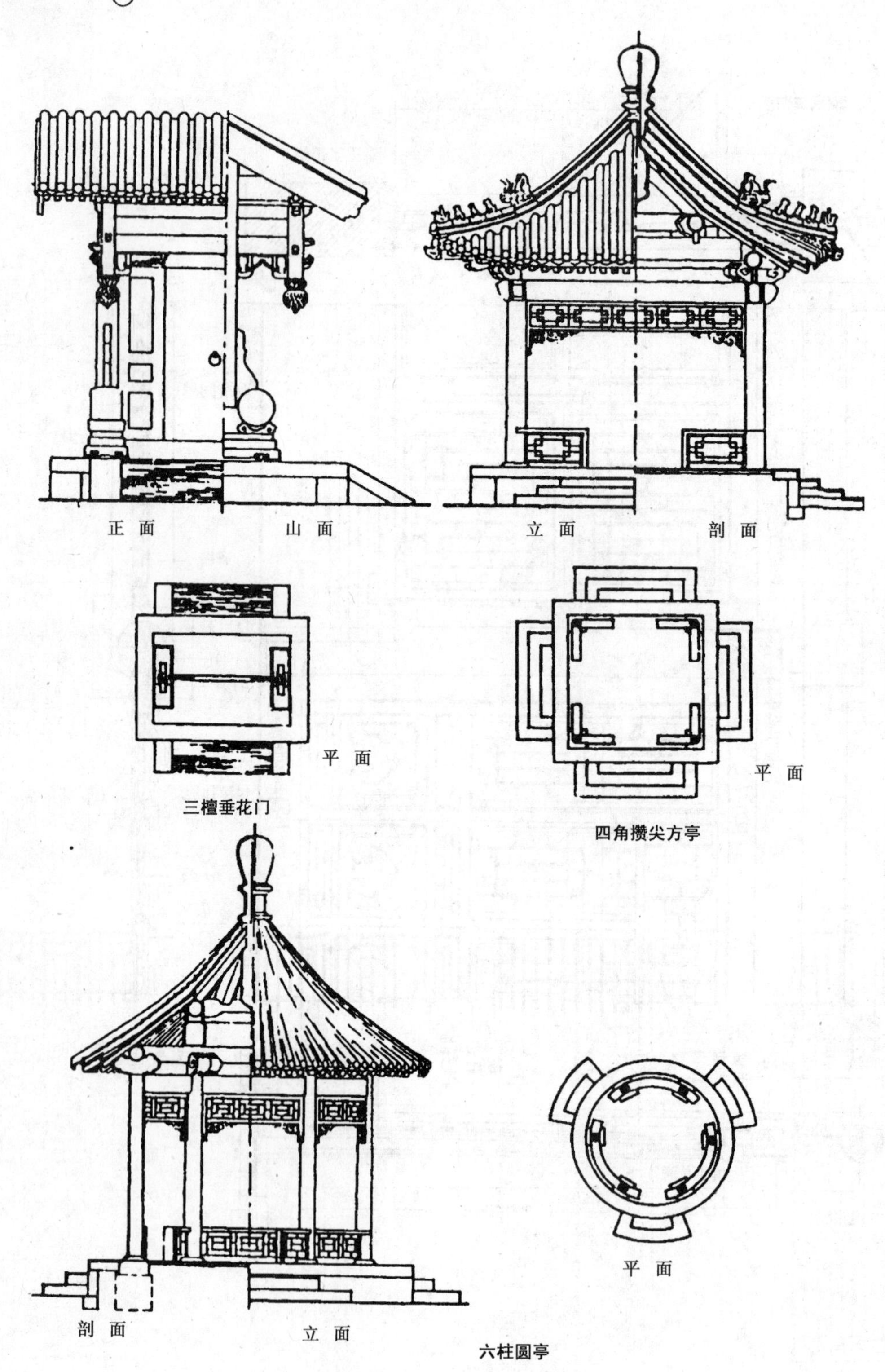

图 6.17　大木杂式工程做法

6.2 中国传统园林建筑配件式样

6.2.1 门式(图6.18～图6.26)

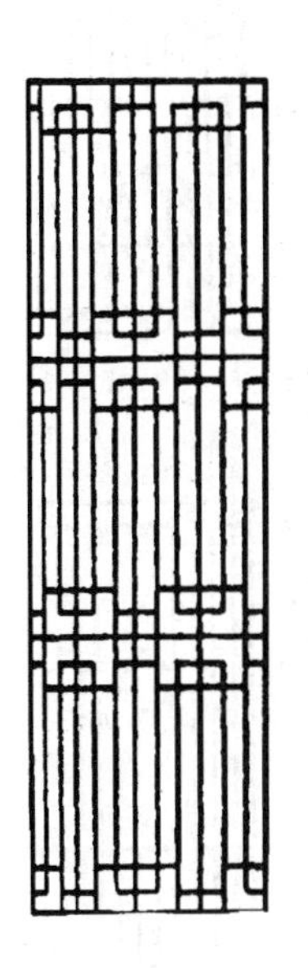
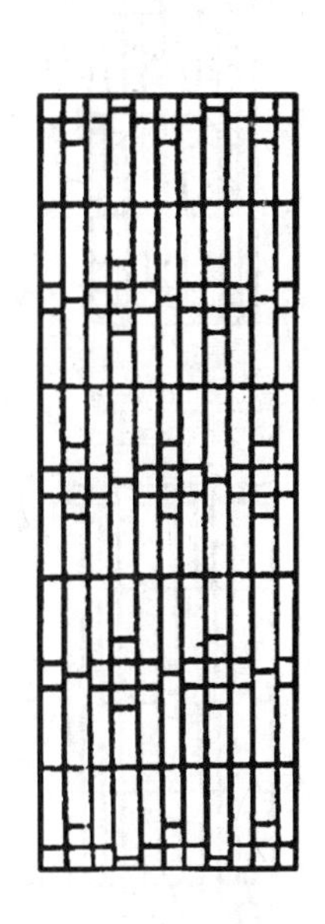
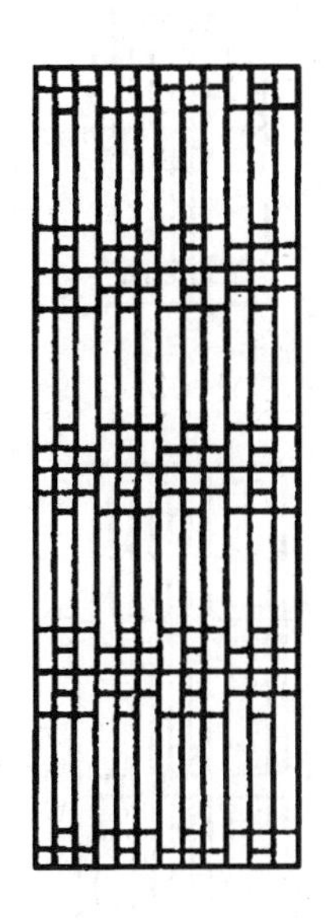
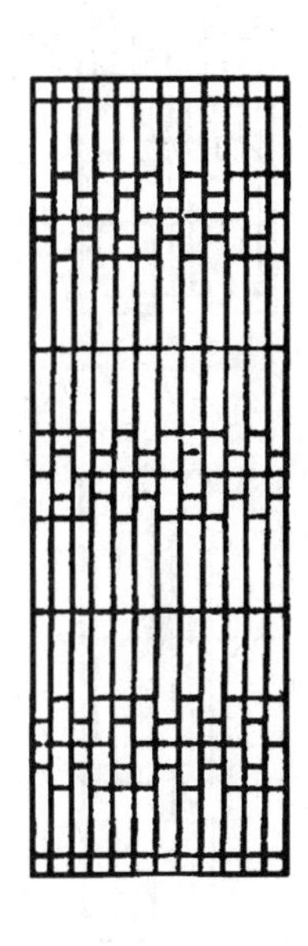
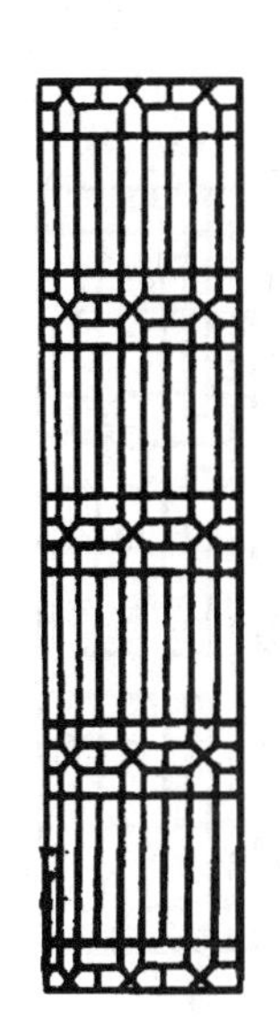
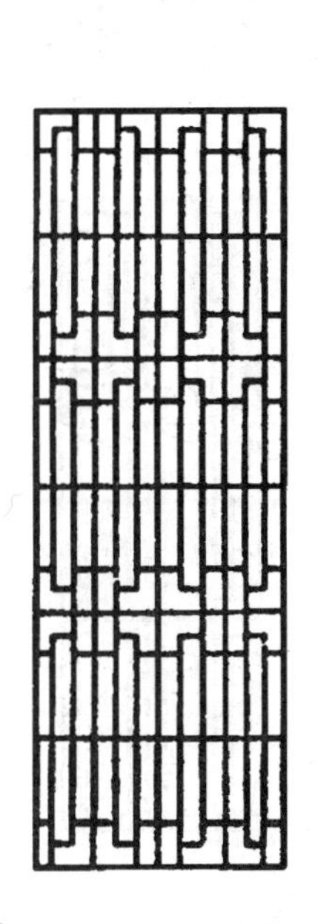
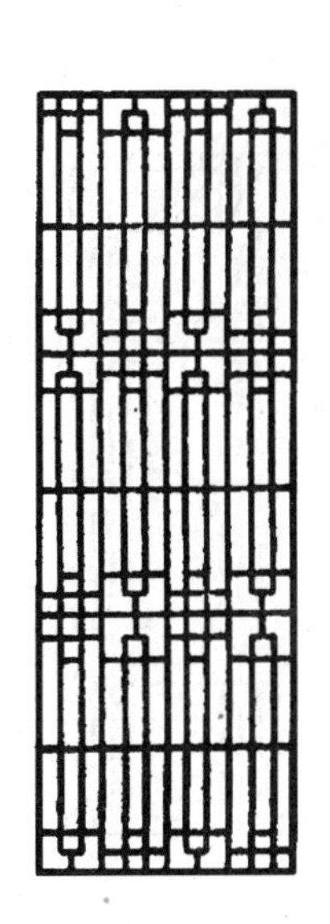
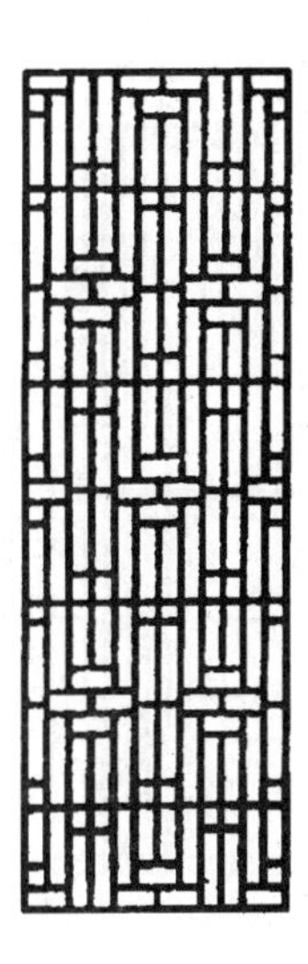

图6.18 门式样一

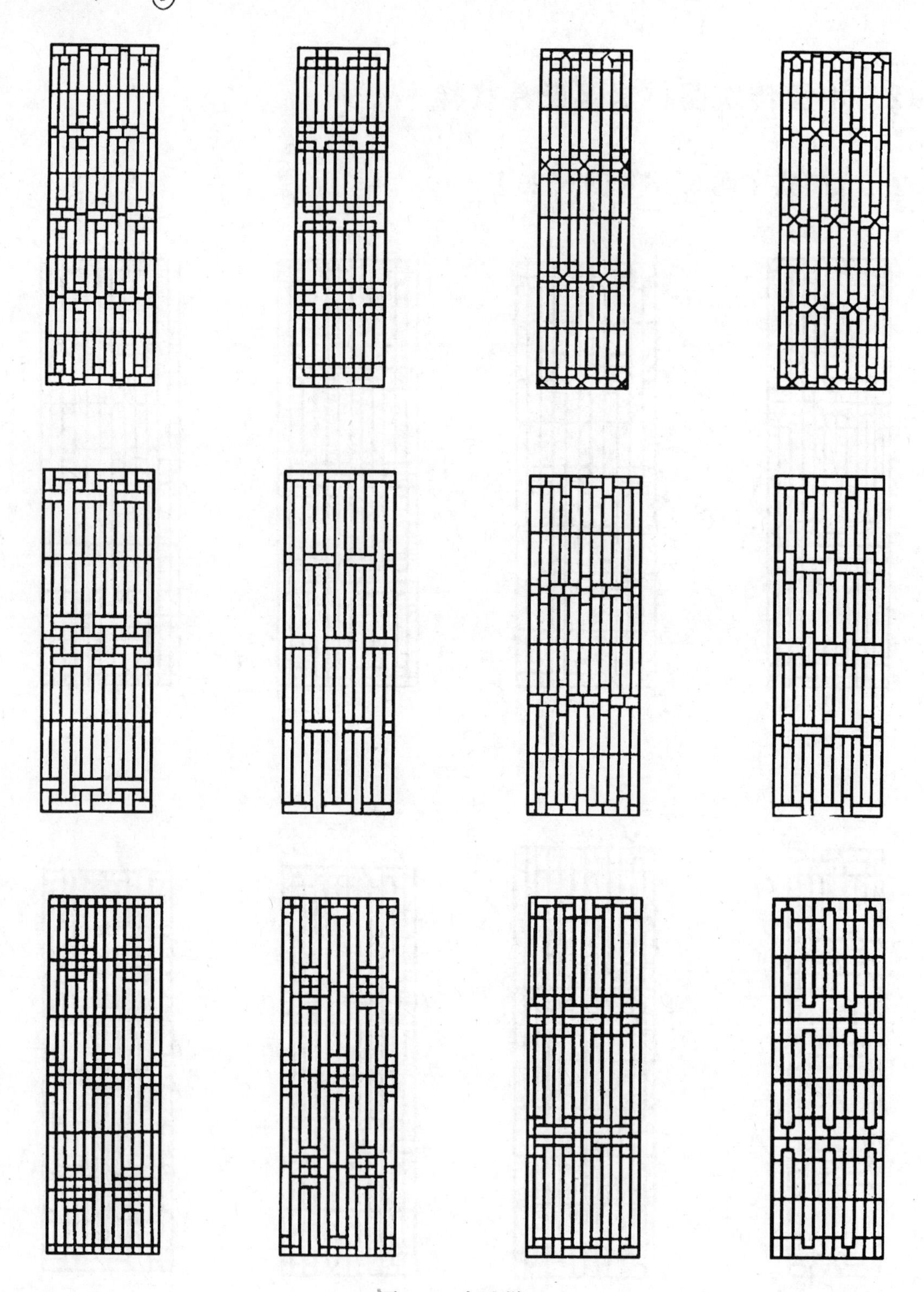

图 6.19 门式样二

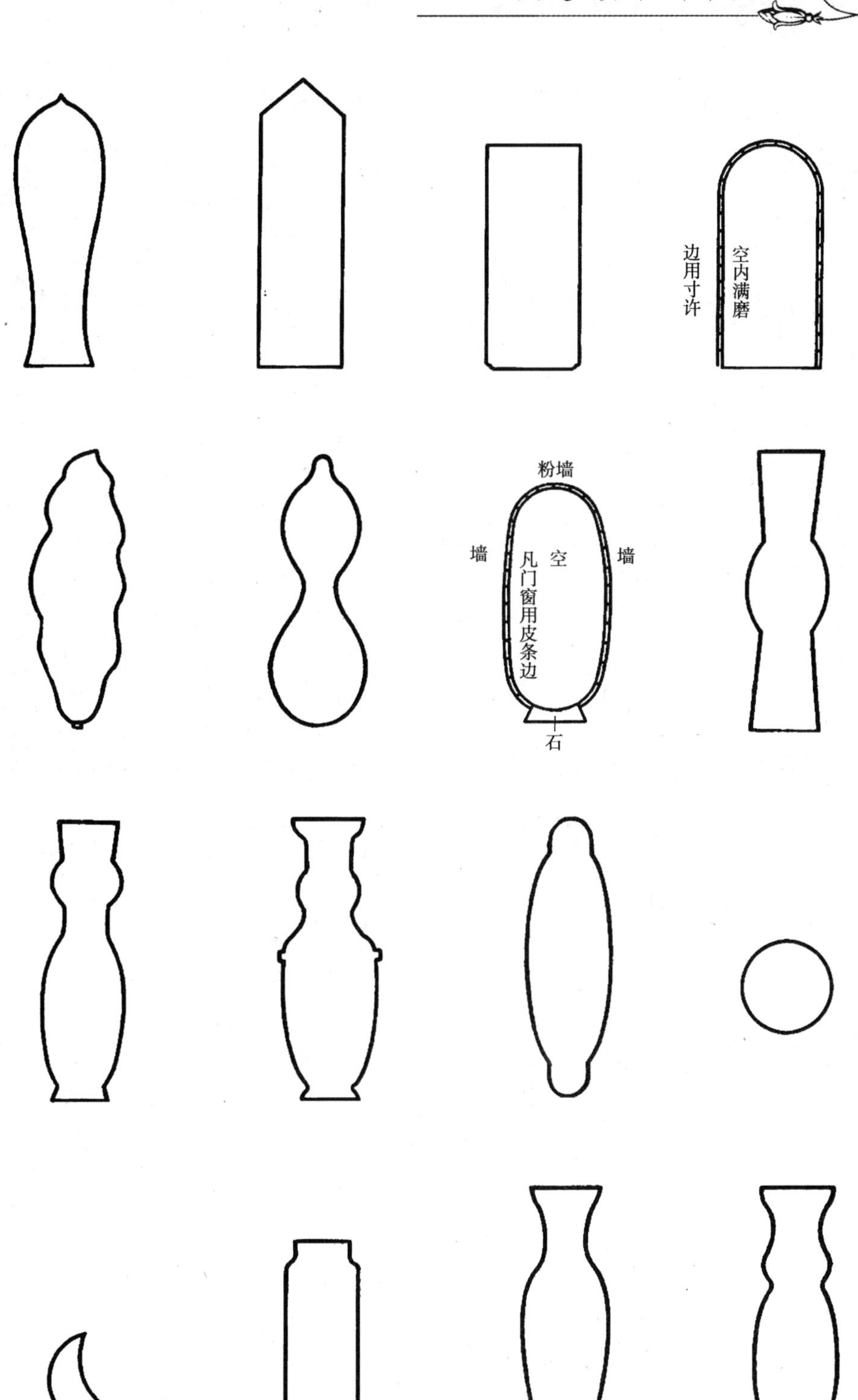

图6.20 门式样三

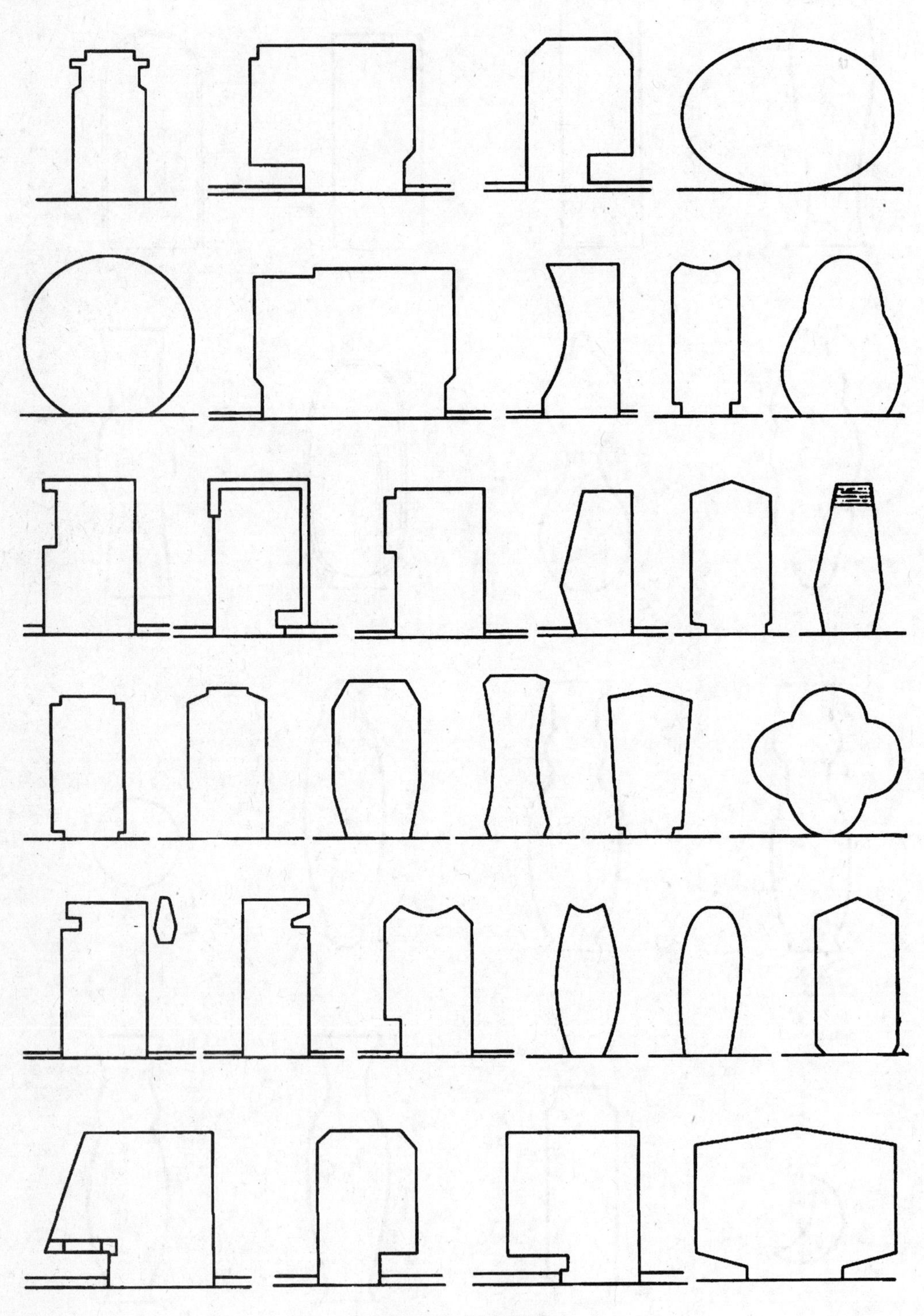

图 6.21　门式样四

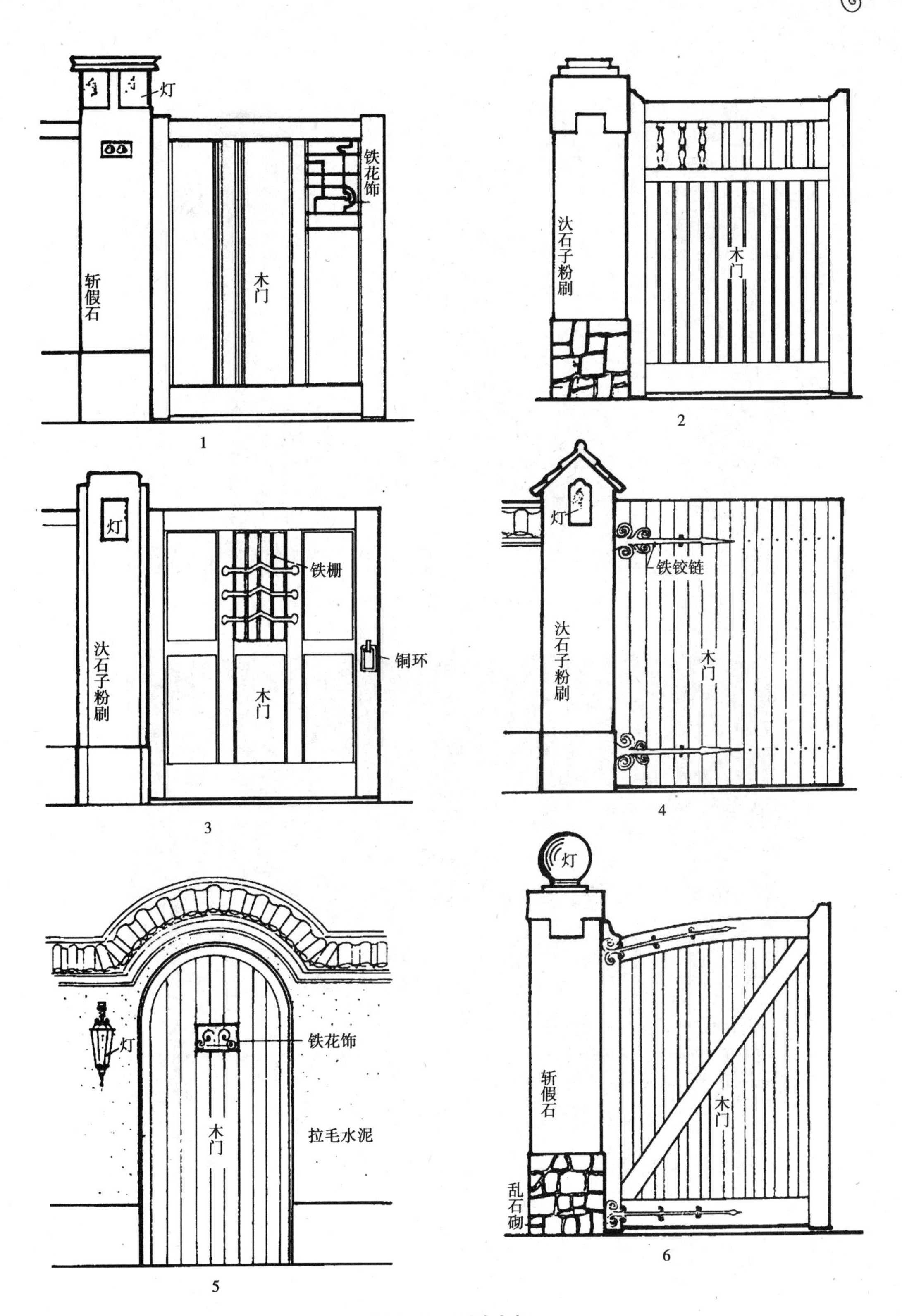
灯
铁花饰
斩假石
木门
1
汰石子粉刷
木门
2
灯
铁栅
铜环
汰石子粉刷
木门
3
灯
铁铰链
汰石子粉刷
木门
4
灯
铁花饰
木门
拉毛水泥
5
灯
斩假石
木门
乱石砌
6

图 6.22 围墙大门

图6.23 门式案例一

图6.24 门式案例二

图 6.25　香港海洋馆集古村内门洞式样一

图 6.26　香港海洋馆集古村内门洞式样二

6.2.2 窗式（图6.27－图6.30）

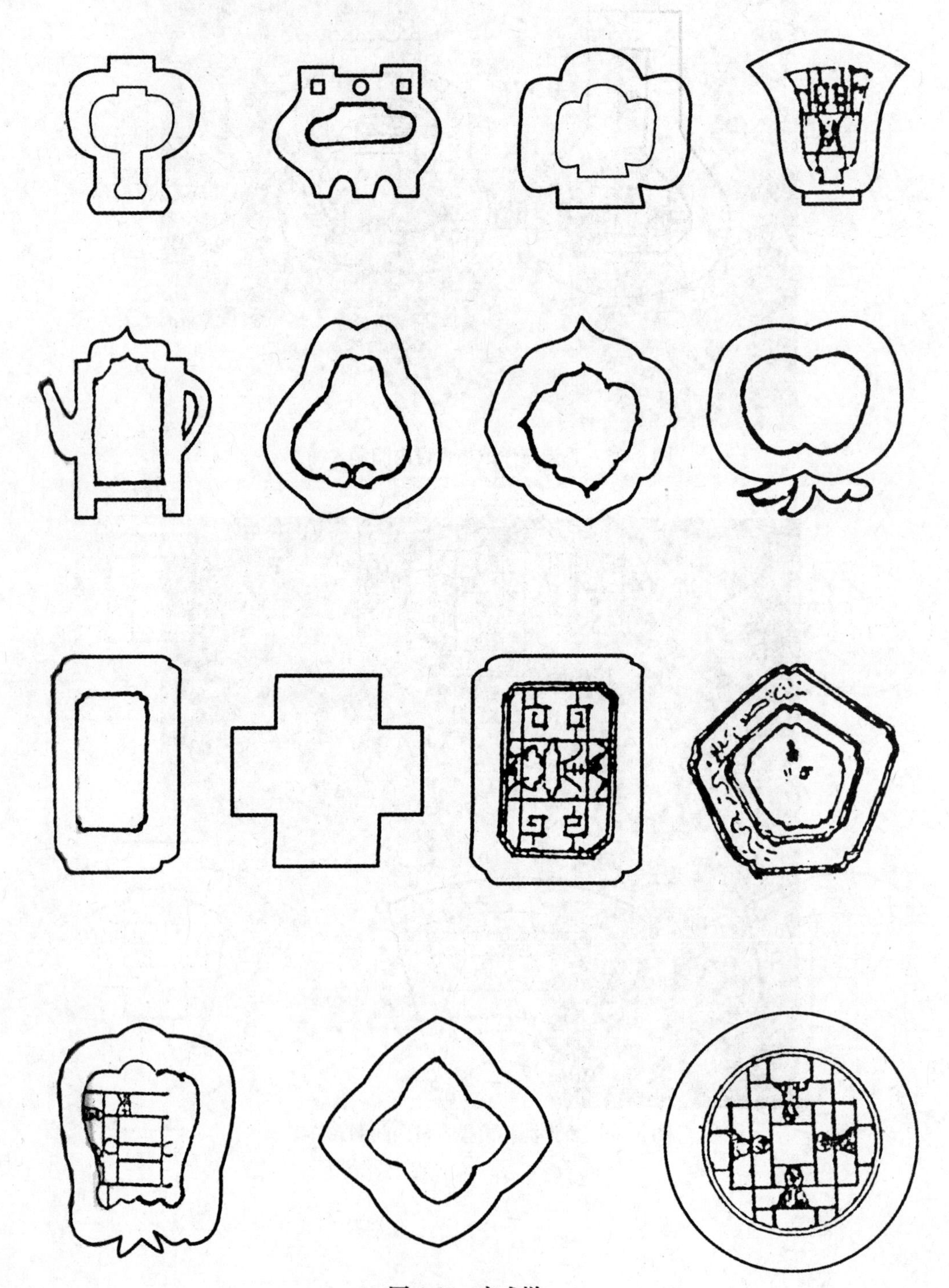

图6.27 窗式样一

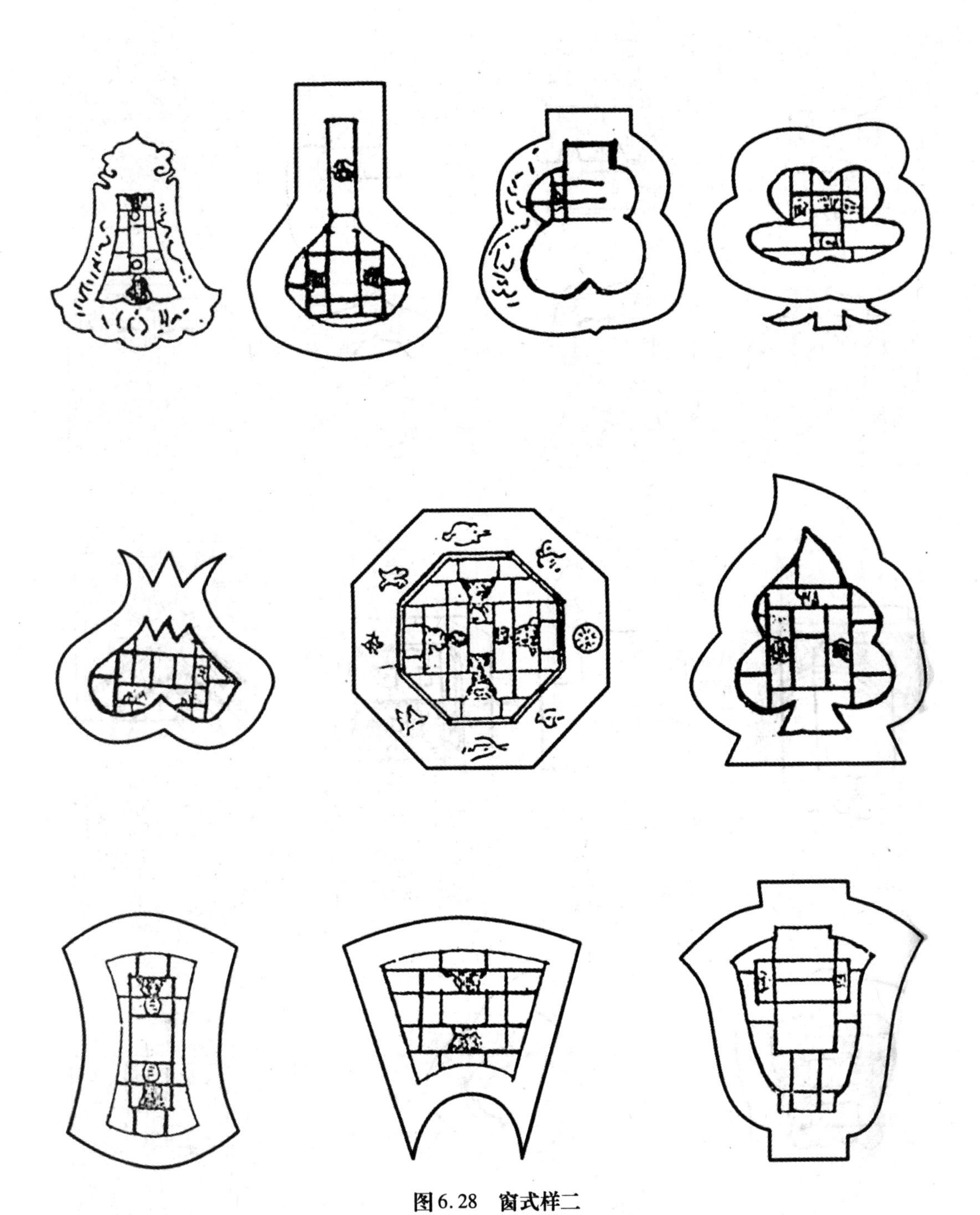

图6.28 窗式样二

图6.29 窗式样三

图6.30 窗式样四

6.2.3 围墙花格（图6.31～图6.36）

图6.31 围墙案例一

图6.32 围墙案例二

图6.33 围墙案例三

图6.34 围墙案例四

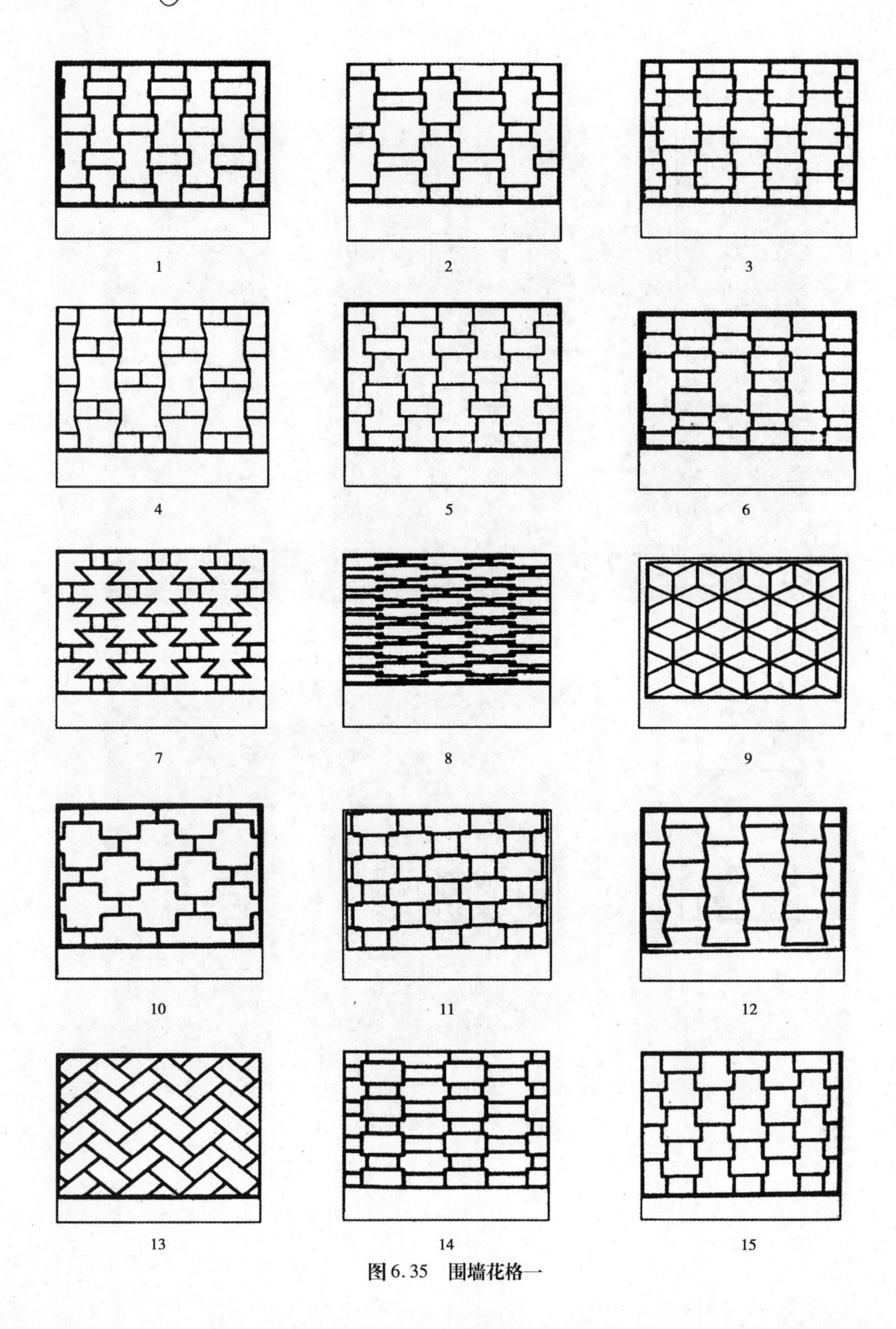

图 6.35　围墙花格一

图6.36 围墙花格二

6.2.4 栏杆式样(图6.37~图6.43)

图6.37 栏杆案例一

图6.38 栏杆案例二

图6.39　栏杆案例三

图6.40　栏杆案例四

图 6.41 栏杆式样一

图6.42　栏杆式样二

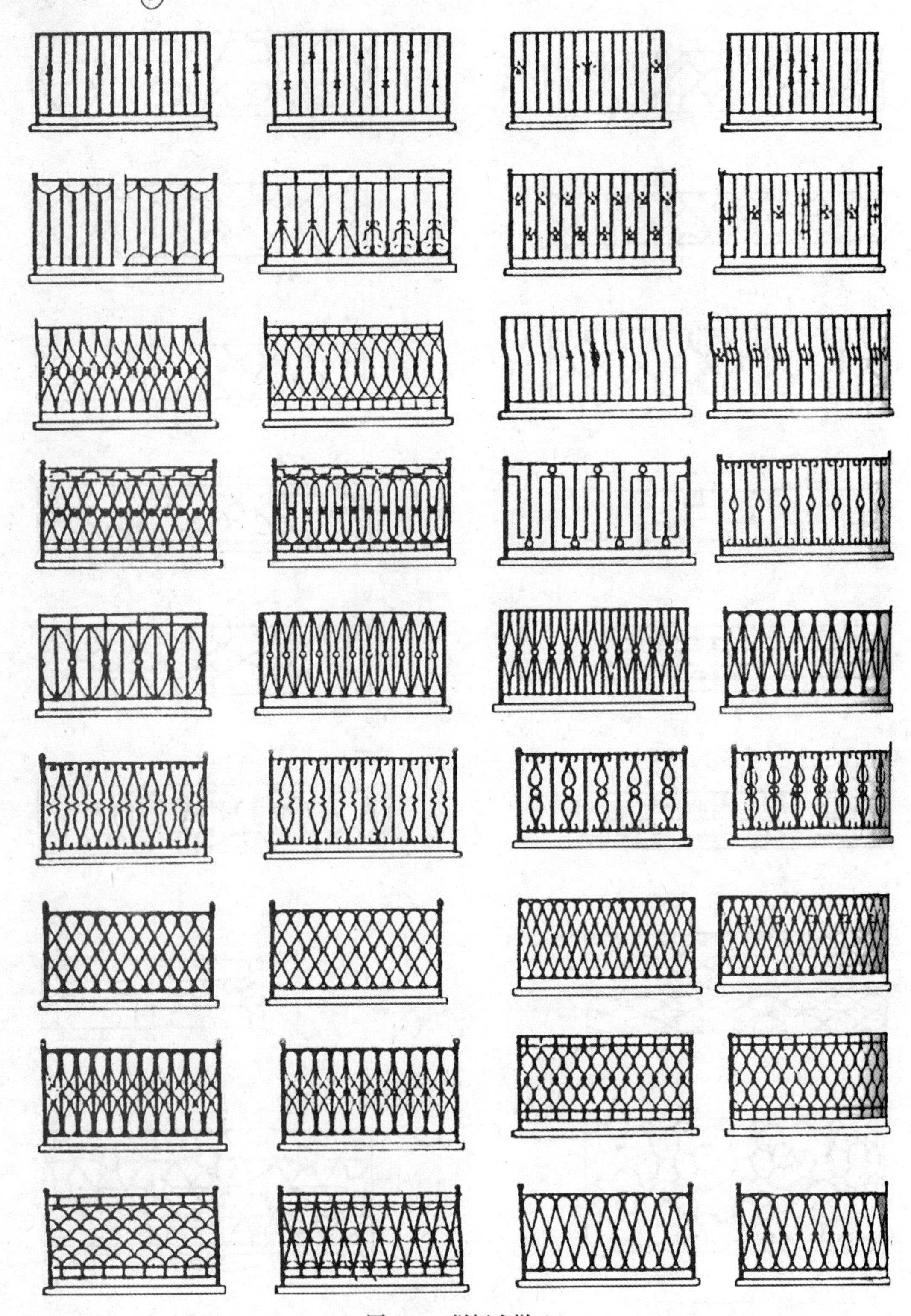

图 6.43　栏杆式样三

6.2.5 雕刻装饰（图6.44~图6.46）

图6.44 雕刻装饰大样一

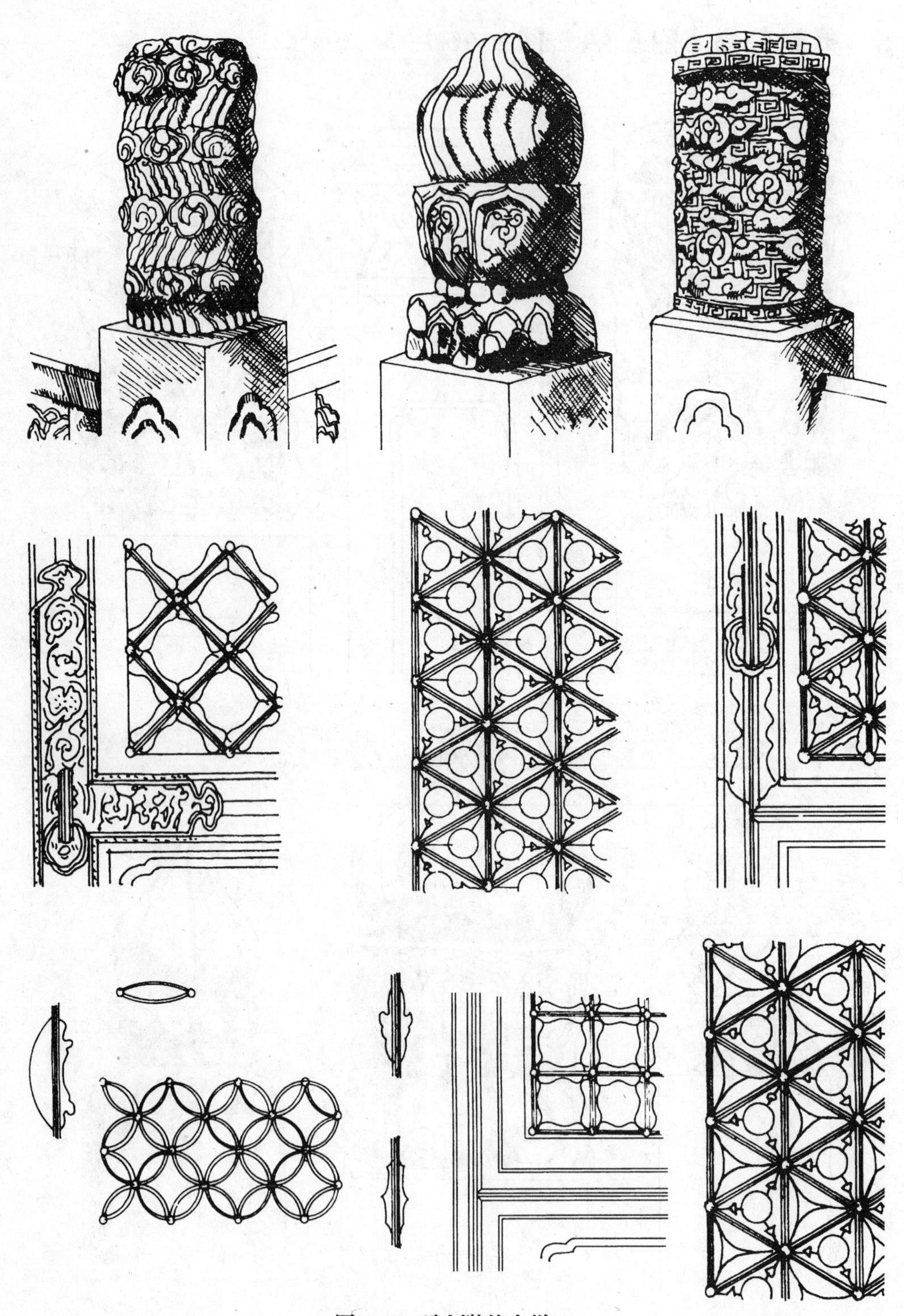

图6.45 雕刻装饰大样二

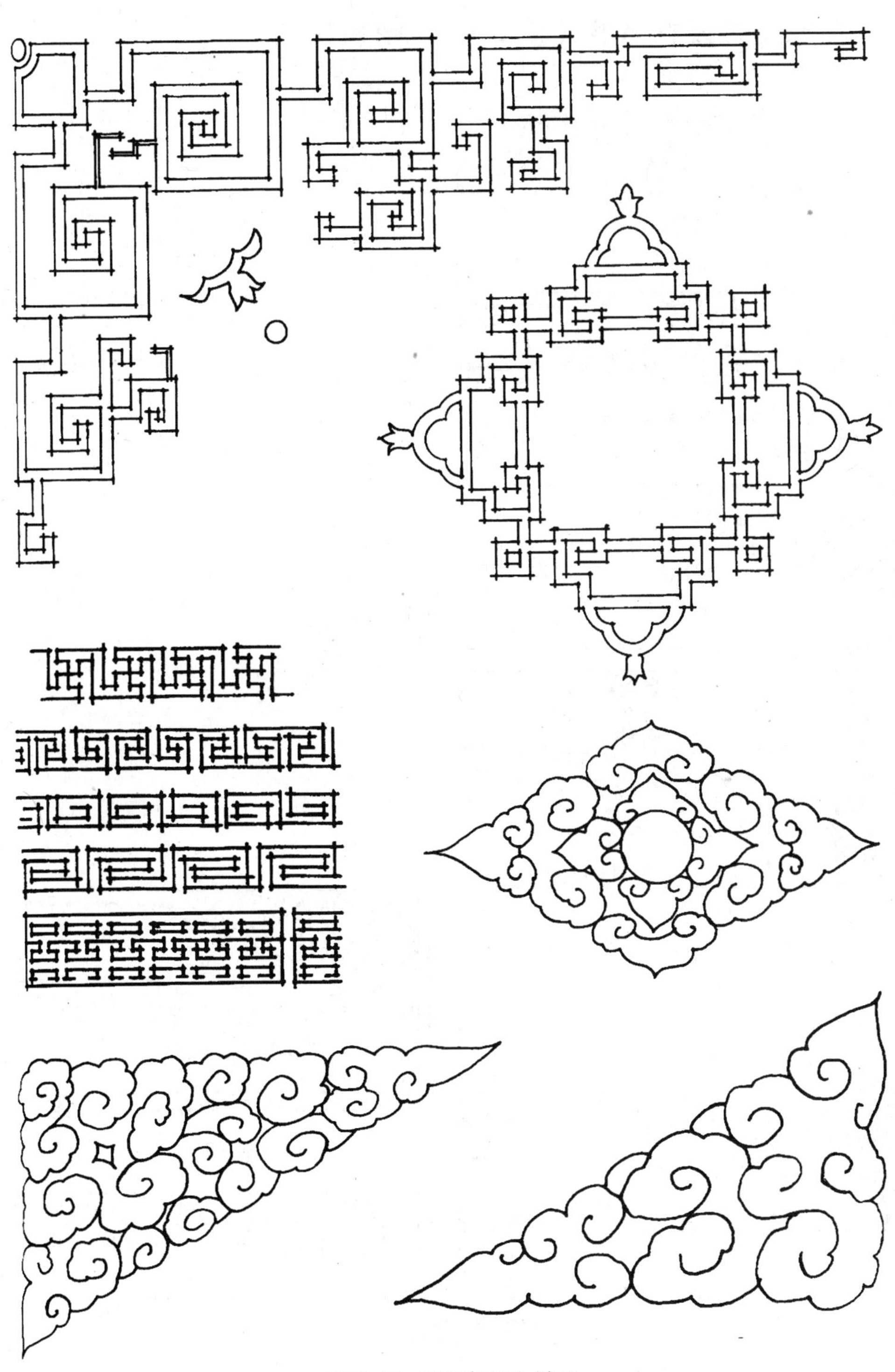

图6.46　雕刻装饰大样三

6.2.6 其他建筑配件式样（图6.47～图6.55）

清式二整四破如意头彩画

清式柿蒂盒箍头一整二破旋子如意彩画

清式旋子彩画

出头凤尾彩画

海石榴梁枋垫板彩画

旋子梁枋彩画

旋子梁枋彩画

图6.47 梁枋彩画

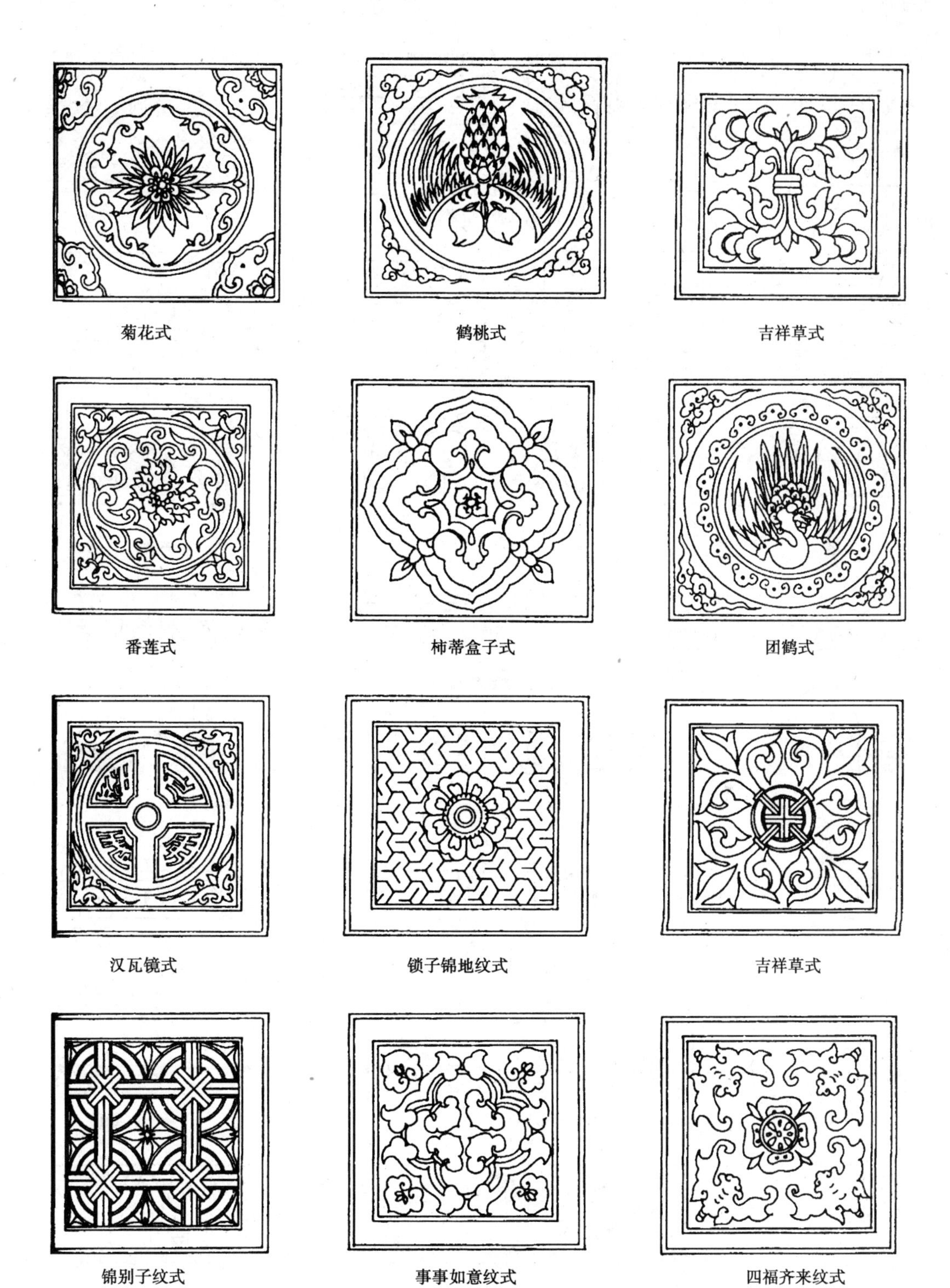

图6.48　明式天花板彩画

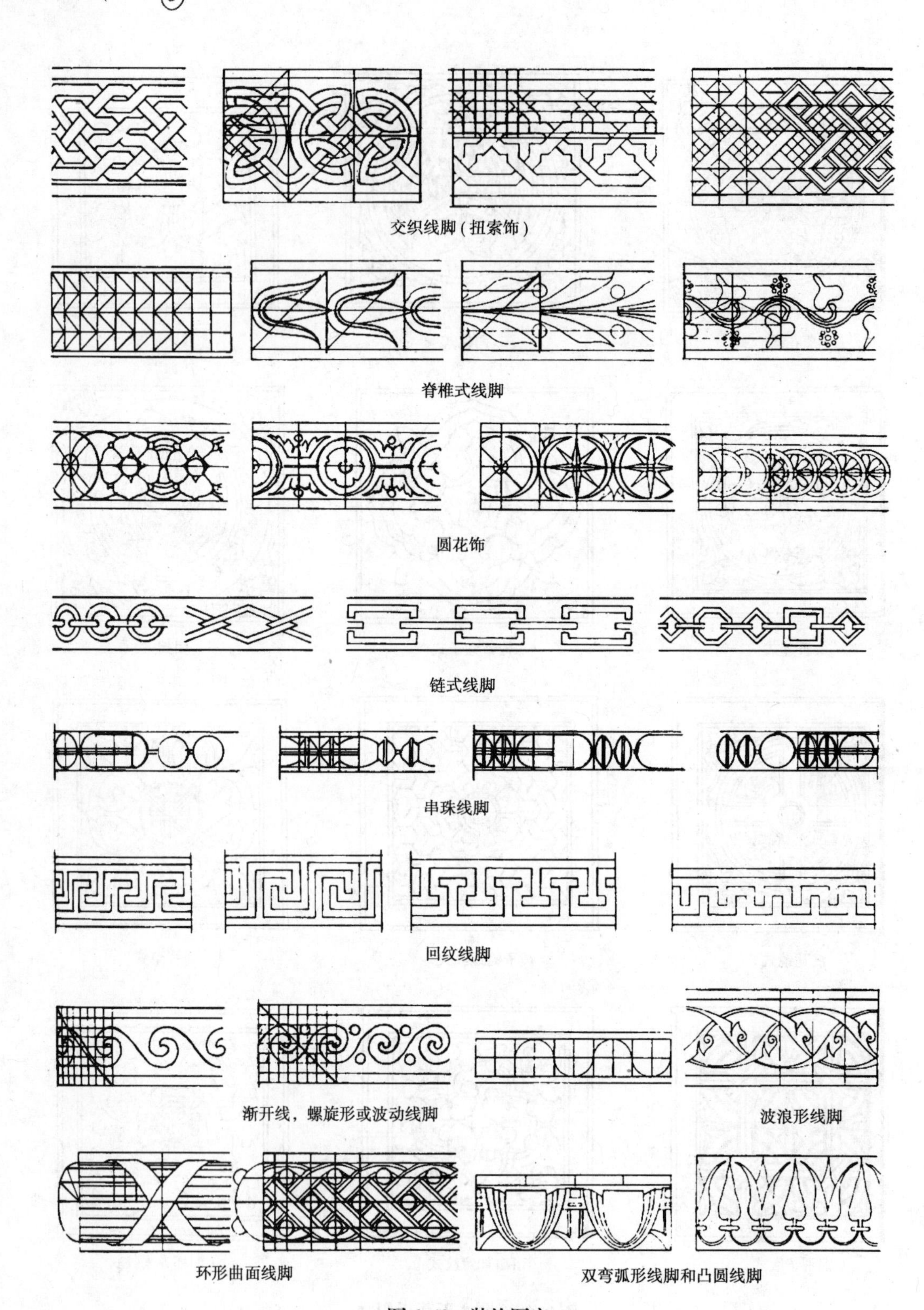
交织线脚（扭索饰）
脊椎式线脚
圆花饰
链式线脚
串珠线脚
回纹线脚
渐开线，螺旋形或波动线脚
波浪形线脚
环形曲面线脚
双弯弧形线脚和凸圆线脚

图6.49 装饰图案

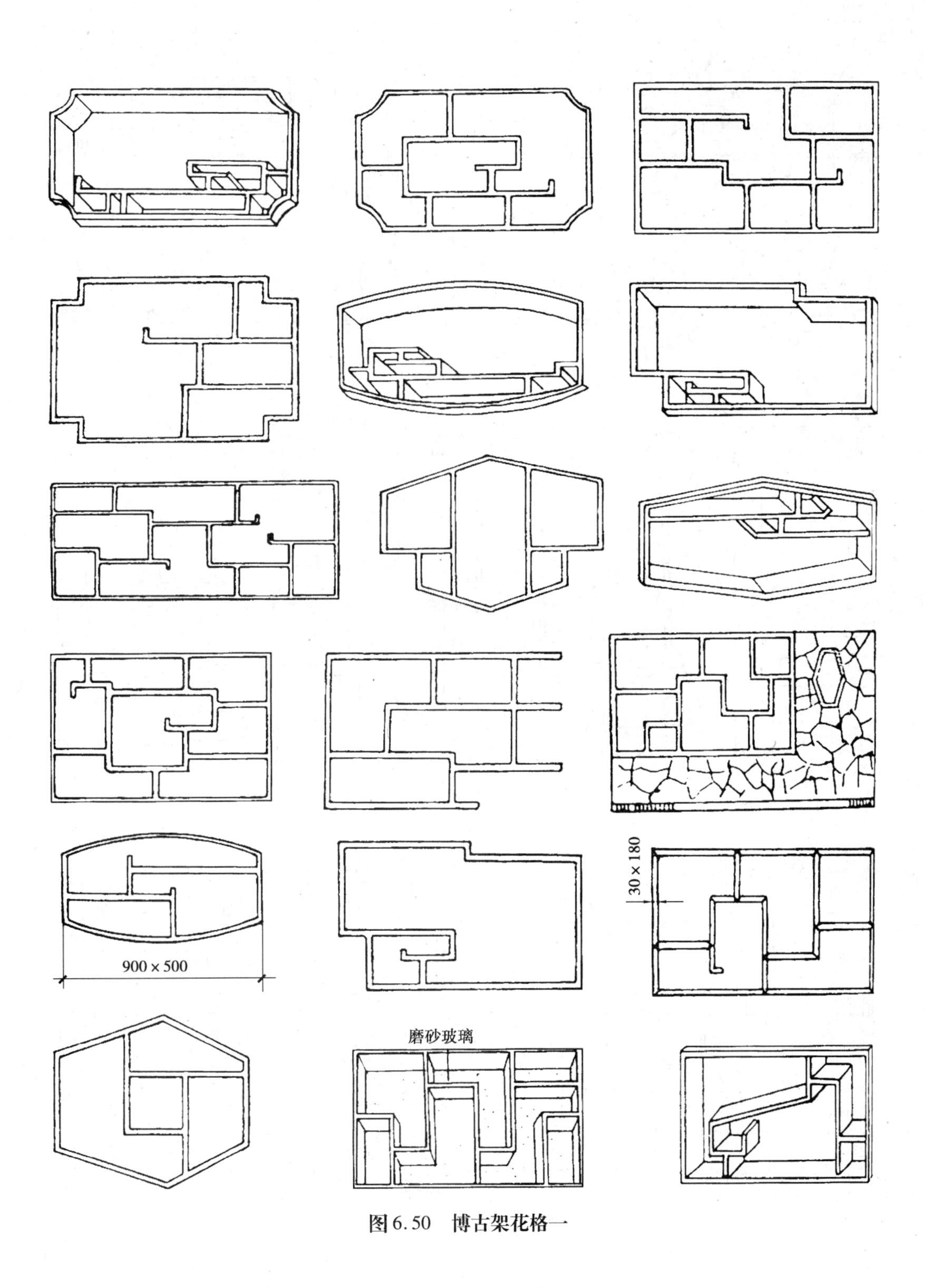

图 6.50 博古架花格一

图6.51　博古架花格二

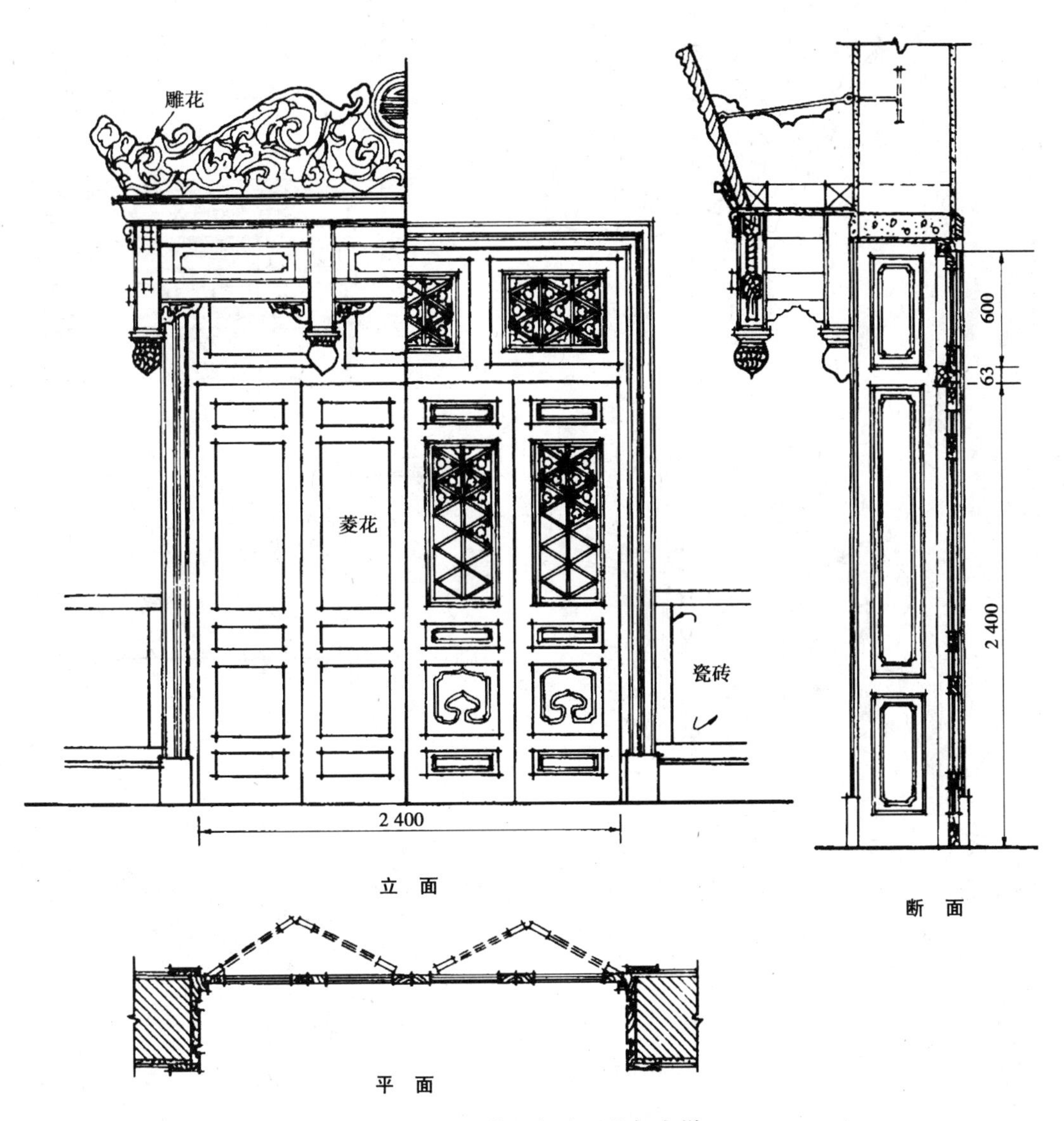

图6.52 屋檐及门帘垂花门大样

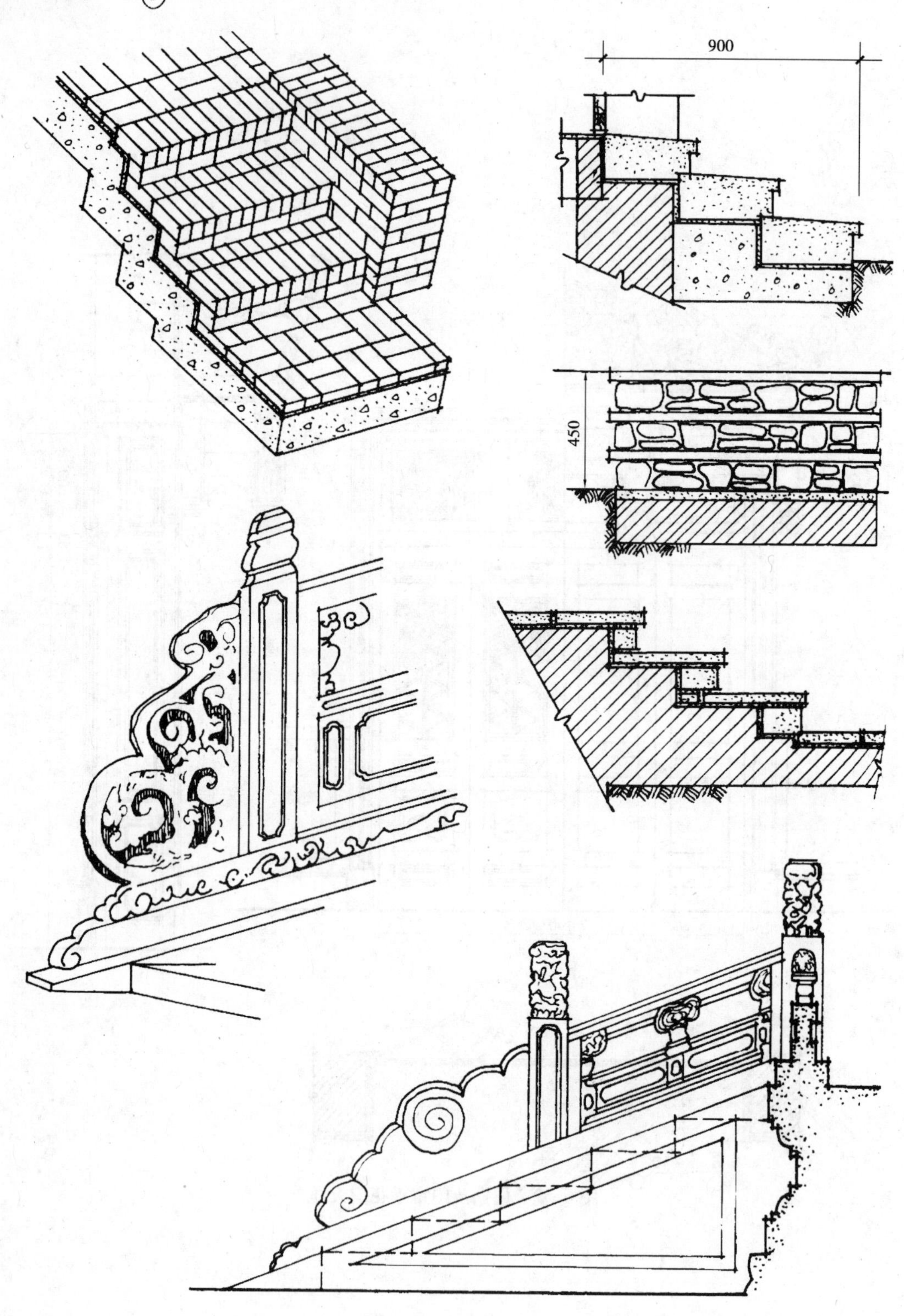

图 6.53　踏步大样

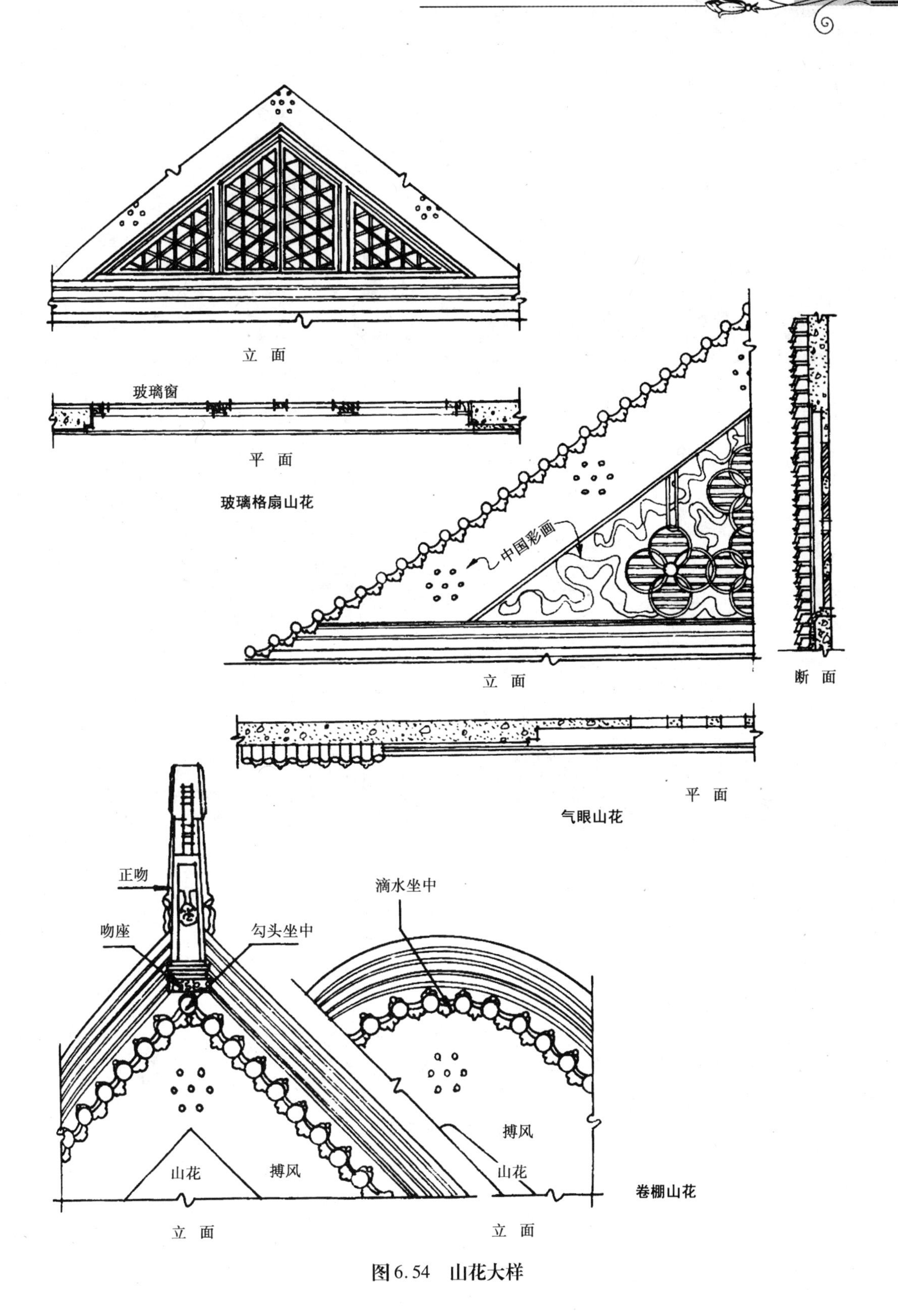
立 面
玻璃窗
平 面
玻璃格扇山花
中国彩画
立 面
断 面
平 面
气眼山花
正吻
吻座
勾头坐中
滴水坐中
山花
搏风
搏风
山花
卷棚山花
立 面
立 面

图6.54 山花大样

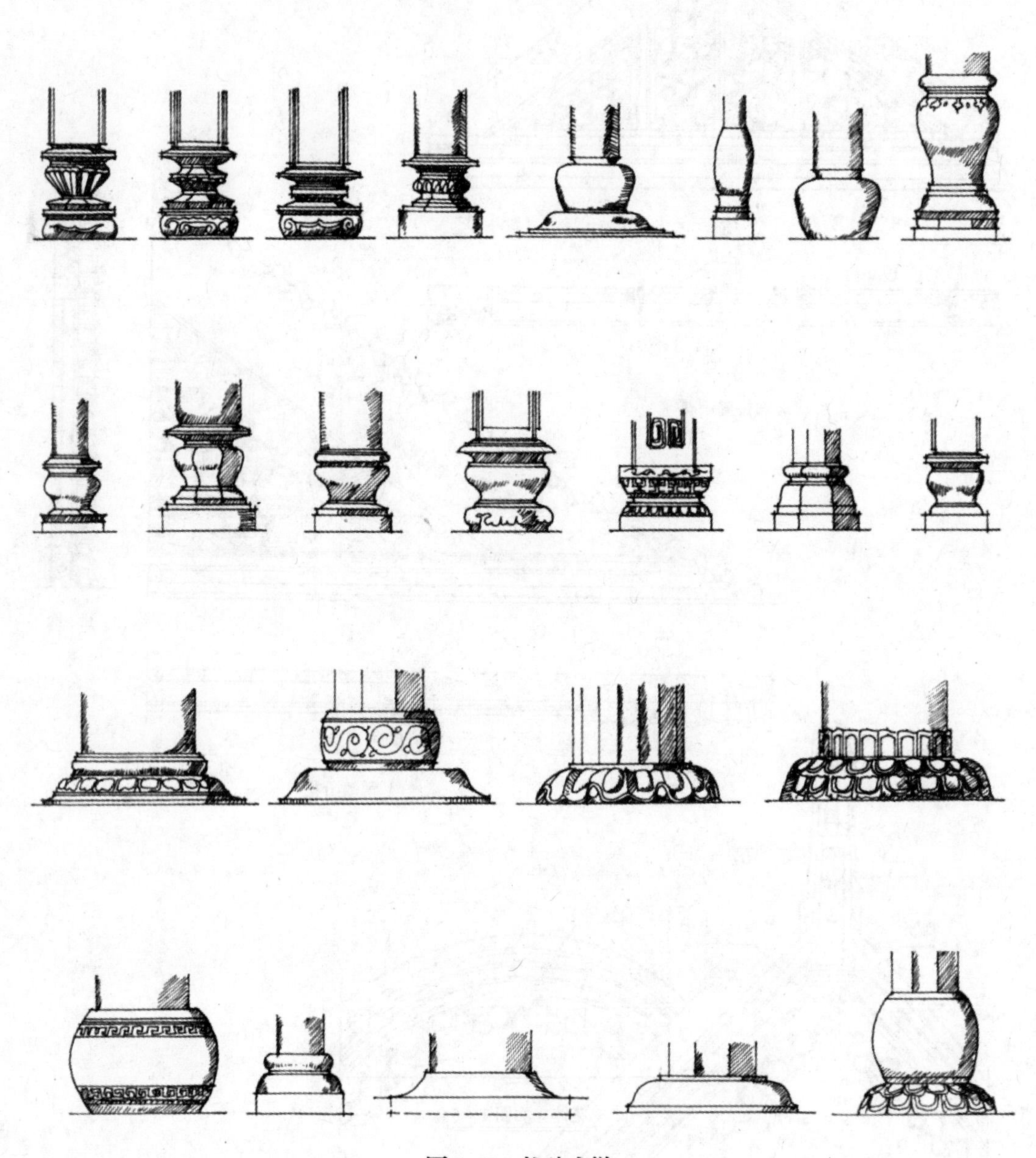

图6.55 柱础式样

6.3 园林建筑及小品实例选录

6.3.1 建筑小品类详图（图6.56~图6.57）

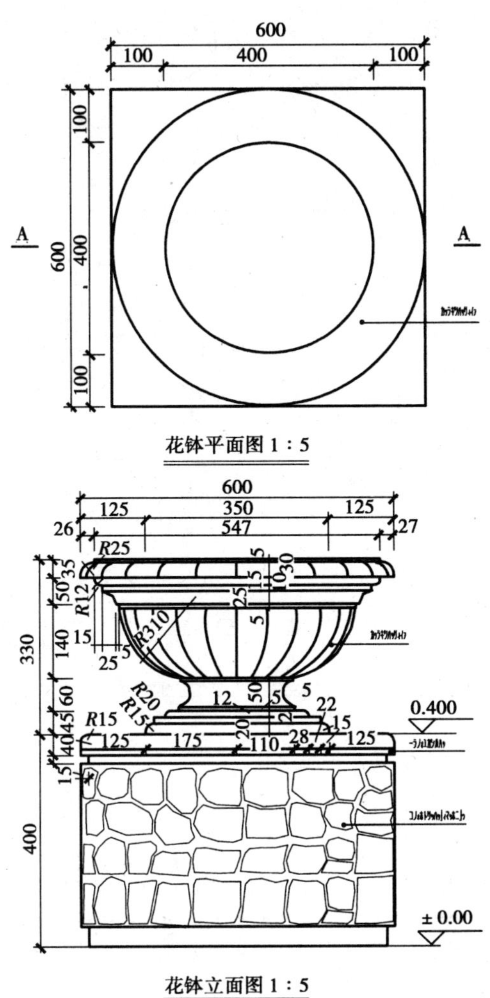

花钵平面图 1：5

花钵立面图 1：5

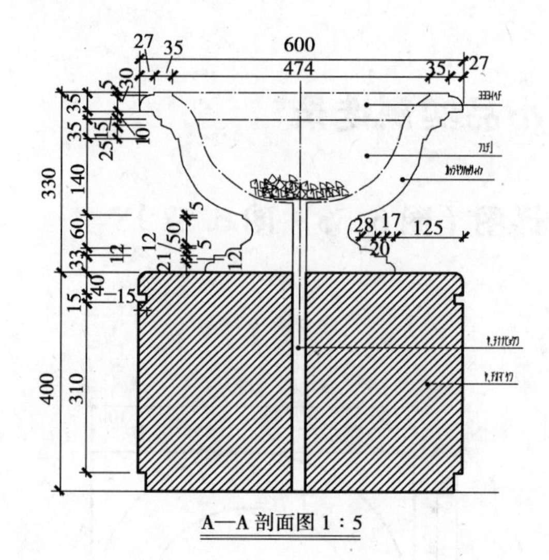

图 6.56　花钵大样

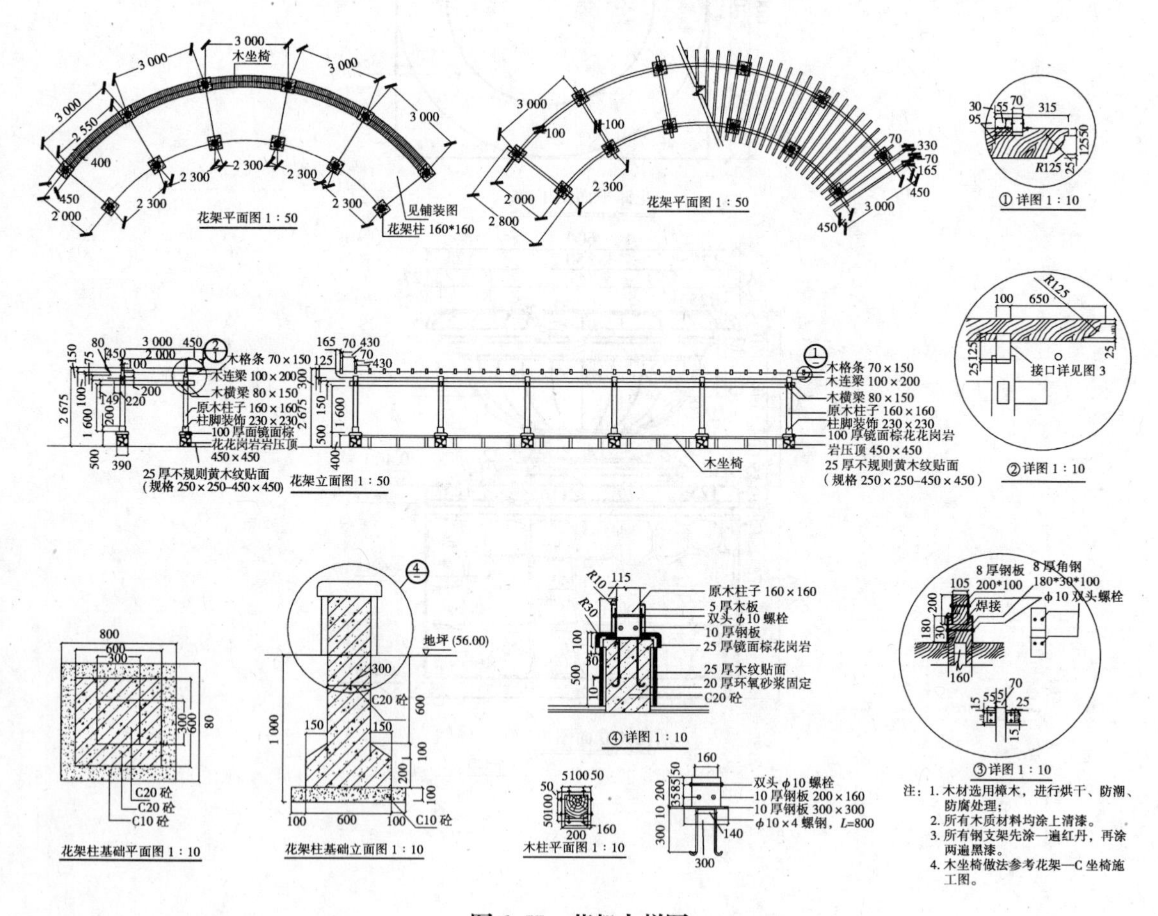

图 6.57　花架大样图

6.3.2 学校宾馆内园林建筑设计（图6.58～图6.61）

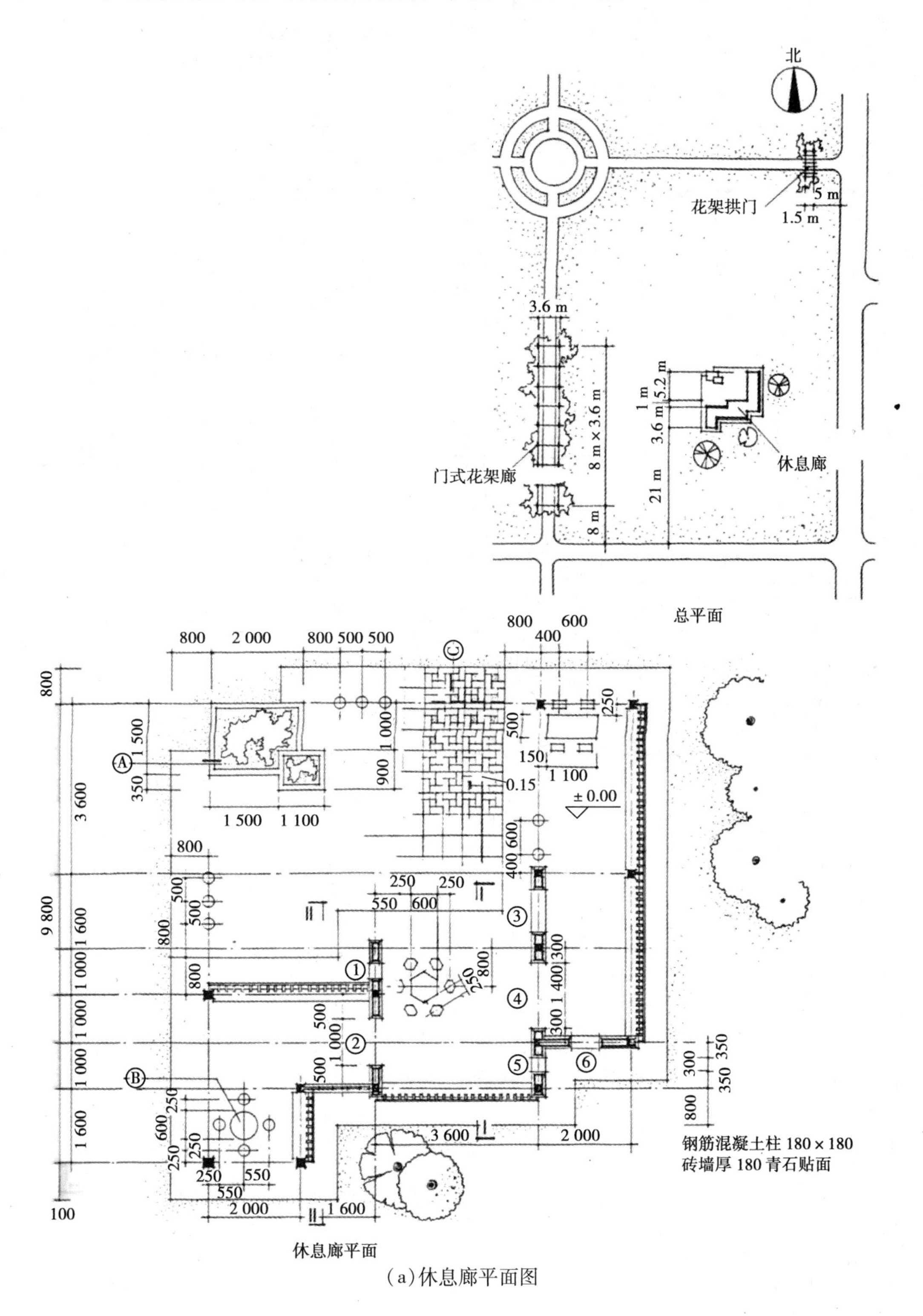

(a)休息廊平面图

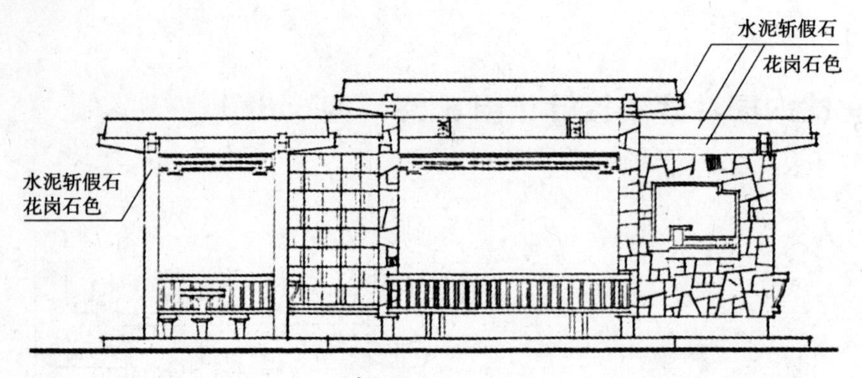

南立面

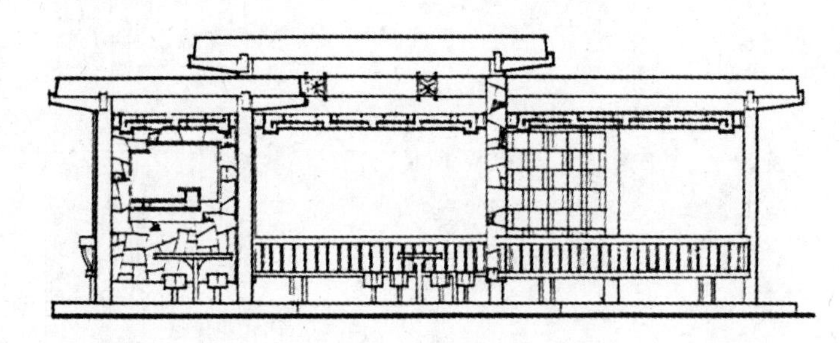

北立面

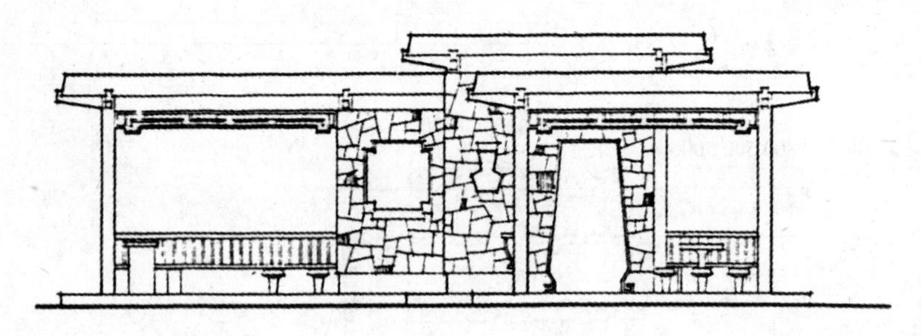

西立面

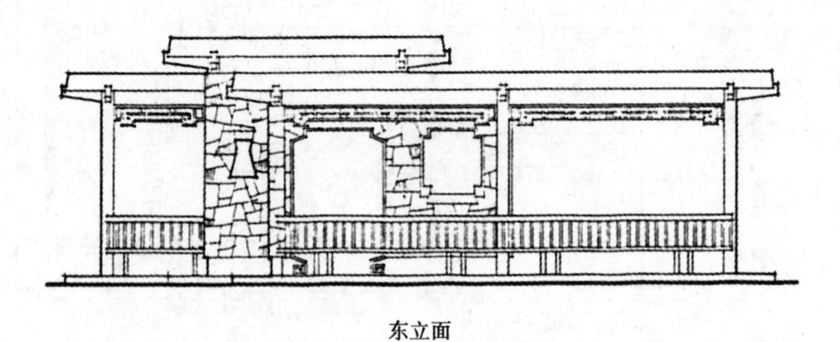

东立面

(b)休息廊立面图

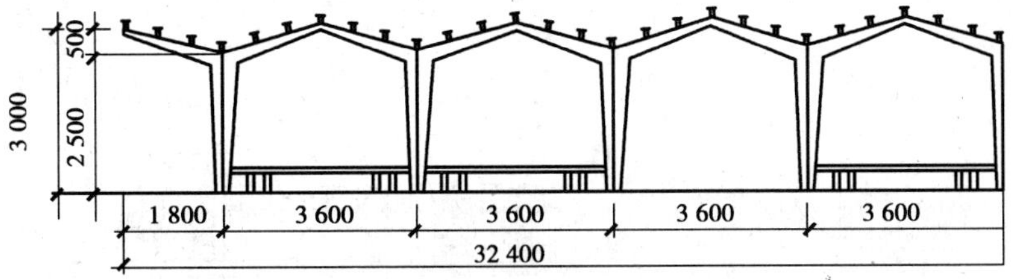

门式花架廊立面

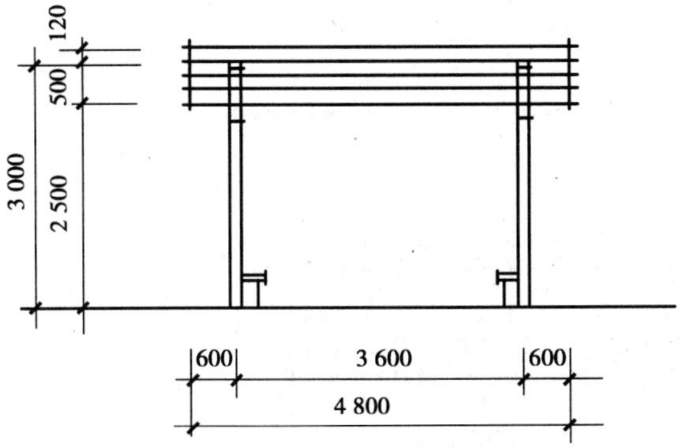

门式花架廊侧面

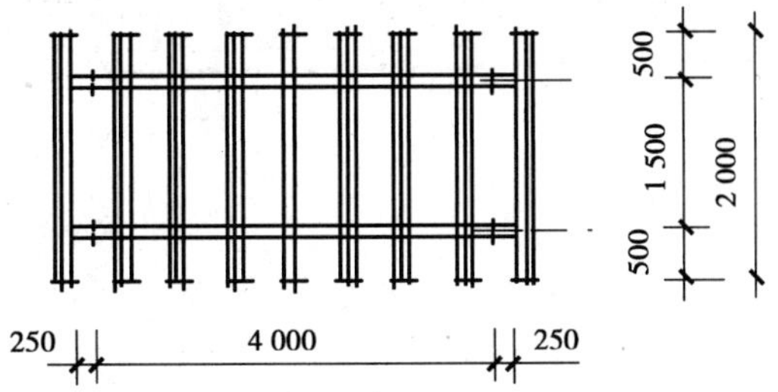

花架拱门平面

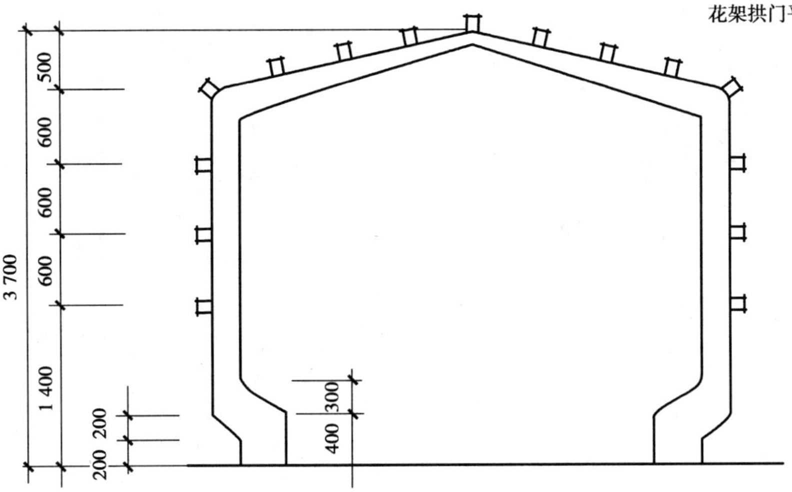

花架拱门立面

(c)花架大样

图6.58

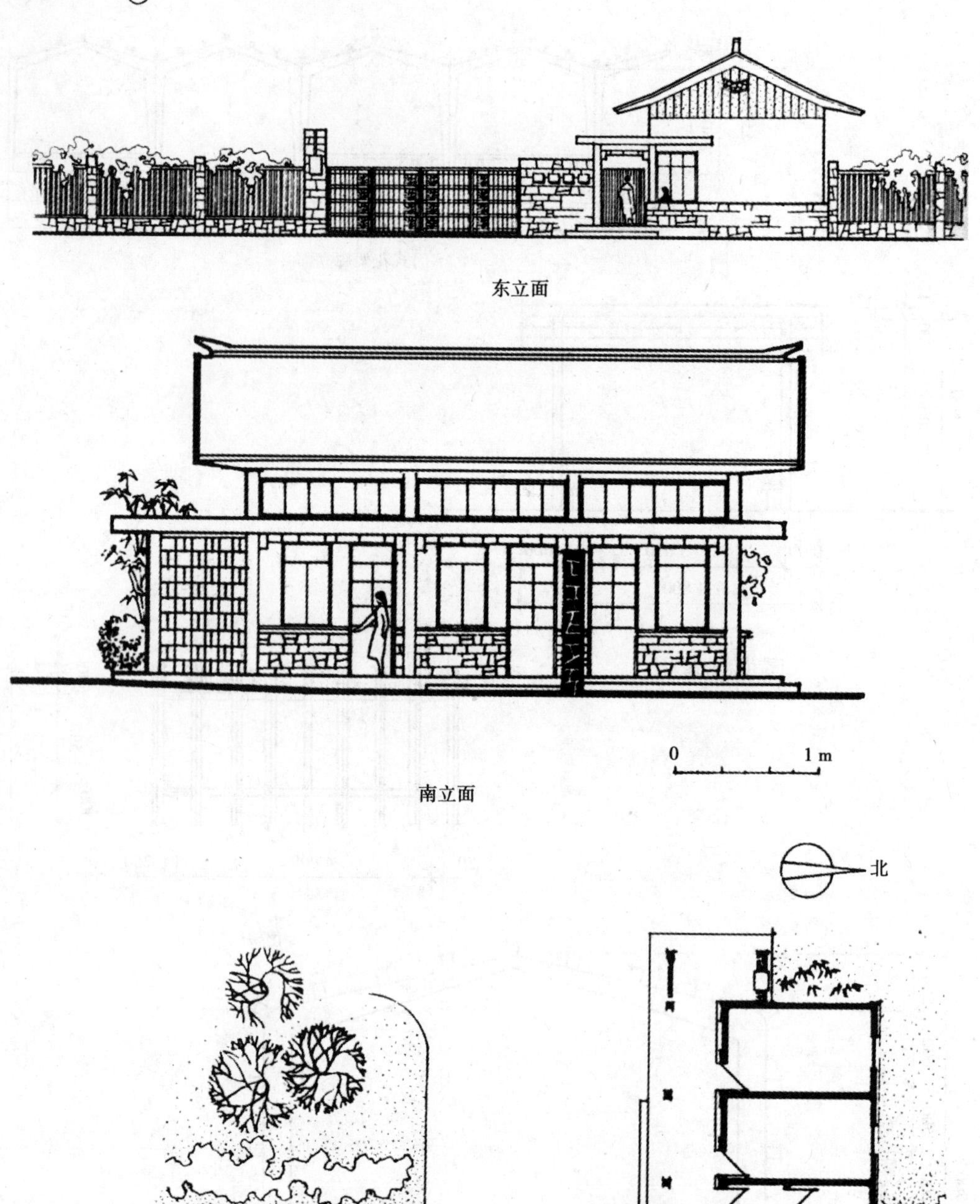

(a)门卫建筑

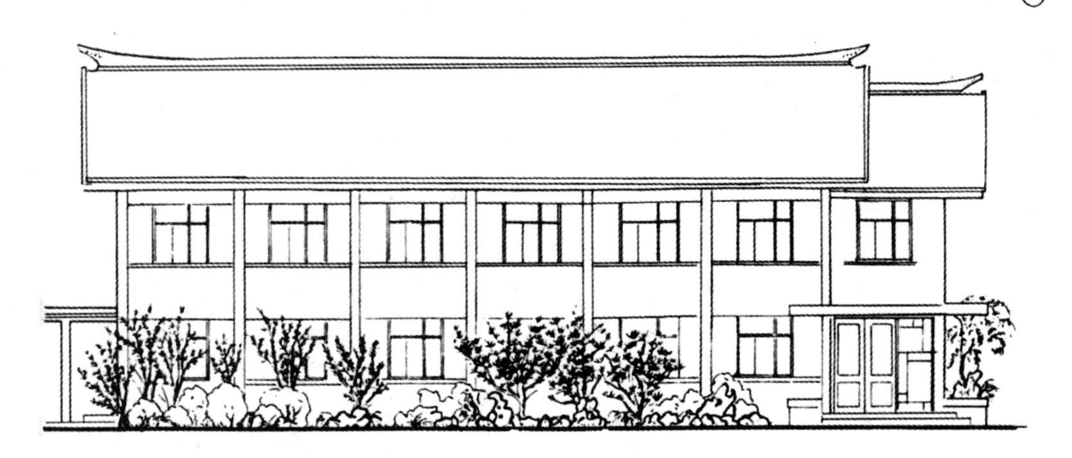

南立面

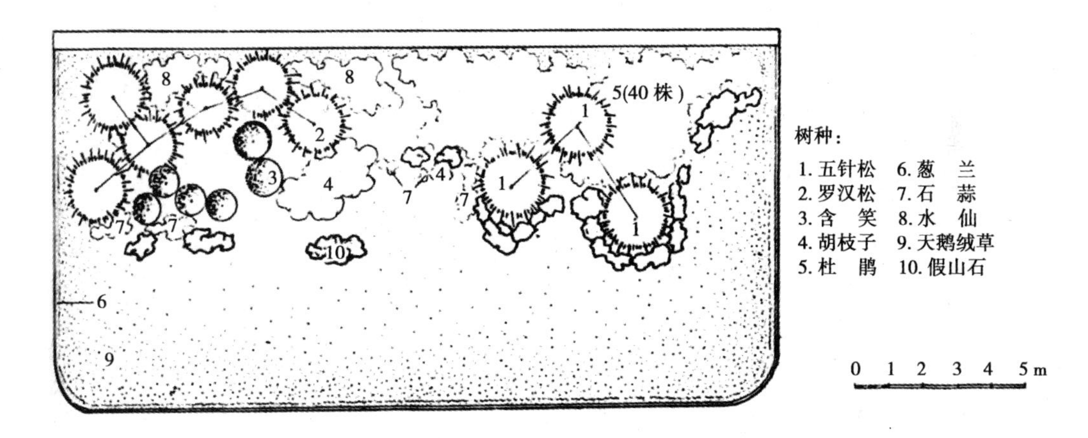

平面图

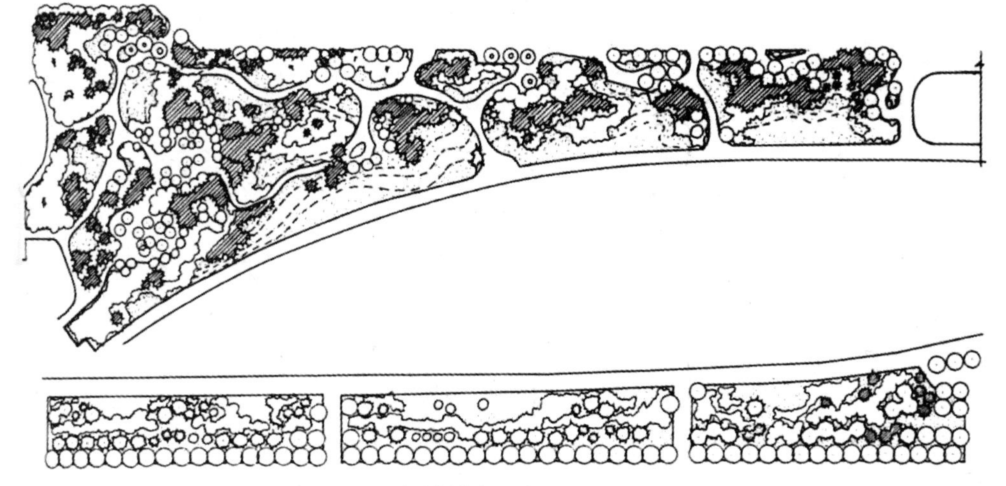

路边绿化布置平面

(b)某低层建筑平面、立面图

图 6.59

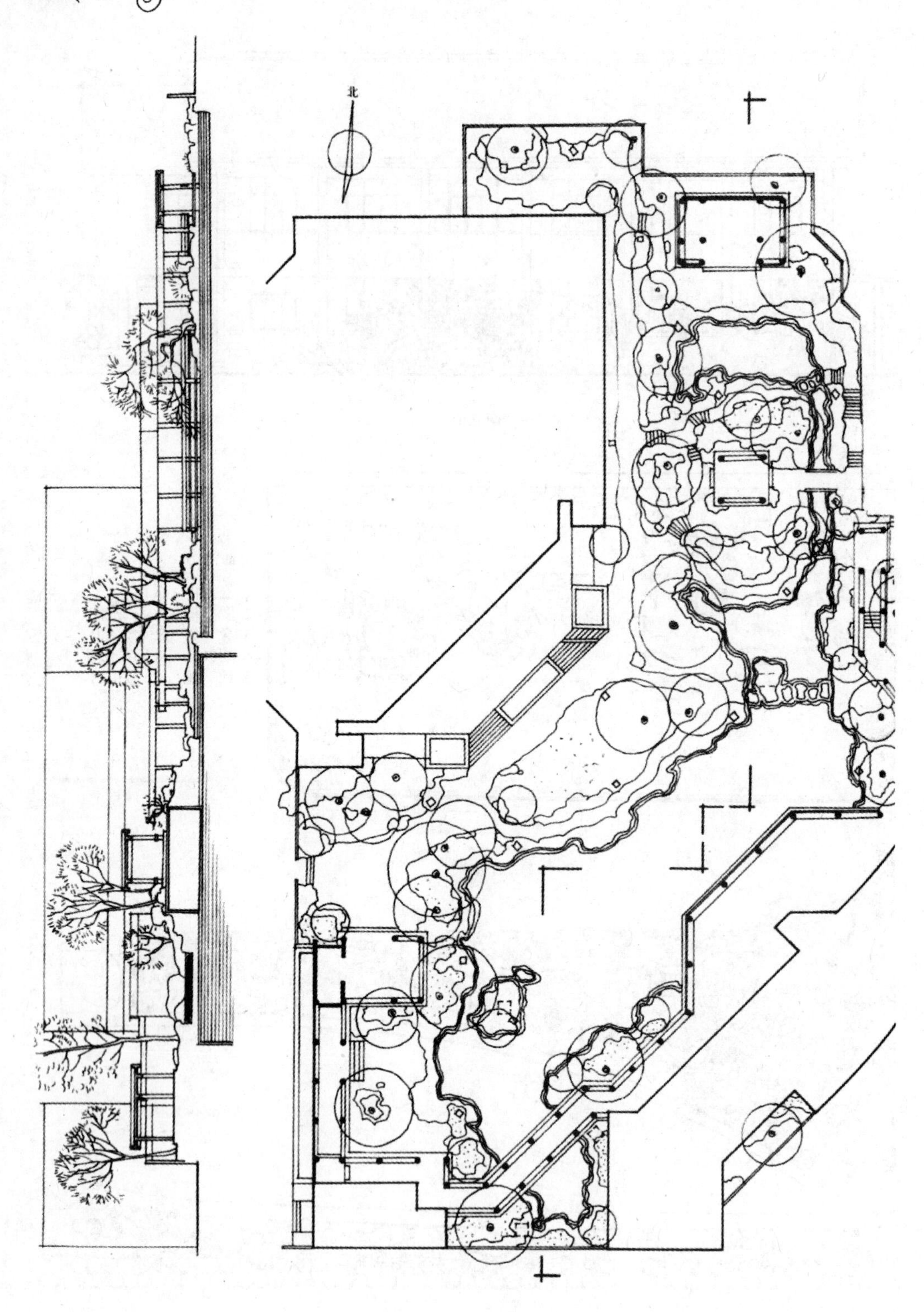

(a)总平面图

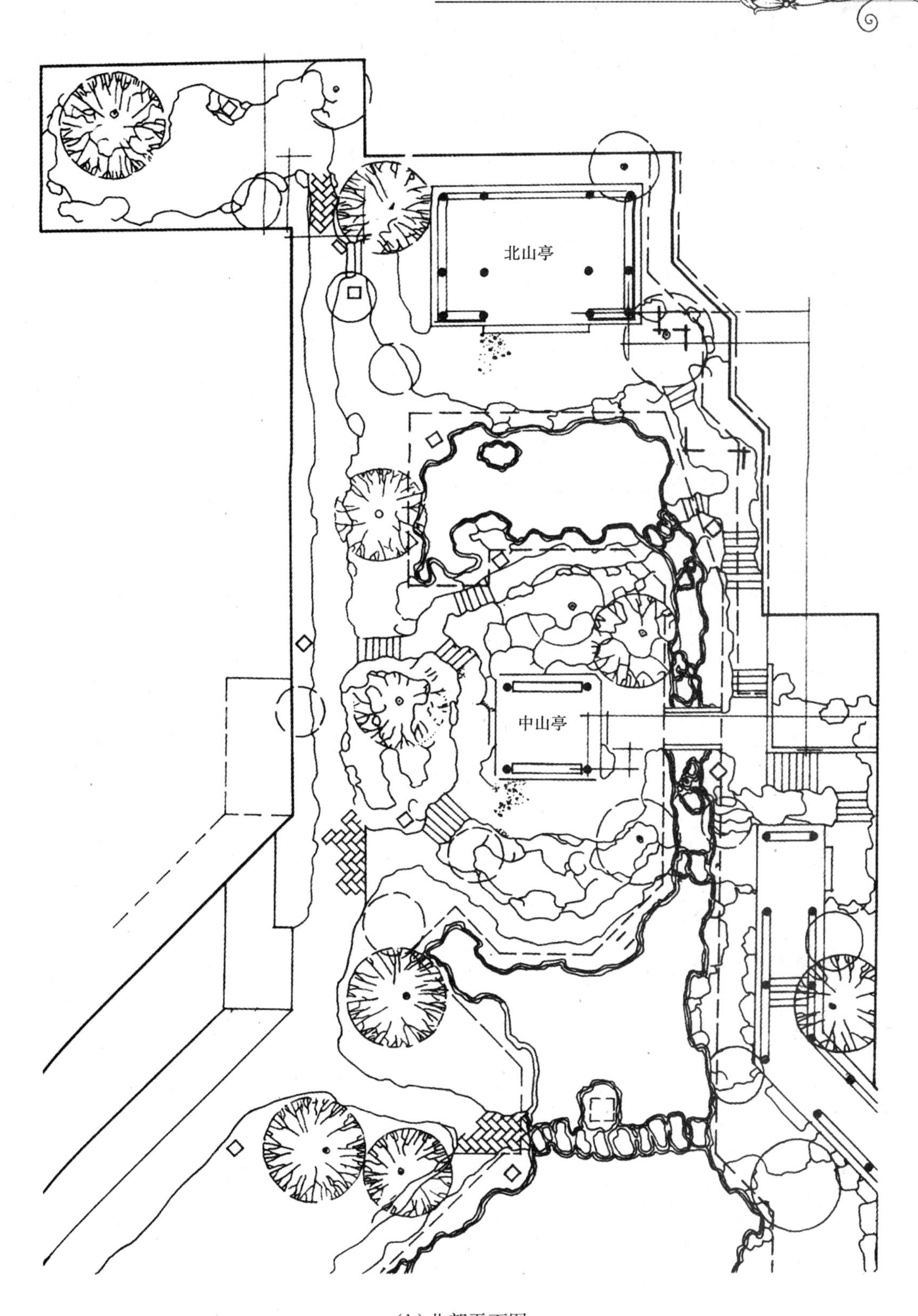

(b)北部平面图

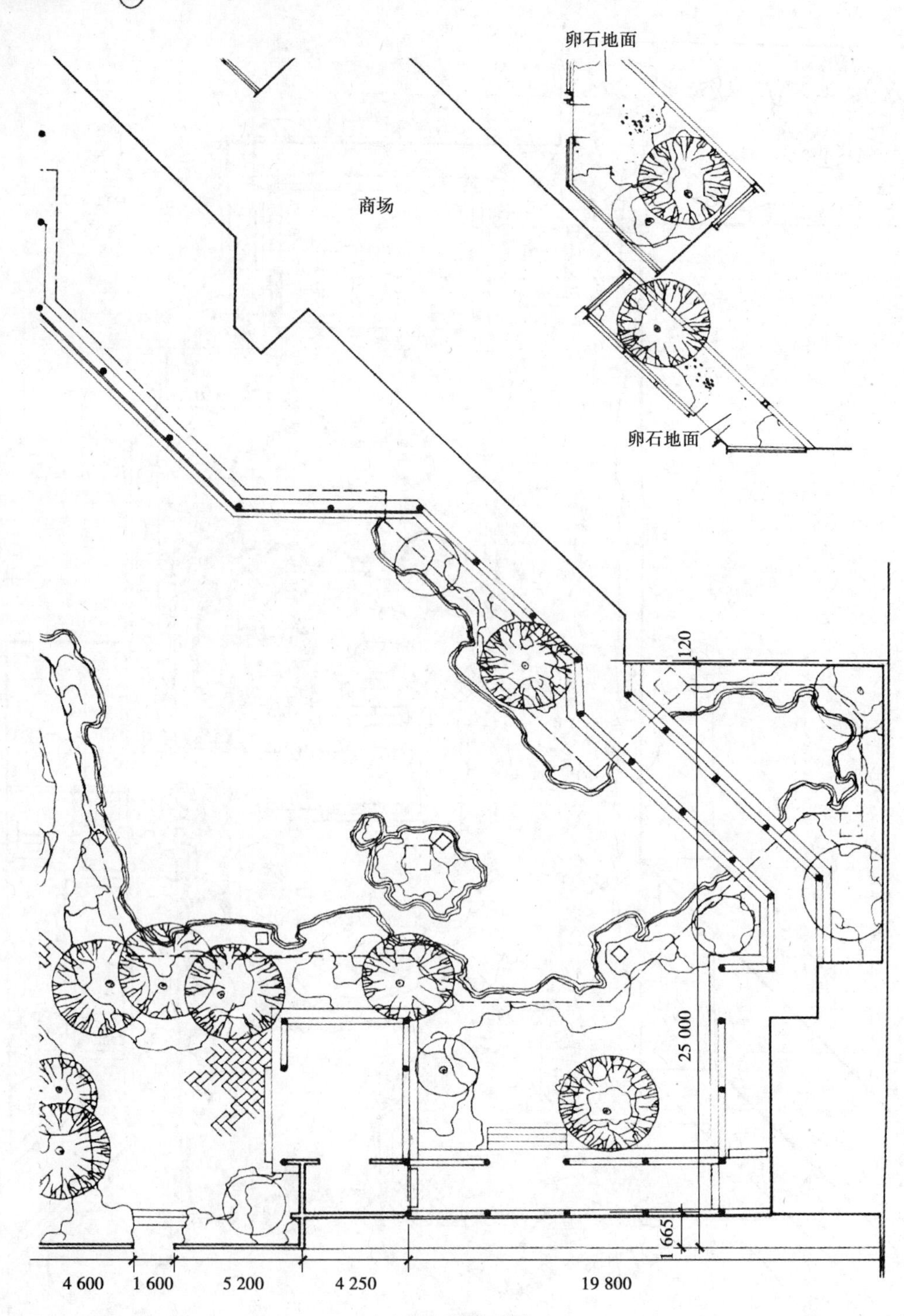

(c)南部平面图

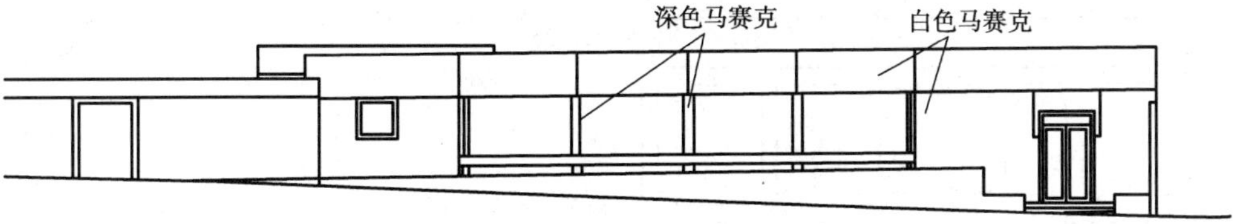

深色马赛克 白色马赛克

西立面

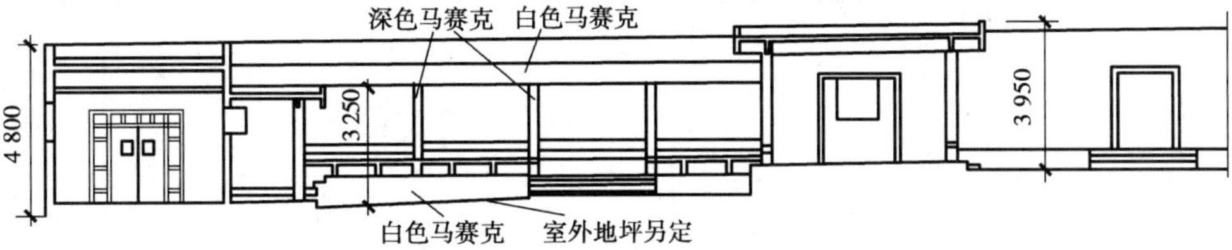

深色马赛克 白色马赛克

4 800 3 250 3 950

白色马赛克 室外地坪另定

Ⅰ—Ⅰ剖面

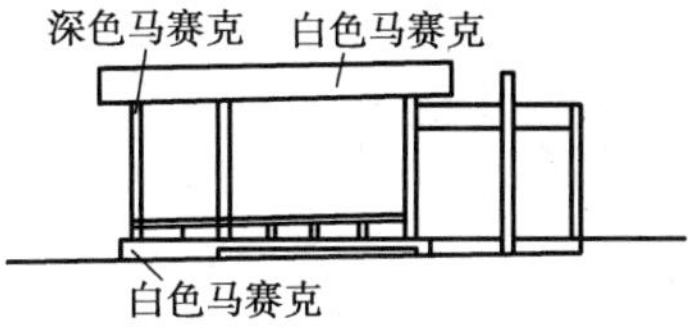

深色马赛克 白色马赛克

白色马赛克

Ⅱ—Ⅱ剖面

深色马赛克 白色马赛克

3 700 3 500~4 550

水面线

Ⅲ—Ⅲ剖面

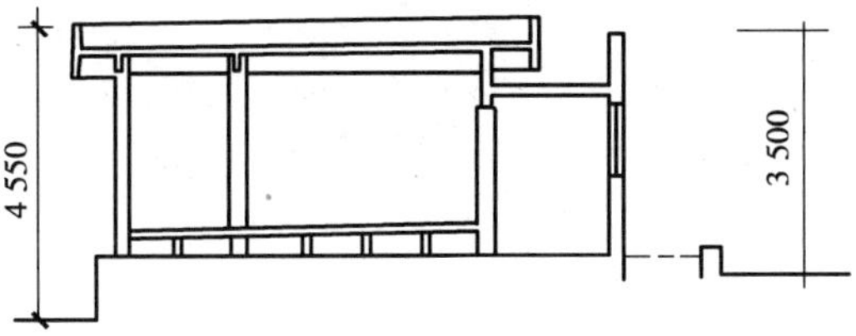

4 550 3 500

Ⅳ—Ⅳ剖面

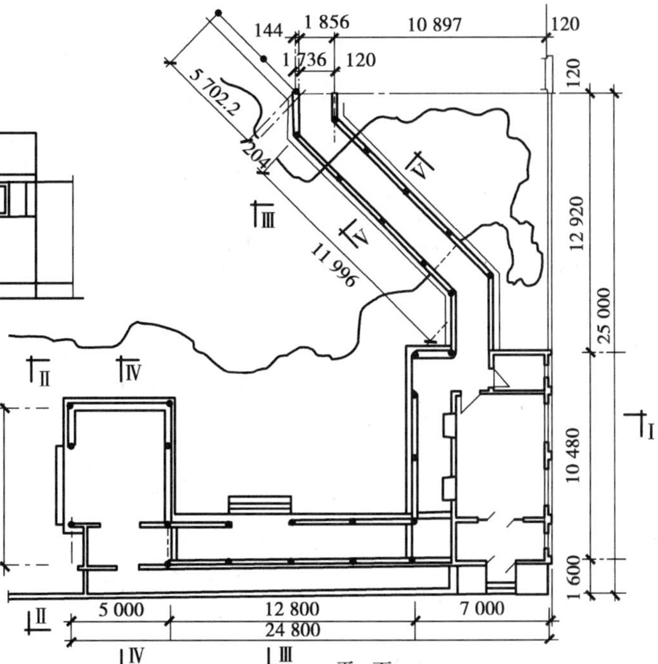

深色马赛克 白色马赛克

南立面

4 250

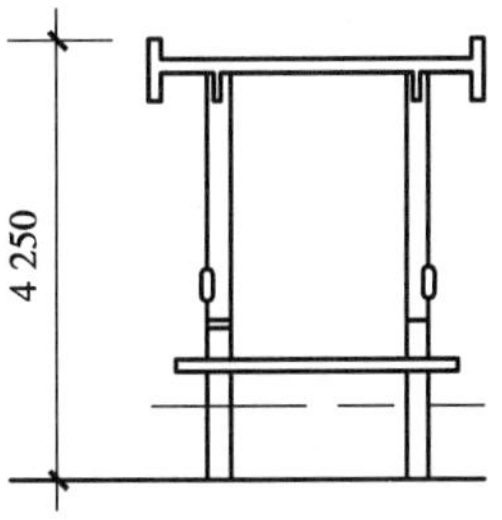

Ⅴ—Ⅴ剖面

144 1 856 10 897 120

1 736 120

120

5 702.2

204

11 996

12 920 25 000 10 480 1 600

8 180

5 000 12 800 7 000

24 800

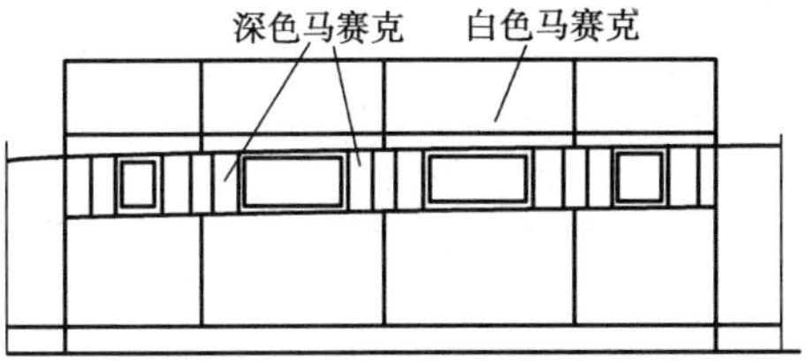

平　面

(d)某景观建筑剖面、立面、平面图

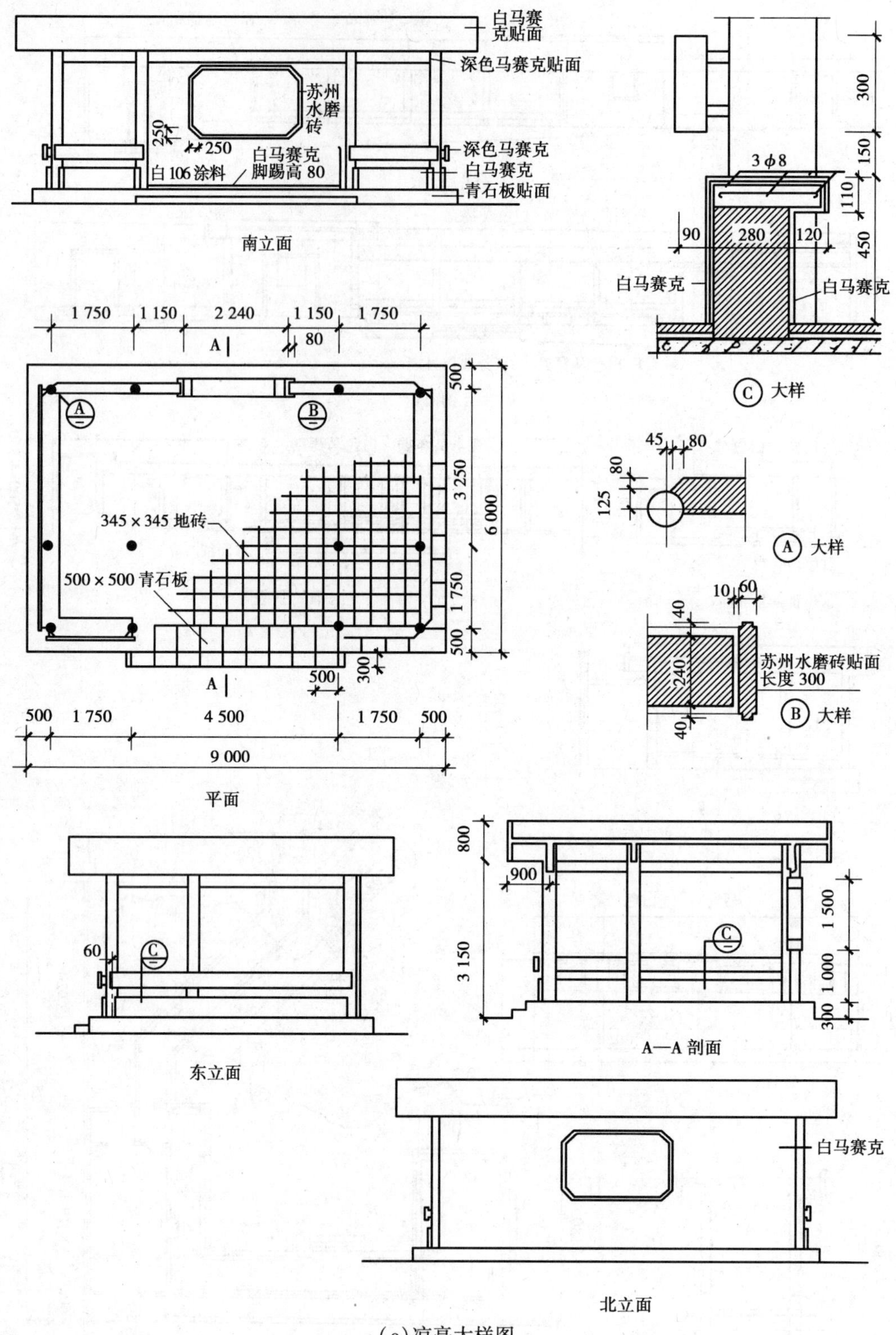

白马赛克贴面
深色马赛克贴面
苏州水磨砖
250
250
白马赛克脚踢高 80
白 106 涂料
深色马赛克
白马赛克
青石板贴面
南立面
300
150
3 φ8
110
90
280
120
450
白马赛克
白马赛克
C 大样
1 750
1 150
2 240
1 150
1 750
80
A
500
3 250
6 000
1 750
500
345 × 345 地砖
500 × 500 青石板
300
500
500
1 750
4 500
1 750
500
9 000
平面
45
80
80
125
A 大样
10
60
40
240
40
苏州水磨砖贴面长度 300
B 大样
60
东立面
800
900
3 150
1 500
1 000
300
A—A 剖面
白马赛克
北立面

(e)凉亭大样图

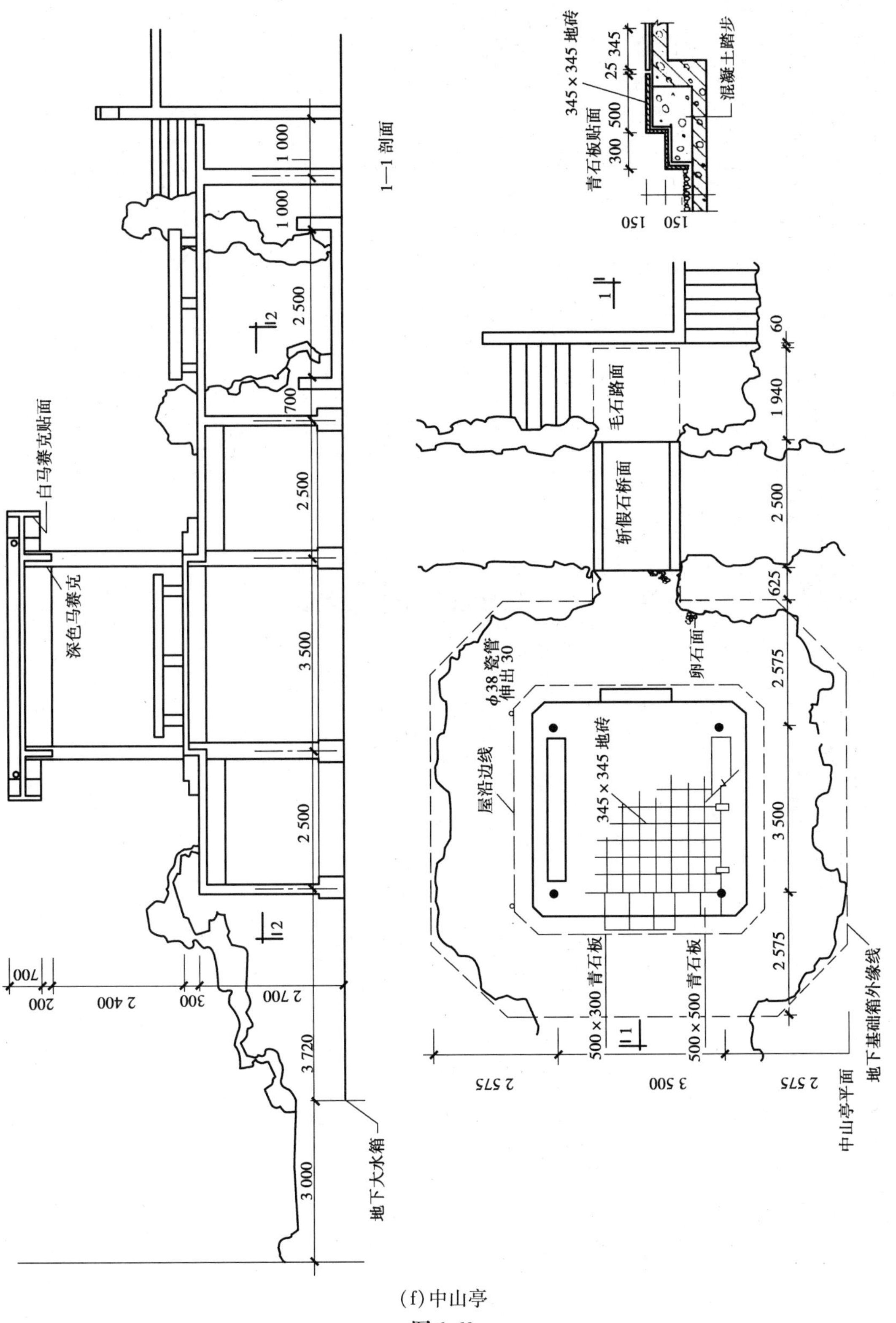
1—1 剖面
白马赛克贴面
深色马赛克
地下大水箱
1 000
1 000
2 500
700
2 500
3 500
2 500
3 720
3 000
2 700
300
2 400
200
700
青石板贴面
345×345 地砖
混凝土踏步
300 500
25 345
150 150
毛石路面
斩假石桥面
卵石面
ϕ38 瓷管
伸出 30
屋沿边线
345×345 地砖
500×300 青石板
500×500 青石板
地下基础箱外缘线
中山亭平面
60
1 940
2 500
625
2 575
3 500
2 575
2 575
3 500
2 575

(f) 中山亭

图 6.60

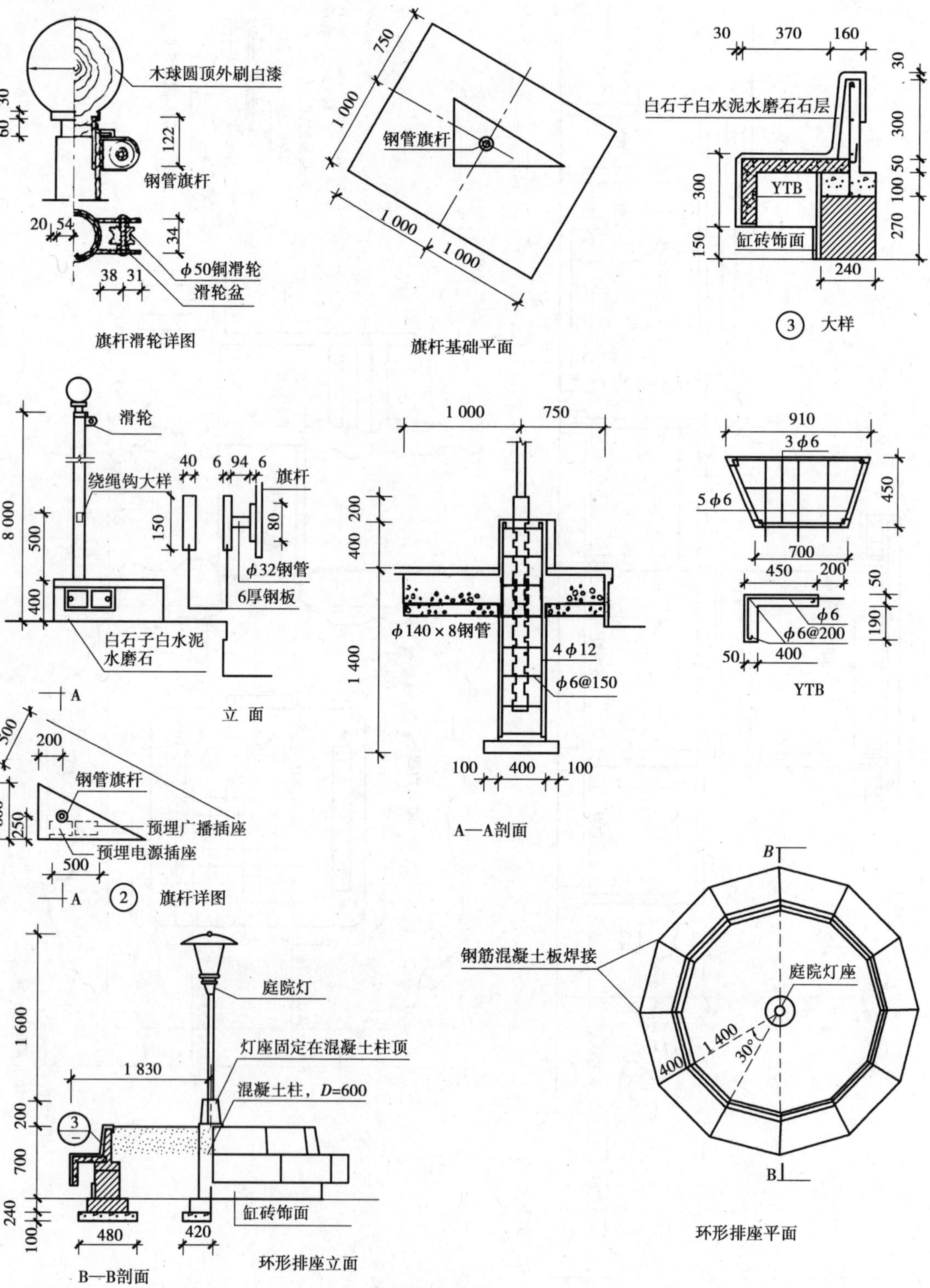

木球圆顶外刷白漆
钢管旗杆
ϕ50铜滑轮
滑轮盆
20 54 38 31 34 60 30 122

旗杆滑轮详图

钢管旗杆
750 1 000 1 000 1 000

旗杆基础平面

白石子白水泥水磨石石层
YTB
缸砖饰面
30 370 160 30 300 50 100 270 300 150 240

③ 大样

滑轮
绕绳钩大样
旗杆
ϕ32钢管
6厚钢板
白石子白水泥水磨石
8 000 500 400 40 6 94 6 150 80

立 面

ϕ140×8钢管
4ϕ12
ϕ6@150
1 000 750 200 400 1 400 100 400 100

A—A剖面

910
3ϕ6
5ϕ6
ϕ6
ϕ6@200
450 700 450 200 50 190 50 400

YTB

钢管旗杆
预埋广播插座
预埋电源插座
A A 500 200 600 250 500

② 旗杆详图

庭院灯
灯座固定在混凝土柱顶
混凝土柱，D=600
缸砖饰面
③
1 600 1 830 200 700 240 100 480 420

B—B剖面

环形排座立面

钢筋混凝土板焊接
庭院灯座
B B 1 400 400 30°

环形排座平面

图6.61 升旗台

6.3.3　平度两髻山风景区规划(图6.62)

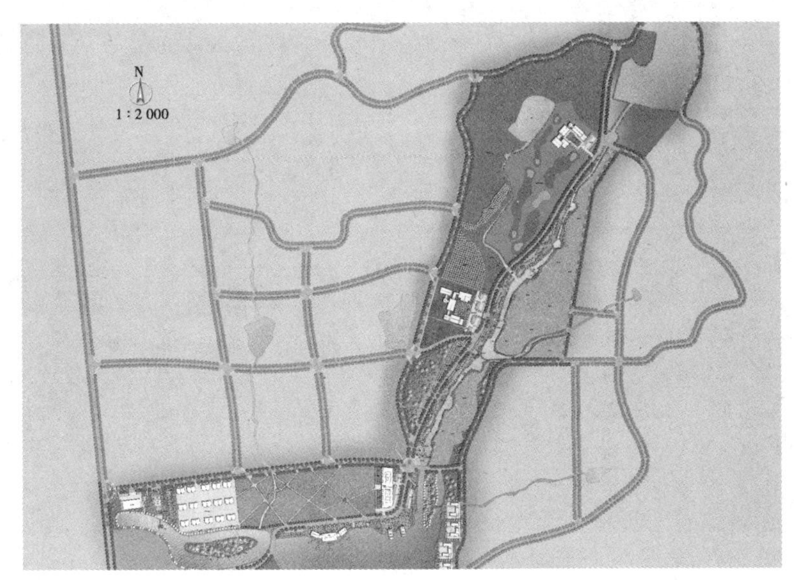

图6.62　平度两髻山风景区规划

6.3.4　大唐芙蓉园(图6.63)

(a)

(b)

(c)

(d)

(e)

图6.63 大唐芙蓉园

6.3.5 杭州西溪湿地公园(图 6.64)

(a)

(b)

(c)

(d)

图6.64　杭州西溪湿地公园

6.3.6 西安世园会分会场——唐园（图 6.65）

图 6.65 唐园

参考文献

[1] 中华人民共和国建设部. 城市绿地分类标准[M]. 北京:中国建筑工业出版社,2002.
[2] 土人. 哭泣的母亲河[J]. 时代建筑,2002(1):33.
[3] Simonds(西蒙兹). 景观设计学[M]. 俞孔坚,王志芳,孙鹏,等,译. 北京:中国建筑工业出版社,2000.
[4] 王庭熙,等. 园林建筑设计图选[M]. 南京:江苏科学技术出版社,1988.
[5] 丁文魁,等. 风景名胜研究. [M] 上海:同济大学出版社,1988.
[6] 章采烈. 中国园林艺术通论[M]. 上海:上海科学技术出版社,2004.
[7] 张家冀. 中国造园论[M]. 太原:山西人民出版社,2003.
[8] 苏州园林设计院. 苏州园林[M]. 北京:中国建筑工业出版社,1994.
[9] 张玲. 中华传世名著经典文库,清代李渔原著, 闲情偶寄,珠海:珠海出版社,2000.
[10] 陈植注释 明代计成原著 园冶注释. 北京:中国建筑工业出版社,1998.
[11] 苏州民族建筑学会,苏州园林发展有限公司. 苏州古典园林营造录[M]. 北京:中国建筑工业出版社,2003.
[12] 蓝先琳. 中国古典园林大观[M]. 天津:天津大学出版社,2003.
[13] 刘亦天. 建筑艺术世界[M]. 北京. 科技出版社,1995.
[14] 梁思成. 营造法式注释:上卷[M]. 北京:中国建筑工业出版社, 1983.
[15] 梁思成. 中国建筑艺术图集:下卷. 天津:百花文艺出版社,1998.
[16] 吴庆洲. 世界建筑史图籍[M]. 南昌:江西科技出版社,1994.
[17] 黄金绮. 风景建筑结构与构造[M]. 中国林业出版社, 1995.
[18] 玛丽安娜·鲍榭蒂. 中国园林[M]. 闻晓明,廉悦东. 译. 北京:中国建筑工业出版社,1996.
[19] 佟欲哲. 中国景园建筑图解[M]. 北京:中国建筑工业出版社,2001.
[20] 胡长龙. 园林规划设计[M]. 北京:中国农业出版社,2002.
[21] 郑宏. 环境景观设计[M]. 北京:中国建筑工业出版社,1999.
[22] 余树勋. 园林美与园林艺术[M]. 北京:科学出版社,1987.
[23] 佟裕哲. 中国传统景园建筑设计理论[M]. 西安:陕西科学技术出版社,1994.
[24] 刘永德,等. 建筑外环境设计[M]. 北京:中国建筑工业出版社,1996.
[25] 刘滨谊. 现代景观规划设计[M]. 南京:东南大学出版社,1999.

[26] 安怀起. 中国园林史[M]. 上海:同济大学出版社,1991.
[27] 周维权. 中国古典园林史[M]. 北京:清华大学出版社,1990.
[28] 吕正华,马青. 街道环境景观设计[M]. 沈阳:辽宁科学技术出版社,2000.
[29] 黄世孟. 地景设施[M]. 大连,沈阳:大连理工大学出版社,辽宁科学技术出版社,2001.
[30] 洪得娟. 景观建筑[M]. 上海:同济大学出版社,1999.
[31] 王晓俊. 风景园林设计[M]. 南京:江苏科学技术出版社,1993.
[32] 杜汝俭,等:园林建筑设计[M]. 北京:中国建筑工业出版社,1986.
[33] 黄晓鸾. 园林绿地与建筑小品[M]. 北京:中国建筑工业出版社,1996.
[34] J. O. 西蒙兹. 景园建筑学[M]. 王济昌,译. 1982.
[35] 吴为廉. 景园建筑工程规划与设计[M]. 上海:同济大学出版社,1996.
[36] 王如松. 城市生态学[M]. 北京:科学出版社,1990.
[37] 景贵和. 景观生态学[M]. 北京:科学出版社,1990.
[38] IO・马尔科夫. 社会生态学[M]. 北京:中国环境科学出版社,1989.
[39] J. O. 西蒙兹. 大地景观——环境规划指南[M]. 程里尧,译. 北京:中国建筑工业出版社,1990.
[40] 徐祖同. 园林生态技术的应用途径[J]. 园林. 1994(4):36-39.
[41] 谢儒. 把园林设计思想引入城市设计[J]. 中国园林. 1994(3):49-53.
[42] 刘亦兴. 日本庭园笔谈[J]. 建筑师,1984(21):101-108.
[43] 宗跃光. 城市景观规划的理论和方法[M]. 北京:中国科学技术出版社,1993.
[44] 李家华. 环境噪声控制[M]. 北京:冶金工业出版社,1996.
[45] 黄西谋. 除尘装置与运行管理[M]. 北京:冶金工业出版社,1999.
[46] 许钟麟. 空气洁净技术原理[M]. 北京:中国建筑工业出版社,1983.
[47] 赵毅,等. 有害气体控制工程[M]. 北京:化学工业出版社,2001.
[48] 舒玲,余化. 生活 环境与健康[M]. 北京:中国环境科学出版社,1988.
[49] 中华人民共和国建设部. 城市居住区规划设计规范[S]. 北京:中国建设工业出版社,2002.
[50] 蒋永明,翁智林. 园林绿化树种手册[M]. 上海:上海科学技术出版社,2002.
[51] 何平,彭重华. 城市绿地植物配置及造景[M]. 北京:中国林业出版社,2001.
[52] 郭维明,等. 观赏园艺概论[M]. 北京:中国农业出版社,2001.
[53] 周武忠. 园林植物配置[M]. 北京:中国农业出版社,1999.
[54] 徐化成. 景观生态学[M]. 北京:中国林业出版社,1999.
[55] 中国建设部. 风景名胜区规划规范(GB 50298—1999)[M]. 北京:中国建筑工业出版社,1999.
[56] 薛聪贤. 景观植物造园应用实例[M]. 杭州:百通集团浙江科学技术出版社,1998.
[57] 刘师汉,等. 园林植物种植设计及施工[M]. 北京:中国林业出版社,1988.
[58] 俞孔坚. 景观・文化・生态与感知[M]. 北京:科学出版社,1998.
[59] 俞树勋. 花园设计[M]. 天津:天津大学出版社,1998.
[60] 徐德嘉. 古典园林植物景观配置[M]. 北京:中国环境科学出版社,1997.
[61] 中国建设部. 森林公园总体设计规范(LY/T 5132—95)[S]. 北京:中国建筑工业出版

社,1995.

[62] 黄金琦.屋顶花园设计与营造[M].北京:中国林业出版社,1994.

[63] 杨丽.城市园林绿地规划[M].北京:中国林业出版社,1995.

[64] 董智勇.中国森林公园[M].北京:中国林业出版社,1993.

[64] 程绪珂,等.生态园林论文集[M].上海:园林杂志社,1990.

[66] 宗白华.中国园林艺术概观[M].南京:江苏人民出版社,1987.

[67] 李敏.中国现代公园[M].北京:北京科学技术出版社,1987.

[68] 彭一刚.中国古典园林分析[M].北京:中国建筑工业出版社,1986.

[69] 杜汝俭,李恩山,刘管平.园林建筑设计[M].北京:中国建筑工业出版社,1986.

[70] 刘滨谊.遥感辅助的景观工程[J].建筑学报.1989(7):41-46.

[71] 李敏.城市绿地系统与人居环境规划[M].北京:中国建筑工业出版社,1999.

[72] 金柏苓,张爱华.园林景观设计详细图集—1[M].北京:中国建筑工业出版社,2001.

[73] 王庭熙,周淑秀.园林建筑设计图选[M].南京:江苏科学技术出版社,1988.

[74] 刘文军,韩寂.建筑小环境设计[M].上海:同济大学出版社,1999.

[75] 唐鸣镝,黄震宇,潘晓岚.中国古代建筑与园林[M].北京:旅游教育出版社,2003.